基礎生命科学実験

Introductory Course in
Life Science Experiments
3rd edition

第3版

東京大学教養学部
基礎生命科学実験編集委員会 編

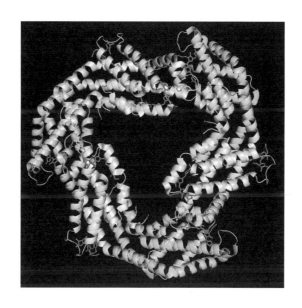

東京大学出版会

Introductory Course in Life Science Experiments
[3rd Edition]

Edited by
Editorial Committee for the Introductory Course in Life Science Experiments,
College of Arts and Sciences, The University of Tokyo

University of Tokyo Press, 2021
ISBN978-4-13-062227-1

はじめに

　アメリカの東海岸に 100 年余りの長い歴史を持つウッズホール臨海実験所がある．寒暖流の入り混じるこの海域は多様な生物の宝庫となっており，教育・研究の現場として，多くの生物学者を魅了してきた．数多くの重要な研究成果もそこで得られ，40 名以上ものノーベル医学生理学賞・化学賞の受賞者の研究が，この研究所と深い関わりを持っている．この実験所の図書室の壁に，ハーバード大の博物学者ルイ・アガシーの著名な「Study nature, not books」の格言が掲げられている．この言葉の意味するところは，「自然」がそこにあるときは，先人の書いた本のことは忘れよ．ひたすら「自然」から学び取る努力をすべきであるという教訓である．自然は最も優れた生物学の教師なのである．そのことを学び取り，持ち帰るために，多くの教育・研究者が世界中からはるばるこの実験所にやってくる．

　生物学の実験を提供する私たちが皆さんに期待してやまないのは，そのような「自然」から学び取る体験である．生物学の本当のおもしろさがそこにあることを何とか伝えたい．オオカナダモ，カエル，シアノバクテリア，フサカ，ゾウリムシなどの生きた実験材料，あるいは，そこから抽出されたタンパク質や DNA などの生体物質，そういった実験材料が実習室で待っている．これらの「自然」から，より多くのことを学び取ってほしい．

　生き物を観察すると，まず，多種多様な大きさ，色，形や動きをしているという点に気づく．教科書に描かれているものとは大きく異なっているであろう．君のまわりに 10 名の観察者がいれば，10 通りの異なる観察方法や感じ方がある．そう気づくこと，これが生き物を知るための第一歩である．次に，自分で何回か観察する，あるいは，何通りか別の見方をしてみると，その度に様子が異なって見えてくるであろう．縦を横にしただけでも，けっこう変わる．別の個体を見るともっと変わる．まったく同じ形や色のものは存在しない．私たち 1 人 1 人に個性があるように，生き物は何らかの多様性を持っているとわかるであろう．それが第二歩である．生物学を学んでいる者にとって本当の醍醐味は，この後である．じっくりと観察を続けると，それまではばらばらで多様なだけであると思っていたものの中から，多くの共通項が見出されるはずである．その共通項が，個体を越えて，種や科といった生き物のグループも越えて，次第に見えてくる．これが第三歩．そこまでいくと，「自然」がいかに優れた教師であるかが，しみじみとわかってくるかも知れない．この基礎生命科学実験では，この二歩目から三歩目を目指してほしい．

　生き物の「共通項」が見つかる理由は一体何であろうか？　もっとも単純な答えは，共通の祖先を持っていることである．すなわち，何らかの共通項を見つけたとき，それは，その性質を持っていたはるか昔の祖先の生き物の姿を知ったと考えることもできる．祖先の姿を彷彿とさせるものに触れ，その背後にある仕組みを知ったとき，それがまさに生き物を探究して一番楽しく感

じる瞬間である．そのような共通項が，これまでに数多く発見され，教科書にも記載されてきた．生物学という学問はそういった「共通項」の発見の積み重ねの上に成り立っている．しかし，本当はそんな程度では済まない．まだまだ，その何百倍，何千倍もあって，「自然」という教師は，私たちがそれを学び取る瞬間を待っているのである．「Study nature」の真の意味は，そこにある．さらにつき進んでゆくと，見つけた共通項はほかの似た種類ではどうなっているのか，まったく異なるほかの生き物ではどうなっているのか，そういった興味が自然に広がってくるであろう．生き物と触れ合っていて嬉しいのは，私たちも生き物であるがゆえに，「自然」から教わることが，実は私たち自身の姿でもあると感じる時である．そう思えるようになったら，この基礎生命科学実験の目的は果たされたことになるだろう．「自然」が教えてくれることに，とことん向き合って，自ら多くを学び取ってほしい．

　本書は，実験の手引き書である．どのような道具をどんな手順で使うのか．それから何がわかるのか．観察したものをどうやって記録するのか．先人たちの経験と努力で確立されてきた数々のテクニックが解説されている．そこまでが本を読んで学ぶこと．しかし，これらは手をスムーズに動かす上でのマニュアルでしかない．本当の教科書は「生き物」．そこから学び取る手段は，君たちの「観察眼」である．

第2版にあたって

　初版刊行以来，はや2年が経過した．初版では新しい試みとして，学生の効率的な実習内容の理解・習得をサポートするDVD教材の導入を行った．幸い，受講した学生からは，解剖系の種目を中心にDVDのわかりやすさを好意的に評価する声が多く寄せられている．しかし，本書を実践的に用いた経験から，改善すべき点も見出された．他大学の先生方からも，貴重なご意見を頂戴した．そこで，第2版にあたっては，主に下記の点について修正加筆を行った．

（1）誤字・脱字の訂正，用語の統一，図表の修正
（2）DVD内容の補完（実験6），DVD映像の追加収録（実験11）

　改訂には最善の努力を尽くしたつもりではあるが，まだ至らない点があるかもしれない．今後もなお一層のご意見をいただければ幸いである．最後に，今回の改訂に際して，東京大学出版会の薄 志保氏をはじめとする皆様の熱意あるご協力を得たことを深く感謝申し上げたい．

2009年1月
東京大学教養学部基礎生命科学実験編集委員会一同

第3版にあたって

　第2版刊行以来，はや11年が経過した．この間に生物学の研究技術は格段に進歩し，本実習においても最新の技術を取り入れた内容への刷新が図られている．そこで，第3版の出版にあたり，実際の実習内容に即した内容へと本書を改訂するとともに，最新の研究成果を取り込んだ内容へと，大幅に加筆・修正を施した．本書の特色の一つである充実した映像資料についても，DVDによる提供を，動画配信サイトを介した映像配信に変更した．オンライン教育の機会拡充が求められる昨今の大学教育において，本書に収蔵される映像資料はきわめて有効な教育ツールとして，その効力を発揮すると期待している．

　改訂には最善の努力を尽くしている．しかしながら，より良い実習書の作成ならびに内容のさらなる充実に向け，今後もなお一層のご意見をいただければ幸いである．最後に，今回の改訂に際して，東京大学出版会の小松美加氏，薄 志保氏をはじめとする皆様の熱意あるご協力を得たことを深く感謝申し上げたい．

2020年8月

東京大学教養学部基礎生命科学実験編集委員会一同

実験をはじめる前に

1 本書について

　本書は，大学教養課程 1，2 年生を対象とした生命科学の実習書である．生体物質（第 I 編），細胞の動的構造と機能（第 II 編），植物組織の構造と機能（第 III 編），動物組織の構造と機能（第 IV 編），生体の運動（第 V 編）の 5 編から成り，計 17 の実験種目が含まれている．講義と並行して実習を行うことで，互いが補完され，生命科学への興味と理解が一層深まるよう意図されている．

　実験実施に際して，方法，安全，取り決め，そのほかの注意事項がある．以下の内容に目を通し，十分に理解してから実験に臨んでほしい．

2 実験の予習

　自分が受ける実験種目について予習をしてくること．特にグループで実験を行う場合は，予め実験全体の流れを把握しておくことで，ほかのメンバーと協力して実験を円滑に進行させることができる．また，作業で生じうる事故を未然に回避することにもなる．

　本書では予習教材として映像資料を用意している．生物材料や実験機器・試薬の扱い方，また実際の作業工程の概要が，視聴覚的に学習することができるよう構成してある．是非活用してほしい．本書のテキストや映像資料以外にも，参考になる資料は図書館などで探してみるとよいだろう．

3 実験に必要な道具

　実習の前に，以下のものを準備する．
　・基礎生命科学実験教科書（本書）
　・生物実験用紙（A5 判ケント紙，生協で指定のものを購入すること）
　・白衣
　それ以外の実験器具・装置や生物材料は，教員（大学）の側で用意する．多くの場合，実習中の服装は個人の判断に任されるが，実験 1「DNA と形質発現」では，白衣を着用すること．そのほかの実習でも白衣を着用することが望ましい（後述の 5「実験の安全と後片づけに関する注意」を参照）．

実験器具・装置は大切に扱うこと．本実習では，光学顕微鏡や実体顕微鏡，分光光度計，マイクロピペットを含めて，高価な機器を使用する．もしこれらの使用で不具合が生じたときはすぐに担当教員に申し出ること．また，これらの器具の構造と機能を理解・考察しながら使うことは，実験内容を理解する上でも事故を防ぐためにも大切である．

4　実験に臨むにあたって

実験の安全（次項参照）と授業の進行上，以下のことを禁止している．
・教室内でのスマートフォン・携帯電話・タブレットなどの操作
・サンダルで実験室に出入りすること
・大声で私語をすること
・実験室内での飲食
・トランプなどのゲーム類
・音楽などを聴くこと
・喫煙

また，遅刻をしてはならない．共同実験者に迷惑をかけるばかりでなく，授業開始時の実験の説明や注意を聞き逃すことになる．

それぞれの実験課題は，授業時間内（約 3-4 時間）に終わるように設計されている．もし与えられた課題以外の実験を追加して行いたい場合は，規定の課題を終了して時間的余裕ができてから試みること．

実験種目によっては，長時間にわたる集中力が必要となるものがある．そのような場合，体調をベストの状態で維持する意味で，途中区切りのよいところで 10-20 分程度の休憩をとるとよいだろう．

5　実験の安全と後片づけに関する注意

実験中は安全面に留意する．特に，危険性のある試薬や器具を用いる場合には，身体と衣服を守るため，必ず白衣を着用し，万全の注意を払うこと．試薬を皮膚や眼につけたり，口に吸いこんだりしたとき，ガラスで負傷したりしたときは，ただちに大量の水で洗い流すとともに，近くの人は担当教員に速やかに知らせること．もし試薬が衣服についたら，ただちに大量の水道水で洗うこと．また緊急時には，実験室の外に設置されている緊急用のシャワーを使用すること（予めその位置も確認しておくこと）．

実験終了後は，後始末をきちんと行うこと．椅子を元に戻し，机上の消しゴムのかすやゴミを捨て，整頓をし，次回以降の者が気持ちよく臨めるよう配慮する．顕微鏡は本体，部品をよく点検し，レンズ以外の部分の汚れはキムワイプ（S-200）などの産業用ワイパー（本書ではキムワイプに統一して表記する）でよく拭いてから，ロッカーに収納する．もしレンズが汚れている場合は，担当教員にその旨を伝えること．実験室で使用する水には，水道水および純水（イオン交換樹脂と逆浸透膜によって精製された水）の 2 種がある．スライドガラスは水道水で洗浄後，純

水をかけ，各テーブルにあるプラスチックケースに収める．そのほか，使用したガラス器具，プラスチック器具類は水道水でよく洗い，教員により指定された場所に収める．マイクロピペット（水洗不可）の汚れはキムワイプでよく拭っておく．なお，キムワイプは特殊な材質の紙であり，高価なため，節約して使うこと．

【ゴミ処理などについて】

　　基礎生命科学実験では様々な廃棄物が排出される．それらは紙屑，空きビンなどの一般的にゴミといわれる生活系廃棄物と，化学物質やガラス器具，プラスチック器具を主とする実験系廃棄物に分けられる．実験系廃棄物はその後の処理が特殊であり，分別回収を厳密に守らなければならない．実験で出てくる廃棄物は担当教員の指示に従って捨てること．

　　なお，カエルなどの動物材料を使用する実験では，死骸は専門業者に処理を依頼し，焼却，慰霊している．ゴミとして廃棄せず，指定された場所に置くこと．

6　レポートについて

　　実験が終わった後，レポートを提出してもらう．

　　レポートは，詳細な観察記録であると同時に，これを見るだけで**同じ実験を行えるように記載することが基本**である．また，主題についての自身の理解度，および自身の意見を他人に伝えるためのものである．そのため，その内容は正確で明快，首尾一貫したものでなければならない．

　　その記載に当たっては，実験タイトル，目的，方法，結果，考察を必ず含めること．詳細は以下に示す通りである．

(1) 実験タイトル

(2) 目的：教科書を参考に，自身の言葉で記す．

(3) 材料：生物材料は和名と学名の両方を記載する（なお，学名には単語ごとに下線を引くこと）．

(4) 方法：実際に行った方法を簡潔にまとめ，過去形で記す．後から読めばその実験を再現しうる程度に方法の要点を記すことがポイントである．方法が周知のものならその旨を記載する．
　　テキストとは異なった方法をとった場合は，その詳細を記す．

(5) 結果：実際に得られた結果を過去形で記載する．

(6) 考察：得られた結果から，その現象の原因や理由，意義などを自分なりに考えてまとめる．
　　反省や感想，意見などがある場合は，考察とは別に最後に記す．

(7) その他：すべての用紙に，日付，班，座席番号，氏名，共同実験者名を記入する．

(8) レポートの提出場所や期限は担当教員が指示する．

(9) スケッチについて：本実習では顕微鏡観察等の結果を記録するために，スケッチを行う．スケッチを行うためには詳細な観察が必要となるため，スケッチする過程で初めて気づくことも多いだろう．観察物を記録するためのスケッチは，美術的なものとは異なるため，以下の内容に留意すること．

　1. **大きく，丁寧に描く**

　　特に指定がない限り，観察物を**用紙いっぱいに大きく描く**．丁寧に描くことを心がけ，輪郭線

がきれいにつながるように気をつける.

2. **線と点で描く**

輪郭線はフリーハンドの1本線で描く. 鉛筆またはシャープペンシルを用い, 色鉛筆やボールペンなどは用いない. 濃淡を表す場合は, 塗りつぶしたり斜線を用いたりせず, 点描を用いる. 陰影はつけない.

3. **名称や気づいたことなどを書き込む**

各部分の名称は引き出し線を使用して, **なるべく多く書き込む**こと. スケッチで表現しにくい部分や, 気づいたことは, **文章による説明**を書き込む.

4. 実物に**忠実**に描く

観察物の部分ごとの大きさやその比率, 形は正確に描く. 見えていないものを想像で描かないこと. 同様の構造が繰り返される場合は, 一部を詳しく描き, 他も同様であることがわかるようにして省略してもよい.

5. **スケールバーによって大きさを示す**

実長測定に基づき, スケッチにスケールバーを描き加える. スケールバーの長さは $100\,\mu\text{m}$, $500\,\mu\text{m}$ など切りの良い値にすること.

目　次

映像資料の収録内容

　実験 1 から実験 16 について，実験の手順やポイントを映像とアニメーションをまじえて収録し，わかりやすいナレーションで解説した．

　東京大学出版会ウェブサイトの「『基礎生命科学実験 第 3 版』映像資料アクセスご案内」ページ（http://www.utp.or.jp/special/kisoseimei/）にアクセスし，そのページに記載されている方法にしたがって手続きする．手続き完了後，映像資料へのアクセス方法が表示される．また，東京大学出版会ウェブサイトの『基礎生命科学実験 第 3 版』の書籍詳細紹介ページにも，上記ご案内ページへのリンクがある．

　各実験の収録時間は以下の通り．
　　第Ⅰ編　生体物質
　　　実験 1…11'31　　　実験 2…12'49
　　第Ⅱ編　細胞の動的構造と機能
　　　実験 3…13'34　　　実験 4…7'36　　　実験 5…8'27　　　実験 6…11'09
　　第Ⅲ編　植物組織の構造と機能
　　　実験 7…3'01　　　実験 8…3'57　　　実験 9…4'46　　　実験 10…7'24
　　第Ⅳ編　動物組織の構造と機能
　　　実験 11…10'06　　　実験 12…11'27　　　実験 13…4'52　　　実験 14…10'42
　　　実験 15…12'14　　　実験 16…10'14
　　第Ⅴ編　生体の運動
　　　実験 17…収録なし

第Ⅰ編
生体物質

シアノバクテリアの1種 *Arthrospira*（*Spirulina*）
plantensis のフィコシアニンの結晶構造モデル

　本編では生体物質の分離と機能解析の実験を行う.

　生物の基本単位である細胞は細胞膜によって外界から仕切られており,
真核細胞では,さらに核や葉緑体,ミトコンドリア,小胞体などの膜で
囲まれた細胞小器官（オルガネラ）が存在する.これらのコンパートメ
ント（区画）には多種多様な生体分子が秩序だって配置され,おのおの
独自の役割を果たしている.生体分子が織りなす多様な生命現象を理解
するためには,個々の分子のはたらきをより深く理解することが必要で
あり,生体物質の単離と機能解析は生命科学の重要な課題となる.

　目的となる生体分子の単離操作は,その物理的（分子の大きさや形な
ど）または化学的（酸性度や親水性の度合いなど）性質に基づいて計画
される.その単離操作は目的の分子を生体から抽出することからはじま
るが,しばしば目的の分子を含む細胞小器官を調製し,そこからその分
子を抽出する方が都合のよいこともある.たとえば,細胞核とミトコン
ドリアには異なる DNA が含まれるが,ミトコンドリア DNA のみを研
究対象とする場合,まずミトコンドリアを単離し,それから DNA を抽
出することになる.

　生体高分子は,核酸,タンパク質,脂質,多糖類の4種類に大きく分
類され,それぞれ生体内で果たしている機能を反映した化学的性質を示

す．これらの高分子のうち，核酸と多くのタンパク質は親水性であるが，生体膜の主成分である脂質，細胞の構造を支える繊維性タンパク質や膜タンパク質などには疎水性のものも数多く存在する．4種類の生体高分子のうち，核酸（高分子のDNAとRNA）とタンパク質は遺伝情報にしたがって精密に合成されるため，多糖類や合成高分子とは異なり，比較的均質な分子として扱うことができる．特に核酸の構成単位は，互いに化学的・物理的性質の類似性が高い．そのためDNAには分子量に基づく分離法が確立され，これが今日の分子生物学の礎となった．

　一方，アミノ酸が一次元的に連なったタンパク質の機能は，特定の立体構造を獲得してはじめて発揮される．多くのタンパク質は，翻訳後の細胞内輸送，細胞外への分泌，およびそれらの過程で様々な修飾（ペプチド主鎖の切断や側鎖の修飾，他成分との複合体形成）をうける．このように複数の過程を経て成熟したタンパク質は多種多様な構造と特性を持つ．そのためタンパク質の分離は多くの場合，核酸ほど容易ではないが，研究者の創意工夫により様々な手法が開発されてきた．最も汎用性のあるものの1つは，界面活性剤のはたらきでタンパク質の高次構造を破壊し一様な構造をとらせ，DNAの場合のように，主に分子量に基づいて分離する方法である．

　脂質の構造は多様であるが，いずれも水に溶けず有機溶媒に溶けやすい性質を持つ．この物理化学的特性を活かして脂質の分離法は確立されてきた．たとえば，生体膜を特定の有機溶媒で処理すると，脂質を抽出することができる．

　多糖類は，その構成単位の種類は限られているものの，枝分かれ構造や修飾，ほかの生体物質との複合体形成により，構造も組成も不均一で複雑な生体成分として存在する．そのため，糖鎖の構造研究にはNMRなどを用いた構造解析の手法が不可欠である．

　本編では2種の生体高分子実験を用意した．実験1では，大腸菌に抗生物質に対する耐性を与える遺伝子を扱う．言うまでもなくDNAは遺伝情報を宿した生体高分子であり，同じ生物種であっても遺伝子（DNA）型の違いにより異なる表現型となって現れることを確認する．一方，生体内では，遺伝情報に基づいて膨大な種類のタンパク質が合成される．この中から目的のタンパク質を迅速に分離精製することは，タンパク質の機能解析には不可欠である．そこで実験2では，シアノバクテリアを用いてSDS-ポリアクリルアミドゲル電気泳動法により，タンパク質を分子量に基づいて分離，同定する方法を習得する．

［実験1］

DNAと形質発現
──大腸菌の生育とPCR法による遺伝子の増幅

1　目　的

　すべての生物は，遺伝子という自分の体を作るための設計図（あるいはシナリオ）を1つ1つの細胞の中に持っている．細胞が分裂して増えるとき，遺伝子は正確に複製されて次の細胞に伝えられる．また，遺伝子が（おおむね）正確に複製されるため，ある個体の様々な形質は世代を越えて受け継がれていく．

　ある形質が次世代に受け継がれていく現象を遺伝といい，これを体系化した学問が遺伝学である．遺伝学は，ほかの生物学の諸分野と同様，近年きわめて急速に発展し多大な成果を収めてきた．中でも，遺伝子の物質的実体がデオキシリボ核酸（DNA）であることを示した一連の実験は，遺伝学と分子生物学を結びつけ，後に遺伝子工学という新しい分野を確立する基礎となった．現在では，遺伝子DNAを細胞より抽出し，構造を解析・改変することも可能になった．遺伝子操作，バイオテクノロジー，ゲノム編集といった言葉を新聞やテレビで日常的に目にし，遺伝子組み換え技術，遺伝子治療などに大きな期待が寄せられる一方で，社会的・倫理的な新しい問題も生まれている．

　本実験では，大腸菌（*Escherichia coli*）を用いて，ある遺伝子が，抗生物質耐性という形質を細胞に付与することを観察する．また，遺伝子工学的な手法を用いてDNAの合成を行い，遺伝子の構造と複製の仕組みについて理解することを目的とする．

　本実験の目的は次の3つである．

> **実験A　大腸菌形質転換体の生育**
> 　大腸菌の2つの株を，抗生物質を含む培地および含まない培地に接種し，その生育がどうなるか観察する．
>
> **実験B　PCR法によるテトラサイクリン耐性遺伝子領域の増幅**
> 　大腸菌の2つの株が持つプラスミドDNAの抗生物質耐性に関与する遺伝子領域をPCR（polymerase chain reaction）法を用いて増幅する．

実験C　リアルタイムPCR法によるDNA増幅の観察
　異なる濃度のプラスミドDNAを鋳型として抗生物質耐性に関与する遺伝子領域をリアルタイムPCR法によって増幅し，特に異なる鋳型DNA濃度における増幅の違いに着目して観察する．

2　解　説

(1) DNAの遺伝情報

　生物の遺伝情報を担っているのはDNA（デオキシリボ核酸）である．DNAは，糖（デオキシリボース）—リン酸—糖（デオキシリボース）—リン酸…という繰り返しからなる主鎖と，糖に結合した塩基からなっており，通常2本鎖の状態で存在している．塩基の部分はA（アデニン），G（グアニン），C（シトシン），T（チミン）の4種類があり，2本鎖の向かい合った塩基同士が水素結合している．このときGとCまたはAとTの組み合わせが安定な水素結合を作ることができ，この関係を「相補的」であるという．また，

```
5'-A-T-G-C-T-T-G-A-G-A-C-C-G-A-A-A-T-T-T-A-T-G-T-A-3'
3'-T-A-C-G-A-A-C-T-C-T-G-G-C-T-T-T-A-A-A-T-A-C-A-T-5'
```

このような2本鎖DNAがあるとき，上の鎖は下の鎖の相補鎖であるという．

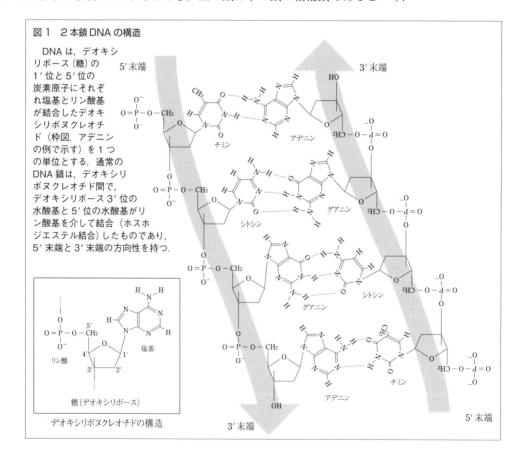

図1　2本鎖DNAの構造

　DNAは，デオキシリボース（糖）の1′位と5′位の炭素原子にそれぞれ塩基とリン酸基が結合したデオキシリボヌクレオチド（枠図．アデニンの例で示す）を1つの単位とする．通常のDNA鎖は，デオキシリボヌクレオチド間で，デオキシリボース3′位の水酸基と5′位の水酸基がリン酸基を介して結合（ホスホジエステル結合）したものであり，5′末端と3′末端の方向性を持つ．

デオキシリボヌクレオチドの構造

遺伝情報は，DNA の G，A，T，C の 4 種類の塩基の並び方に秘められている．3 つの連続した塩基の並びは 1 つの単位（コドン）となり，1 つのアミノ酸を決定している．したがって，遺伝子 DNA の塩基配列はアミノ酸の配列（すなわちタンパク質の一次構造）を決定する情報を持っている．遺伝子が実際にはたらくときには，下のように DNA に対応する塩基配列の mRNA（伝令 RNA）が合成され（転写），それをもとにしてアミノ酸のつながったポリペプチドが合成される（翻訳）．ポリペプチド鎖が正常に折りたたまれると機能を持つタンパク質となる．

$5'$–A–T–G–C–T–T–G–A–G–A–C–C–G–A–A–A–T–T–T–A–T–G–T–A–$3'$　　DNAの塩基配列
$3'$–T–A–C–G–A–A–C–T–C–T–G–G–C–T–T–T–A–A–A–T–A–C–A–T–$5'$

$5'$–A–U–G–C–U–U–G–A–G–A–C–C–G–A–A–A–U–U–U–A–U–G–U–A–$3'$　　mRNAの塩基配列

Met ——— Leu ——— Glu ——— Thr ——— Glu ——— Ile ——— Tyr ——— Val　　対応するアミノ酸配列

→ポリペプチドの合成方向

(2) DNA 合成酵素（DNA polymerase）による DNA の複製

細胞分裂のとき，DNA は DNA 合成酵素によって複製される．複製の際には，2 本鎖の片側を鋳型として相補鎖の合成が行われる．したがって，娘細胞の 2 本鎖 DNA のうち，一方の DNA 鎖は元の細胞由来のものであり，もう一方の DNA 鎖が新しく合成されたものである．これを「半保存的複製」という．新しい鎖の合成は以下のようにして行われる．

①ヘリカーゼによってほどかれた 1 本鎖 DNA ができるとこれが鋳型となる．

②鋳型の 1 本鎖の上に，相補的な配列を持つ短い RNA 鎖が合成されてプライマーとなる．

③プライマーの $3'$ 末端の水酸基にデオキシリボヌクレオチドのリン酸基がホスホジエステル結合する．このとき鋳型の塩基に相補的な塩基を持つ核酸が結合する．すなわち，鋳型が A であれば T，G であれば C を持つ核酸が結合して，相補的な塩基と塩基の間には水素結合ができる．

④新しく結合した核酸の $3'$ 末端の水酸基に，同様にしてさらに核酸が結合していく．したがって，DNA の伸長は $5'$ から $3'$ の向きに起こる．

2 本鎖の各々の 1 本を鋳型として，その相補鎖が新しく合成されるため，できあがった 2 組の 2 本鎖 DNA の塩基配列は完全に同じものとなる．このようにして遺伝情報は間違いなく複製されていくのである．

$5'$-A-T-G-C-T-T-G-A-G-A-C-C-G-A-A-A-T-T-T-A-T-G-T-A-$3'$　　鋳型の塩基配列
　　　　　　　　　　$3'$-c-t-t-t-a-a-a-t-a-c-a-t-$5'$　　新しい鎖の塩基配列
　　　　　　　←　　DNAの合成方向

(3) 遺伝子の増幅（Polymerase Chain Reaction：PCR 法）

　現代の分子生物学的手法の確立において，1 つの柱となる技術が，特定の遺伝子の増幅である．この技術は上記のような，生体内での複製の原理に則したものである．その遺伝子増幅法の中で，1985 年頃，アメリカ Cetus 社の研究グループにより開発された Polymerase Chain Reaction（PCR）法は画期的な方法であった．その概略は以下の通りである

① DNA を 1 本鎖に分離する（変性）

　相補的な 2 本鎖でできている DNA のおのおのの 1 本は，1 つのデオキシリボヌクレオチドの 5′ 末端と別のデオキシリボヌクレオチドの 3′ 末端の間がホスホジエステル結合しているため安定である．一方，それぞれの鎖をつなぐ塩基間の水素結合は，熱に不安定である．したがって，DNA の 2 本鎖は室温では安定であるが，80-90℃ 近くまで熱すると，1 本ずつに解離してしまう．（熱に対する安定性は，A と T の結合よりも，G と C の結合の方が高い．また，後述する「プライマー」のような短い DNA 鎖の場合には，鎖の長さが長いほど高くなる．）

② DNA を増幅させるための開始点である「プライマー」を結合させる（アニーリング）

　プライマーとは，人工合成した 15-40 塩基程度の配列を持つ，1 本鎖の短い DNA である．2 種類のプライマーを使用するが，それぞれのプライマーは，増幅させたい DNA 領域の両端に相補的な塩基配列を持つようデザインする．このプライマーを分子数として過剰量加えて温度を下げることにより，プライマーが増幅させたい DNA の特定部分（プライマーの塩基配列と相補的な配列を持つ部分）に結合する（以下アニーリングと呼ぶ）．

③ DNA 合成酵素によって相補鎖を合成させる（伸長）

　DNA プライマーはその 3′ 末端に水酸基を持っており，ここに DNA 合成酵素がはたらくことによって，相補的な DNA 鎖の合成が開始される．

④ 指数関数的増幅

　1 組の 2 本鎖 DNA からは 2 組の 2 本鎖 DNA が複製される．上記の操作を繰り返すことにより DNA 合成酵素による連鎖反応（chain reaction）が起き，目的とする DNA 断片が指数関数的に増幅される．すなわち，「熱によって 2 本鎖 DNA を解離し」「冷やして部分的な 2 本鎖を形成させ」「DNA 合成酵素で伸長反応を行わせる」という操作を繰り返し行えば，DNA の一部分（2 種類のプライマーではさまれた領域）は，1 回のサイクルでは 2 倍に，2 回のサイクルでは 4 倍に，n 回のサイクルでは 2^n 倍の DNA に増幅することができるのである（産物も次のサイクルでは鋳型となれることに注意！）．ただし，実際の反応系では効率が必ずしも 100 % ではないため，30 回のサイクルを回したとしても $2^{30} \fallingdotseq 1 \times 10^9$ 倍になるわけではない．

(4) リアルタイム PCR 法

　PCR 反応をもとに開発された手法で，通常の PCR 反応液に含まれる成分だけではなく，DNA の 2 本鎖に入り込んで蛍光を発する分子（インターカレーター）を加えて反応を行うこ

とで, 増幅された DNA の量を経時的にモニターすることができる. またここで検出される蛍光強度は, 増幅開始前の鋳型 DNA 濃度に依存するため, この方法を用いることで PCR 反応前にサンプル中に含まれていた DNA 濃度を推定することができる.

なお, レポートは実験を行いながら作成すること. 実験の操作の詳細にあっては, 教員から適宜, 変更, 削除, 追加などの指示がなされることがある. それらはすべて実験記録としてレポートに反映されていなくてはならない.

3 実験材料および試薬, 器具

(1) 材料, 試薬

①大腸菌 (*Escherichia coli*) JA221 株

本実験で用いる大腸菌は, 研究用に広く用いられている K-12 株の一種である. 遺伝子研究用に使用される大腸菌であり, 不用意に研究室の外に出て繁殖することがないよう, 様々な改変がなされている. 病原性はきわめて低く, 健康な人には感染しない. しかしながら, 培養液を不用意に飲んだり傷口に付着させないよう十分注意すること. また, 実験中はこまめに手指を洗うこと. 手をきれいに保つことはほかの雑菌の混入を防ぐためにも大切である.

実習には, 予め前日の夕方より培養しておいた大腸菌培養液を用いる. JA221 株を, 下に述べるプラスミド pBR322 で形質転換したもの (JA221/pBR322) と欠失変異を持つプラスミド pBR322 Δ*tet* で形質転換したもの (JA221/pBR322 Δ*tet*), 2 種類の培養液を用意している. これらの大腸菌株を実際に培養してみよう.

②プラスミド pBR322

プラスミドは, 大腸菌の染色体 DNA とは別個に存在する低分子の DNA であり, 細胞内で安定に複製・維持される. pBR322 は, 大腸菌に導入できるプラスミドとして遺伝子操作や遺伝子工学の初期に多く用いられてきた 4361 塩基対からなる環状の 2 本鎖 DNA 分子である. このプラスミドは, 大腸菌内で複製されるための複製起点 (*ori*), β-ラクタム環を開環する酵素 β-ラクタマーゼの遺伝子 (*bla*), さらにテトラサイクリン耐性遺伝子 (*tet*) などを持つ. 本実験で用いるプラスミドのうち, 1 つは pBR322 そのものだが, もう 1 つは pBR322 の *tet* 遺伝子に欠失変異を導入したもの (pBR322 Δ*tet*) で, テトラサイクリン排出タンパク質をコードする遺伝子領域の一部が無くなっている. 本実験では, これら 2 種類のプラスミド (pBR322 と pBR322 Δ*tet*) のいずれかを持つ大腸菌のテトラサイクリン存在下での増殖能を検討する (表現型の解析) とともに, 後述する PCR 法によって遺伝子内の欠失変異を検出する (遺伝子型の解析). またリアルタイム PCR 法を用いて, サンプル内に含まれる軽微な DNA 量の差を定量的に計測する手法も学ぶ.

③LB 培地

大腸菌を培養するための培地. 0.5%酵母エキス (イーストエキストラクト), 1%タンパク質

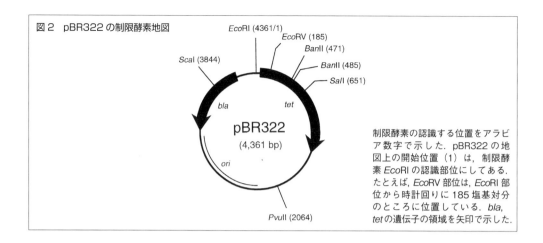

図2　pBR322 の制限酵素地図

*Eco*RI (4361/1)
*Eco*RV (185)
*Ban*II (471)
*Ban*II (485)
*Sal*I (651)
*Sca*I (3844)
bla　*tet*
pBR322
(4,361 bp)
ori
*Pvu*II (2064)

制限酵素の認識する位置をアラビア数字で示した. pBR322 の地図上の開始位置 (1) は, 制限酵素 *Eco*RI の認識部位にしてある. たとえば, *Eco*RV 部位は, *Eco*RI 部位から時計回りに 185 塩基対分のところに位置している. *bla*, *tet* の遺伝子の領域を矢印で示した.

加水分解物（トリプトン），1.0％塩化ナトリウムからなる．雑菌を殺すために高圧下で 121℃ 2 気圧 20 分間蒸気滅菌（オートクレーブ滅菌）してある．

④テトラサイクリン溶液（0.5 mg/mL テトラサイクリン/50％エタノール溶液）

テトラサイクリンは放線菌 *Streptomyces* が産生する抗生物質である．テトラサイクリンは原核生物型リボソームの 30S サブユニットに結合し，タンパク質合成を阻害することによって原核生物の生育阻害を起こす．

⑤耐熱性 DNA 合成酵素

PCR 法における最も画期的なポイントは，耐熱性 DNA 合成酵素の使用である．酵素はタンパク質分子なので，2 本鎖の DNA を 1 本鎖に分離させるほどの高温にすると，通常は変性して酵素活性を失ってしまう．このため，初期の PCR 法では，高温処理の後，毎回新しい酵素を添加する必要があり，経済的，方法論的に困難があった．しかし，食品加工技術などの要請から，雑菌が死滅するほどの高温でも酵素活性を保っている酵素の検索が行われ，温泉や火山地帯などにおいて生育している高度好熱菌の *Thermus aquaticus*（名前に注意）から耐熱性の DNA 合成酵素が単離された（*Taq* DNA 合成酵素）．この DNA 合成酵素は，高温条件下で生育している生物のものだけあって，90-93℃に 1 時間以上おいても酵素活性を半分以上保っている．また，その酵素活性（1 本鎖の DNA を鋳型にしてそれに相補的なデオキシリボヌクレオチドを付加して DNA 伸長合成を行う活性）が最も高い温度範囲は 68-72℃で，1 分間当たり 1000 個以上のデオキシリボヌクレオチドを付加結合することができる．この酵素を用いることで，繰り返し反応を行う PCR 法が可能となった．現在は，コンピュータ制御により，温度サイクルを自動的に繰り返す装置が広く使用されている．また，*Taq* DNA 合成酵素も，その遺伝子クローニングが行われたので，大量に生産できるようになっている．

⑥アガロースゲル

DNA の電気泳動の際の支持体．アガロースは寒天の精製度の高いものから作られており，高

価な試薬である．今回用いるゲルは，アガロースを 1.5% になるように TAE 緩衝液（TAE：Tris-Acetic acid-EDTA 緩衝液，pH 8.3）に加熱溶解したものである．ゲルにはウェルがあり，ここに DNA 溶液を注入して電気泳動を行う．アガロースは分子ふるいとして機能し，分子量の小さいものほどアガロースの網目を容易に通り抜けて速く移動する．ウェルの部分は壁，底ともに弱いので，試料を注入する際には十分に注意してゲルを壊さないようにすること．

⑦ゲル電気泳動用色素（30% グリセリン，0.05% ブロモフェノールブルー）

PCR の反応後，この液を試料に 1/6 量加え，反応液の比重を大きくし，色をつけてゲルのウェルに入れやすくする．

⑧ 100 bp DNA マーカー（サイズマーカー）

100 bp DNA マーカーは，100 塩基対 ×n の，いろいろな長さの 2 本鎖 DNA からなっている．つまり，100 塩基対（base pair：bp），200 塩基対，300 塩基対，…といった 2 本鎖 DNA の混合物である．DNA をアガロースゲル電気泳動した場合もタンパク質の SDS-ポリアクリルアミドゲル電気泳動法と同様，短い DNA が速く泳動される．塩基長が未知の DNA 試料をマーカーの移動度と比較することによって，大きさの推定ができる．

(2) 器具，装置
①マイクロピペット

マイクロピペットはごく少量の液体を操作するのに用いられる（付録 1 の A を参照）．採取する容量に応じていくつかの種類があり，ここでは 2-20 μL，20-200 μL，200-1000 μL の 3 つの規格のものを用いる．

②チップ（滅菌済み）

チップはマイクロピペットの先に装着して用いる．小型チップと大型チップの 2 種類があり，前者は 2-20 μL および 20-200 μL の使用時に，後者は 200-1000 μL の使用時に用いる．実験台のチップは滅菌処理をしてあるので，素手で触ったりしないこと．こまめにフタを閉じておかないと，空中の微生物によって汚染される．使ったチップは使い捨てとする．

> **注意▶**実習で用いたチップは，抗生物質耐性の大腸菌で汚染されており，実験室の外に持ち出してはならない．実験で用いた器具，溶液などは滅菌処理後，廃棄する．したがって，使ったチップは廃棄物用容器に捨て，絶対に普通のごみ箱などには捨てないこと．床に落としたり，机の上にこぼしたりした場合には，70% エタノールをかけて滅菌すること．

③滅菌試験管（スクリューキャップ付き 15 mL プラスチックチューブ）

④恒温槽（37℃）
温度を一定に保つヒーター付きの水槽に振とう装置が付いているもの．

⑤マイクロチューブ（1.5 mL チューブ）

マイクロチューブは少量の反応をする際に用いられる使い捨て型の超小型試験管である．プラスチックでできており，水をはじく性質があるため，1 μL といったごく少量の反応液でも全量回収することができる．エッペンドルフというドイツの会社の製品が有名であったため，エッペンドルフチューブと呼ばれることもある．

⑥ウルトラマイクロチューブ（0.2 mL チューブ）

マイクロチューブよりさらに小型のチューブで，容器のプラスチックの厚みが薄く，熱伝導性がよい．このため，加熱，冷却が効果的に行える．

⑦ PCR 装置（サーマルサイクラー）

PCR 反応により，任意の DNA 断片を増幅するために用いる装置．「鋳型 DNA の変性→アニーリング→伸長合成」のための温度変化を，使用者が入力した設定に従って自動で行ってくれる．

⑧マイクロチューブ用遠心機

マイクロチューブを遠心するのに用いる装置．バランスを回転軸に対して合わせるために，等量の液を入れたチューブを対角に置くようにすること．また，回転中のローターには絶対に手を触れてはいけない．

> **注意▶**もし，バランスのとれていない状態で回すと，異常な音と振動がするので，そのような場合はただちに遠心機を停止させ，ローターに正しくチューブが入っているか，各チューブ内の液量がほぼ同じであるかを確認すること．アンバランスなまま回し続けると，モーターを傷めるのみならず，最悪の場合，ローターが吹っ飛んで大事故（重量数キログラムのローターが毎分1万回転で遠心機から飛び出してくるところは想像を絶する！）を起こすことがあるので，十分に注意すること．

⑨水平型電気泳動装置

電気泳動装置は，直流 100 V の電圧がかけられる．実験操作を容易にするために一般家庭電化製品のようには防護されていないので感電に注意する．通電中は緩衝液や泳動槽の金属部分に触れたりしないこと．また泳動の際には，電流（+ / −）の方向に注意すること．

⑩紫外線トランスイルミネータ

紫外線トランスイルミネータは，DNA を検出するのに用いる．

⑪ FAS（蛍光解析装置）

紫外線トランスイルミネータで得られた蛍光像を CCD カメラで検出し，これをプリントする装置．FAS 本体の上部にあるのぞき窓は紫外線カットのフィルターが入っているので中のゲルを紫外線照射下で安全に観察できるようになっている．FAS の操作は担当教員が行う．

⑫リアルタイム PCR 装置

サーマルサイクラーと蛍光光度計を合わせた装置. 通常の PCR 反応系に，2 本鎖 DNA に結合することで蛍光を発する試薬を加え，PCR 反応の 1 サイクルごとに蛍光を検出することで，増殖産物の生成量をリアルタイムでモニタリングできる.

4　実験の手順

実験A　大腸菌形質転換体の生育

付録 1 にある，マイクロピペットの使用法をよく確認すること. チップを液面につけて試薬を確実に混合する. チップは原則として毎回換えること.

①4 本の滅菌試験管に 1 から 4 までの番号を付ける. ほかのグループの試験管と間違わないよう，何らかの印を付けておくこと. LB 培地を 1 mL ずつ，4 本の試験管にとる. 滅菌されたチップと 200-1000 μL のマイクロピペットを用いる.

⬇

②2-20 μL または 20-200 μL のマイクロピペットを用いて，試験管 2 と 4 には 20 μL のテトラサイクリン溶液を加える.

⬇

③実験台の上にある大腸菌培養液（2 種類ある）を表 1 に従って試験管に加える（JA221/1 と JA221/2 を間違えないこと！）. よく攪拌した後，37℃の恒温槽で振とうしながら培養する.

表 1

	LB	テトラサイクリン	JA221/1	JA221/2
試験管 1	1 mL	0 μL	30 μL	0 μL
試験管 2	1 mL	20 μL	30 μL	0 μL
試験管 3	1 mL	0 μL	0 μL	30 μL
試験管 4	1 mL	20 μL	0 μL	30 μL

④約 2-3 時間後（このころには実験 B の結果がでているはずである）に，試験管を観察して培養液の濁り方を比べてみよう. 大腸菌は数マイクロメートルの大きさの菌体なので肉眼では見えないが，増殖した培養液では光に透かすと濁りが見える. これは散乱光を見ていることになる.

課　題　1

どの試験管で大腸菌の増殖が見られ，どれでは見られなかったか. またテトラサイクリン耐性菌と感受性菌は，JA221/1 と JA221/2 のそれぞれどちらであったと考えられるか（そう判断した理由とともに記載すること）.

課　題　2

　JA221/1 と JA221/2 の表現型と，テトラサイクリン耐性遺伝子との関係（テトラサイクリン耐性・感受性について，遺伝子型がその表現型をもたらすメカニズム）を考察せよ.

実験B　PCR 法によるテトラサイクリン耐性遺伝子領域の増幅

（1）PCR 反応

①まず，大腸菌培養液を希釈する．2 本のウルトラマイクロチューブに 95 μL の滅菌純水をとる．これに，先に用いた大腸菌の JA221/1 および JA221/2 の培養液 5 μL をそれぞれ加える．これは PCR の鋳型となるプラスミド DNA を含んでいる.

②ウルトラマイクロチューブにマイクロピペットを使って，以下の反応溶液を作製する（書かれている順に入れていくこと）．なお，鋳型 DNA を含む希釈液は，JA221/1 または JA221/2 をどちらか一方ずつ用いて，2 種類の反応溶液を作製する．ウルトラマイクロチューブのフタと側面（両方に書くこと）にはマーカーペンで自分の座席番号などを記してからはじめる.

反応溶液

JA221/1 または JA221/2 の希釈培養液 ……………………………………… 8 μL

2x 反応液（20 mmol/L Tris-Cl（pH 8.4），100 mmol/L KCl，3 mmol/L MgCl₂，0.3 mg/mL gelatin，dATP，dCTP，dGTP，dTTP 各 0.4 mmol/L，プライマー A，プライマー B 各 0.8 μmol/L）………………………………………………………… 8 μL

酵素液（0.05 unit/μL になるよう，*Taq* DNA 合成酵素を 1x 反応液に溶かしてある）…8 μL

計 24 μL となる.

---

③キャップを締めた後，指先でウルトラマイクロチューブの底を軽くはじいて混ぜる.

④ウルトラマイクロチューブを振り，反応液を底に集める.

⑤サーマルサイクラーを用いて，以下の反応を行う.

95℃ 2 分

95℃ 50 秒

65℃ 90 秒

　これを 30 サイクルほど行うことにより，「鋳型 DNA の変性→アニーリング→伸長合成→」が繰り返され，DNA が増幅される．この反応に 2-3 時間程度かかる.

この間に電気泳動の準備を行う．ゲルは事前に4人に1枚ずつ作成しておく．

(2) 電気泳動

準備：TAE 緩衝液の入った泳動槽の中央部の持ち上がった部分に，ゲルをトレーにのせたまま置く．ゲルの上部が完全に緩衝液の水面下になるように TAE 緩衝液の量を調節する．

なお，このような電気泳動のスタイルをサブマリン・タイプと呼んでいる（泳動を水平面で行うことから水平型とも呼ばれる）．

⑥ PCR 反応液に 5 μL ゲル電気泳動用色素を加える．

⑦混合後，ウルトラマイクロチューブを軽く振り，PCR 反応液を底に集める．

⑧ 2-20 μL マイクロピペットを用いて，PCR 反応液（電気泳動用色素のため青色になっている）を 8 μL 取り，ゲルのウェルに注入する．順番は各グループで適当に決めてよいが，必ずどこに誰の試料があるのか記録しておくこと．たとえば次のようにする．

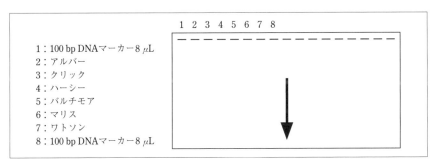

1：100 bp DNAマーカー 8 μL
2：アルバー
3：クリック
4：ハーシー
5：バルチモア
6：マリス
7：ワトソン
8：100 bp DNAマーカー 8 μL

⑨試料をすべて注入し終わったら，電気泳動を開始する．電圧は 100 V にする（このとき，電流の方向に注意する）．

課 題 1
DNA の電荷はリン酸基のイオン状態に依存している．電極の極性はどのように設定するべきか．また，TAE 緩衝液（pH 8 程度）ではリン酸基はどのような状態にあるだろうか．

⑩ブロモフェノールブルーがゲルの 2/3 を越えたら泳動を止める．約 30 分かかる．

⑪ゲルを染色液に 30 分程度つけて染色する．

注意▶染色液の中にはがんを誘発する可能性がある物質が入っているため，染色液やゲルを扱う際は，必ず手袋と白衣を着用すること．

↓

⑫ゲルをトレーから外して紫外線トランスイルミネータの上に置く．FAS（蛍光解析装置）を用いて観察し，写真を撮る．FAS の操作は担当教員が行う．

> **注意▶**ここで用いる紫外線（360 nm 付近の波長）は非常に強力であり，裸眼で直視すると失明する場合がある．また，夏の海岸，冬のスキー場以上に強い紫外線なので短時間でも日焼けを起こす．したがって紫外線が点いているときには暗幕などを必ず下げておく．また，観察が終わったら，必ず紫外線ランプを消灯すること．

課 題 2

写真をもとに，100 bp DNA マーカーと比較して 2 種類の鋳型 DNA から増幅された DNA 断片の大きさ（長さ）を推定せよ（○○塩基対または○○ bp）．また，欠失変異の大きさを推定せよ．

課 題 3

PCR を行うと，大量に複製される（増幅される）のは，プライマーではさまれた DNA 領域のみである．*Taq* DNA 合成酵素は，プライマーを開始点として 1 分間に約 1000-2000 のデオキシリボヌクレオチドを付加することができるので，プライマーではさまれた領域よりも大きい DNA 断片も作られているはずである．しかしながら，電気泳動の結果からわかるように，そのような大きな DNA は見られない．どうしてプライマーではさまれた領域のみがバンドとして検出されるのか，図を用いるなどして説明せよ．

課 題 4

今日の実験では増幅したい DNA 領域をはさむような位置にデザインされた 2 つのプライマーを用いたが，もしも一方しか加えなかったらどのようなことが起こるか．合成される DNA 鎖の数に注意して考えよ．

参 考

この実験で行った PCR 法は「シャトル PCR 法」と呼ばれる 2 ステップのものである．用いたプライマーの鎖長が 30 塩基配列と長めで，65℃においても，鋳型 DNA と安定に結合することを利用している．しかし，PCR 法でよく用いられるのは，18-25 塩基配列程度の短いプライマーを使って，高温による 2 本鎖 DNA の 1 本鎖への解離→プライマーの結合（アニーリング）→ *Taq* DNA 合成酵素の酵素活性が最も高くなる温度での伸長合成，という 3 ステップ法である．

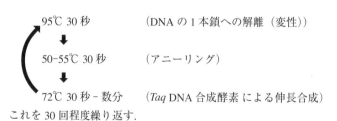

95℃ 30 秒 （DNA の 1 本鎖への解離（変性））

50-55℃ 30 秒 （アニーリング）

72℃ 30 秒 - 数分 （*Taq* DNA 合成酵素 による伸長合成）

これを 30 回程度繰り返す．

　18-25 塩基のプライマーを用いると，65℃ 1 分の間に，鋳型 DNA とプライマーが安定的に結合しないために，DNA の伸長反応が進まない．3 ステップ法においては，アニーリングは 50-55℃ という低い温度で行い，鋳型 DNA とプライマーを十分結合させてから最も酵素活性が高い 72℃ において伸長反応を行う．*Taq* DNA 合成酵素は，アニーリング時の温度（50-55℃ 程度）においても活性を持っているため，結合したプライマーにデオキシリボヌクレオチドを付加して徐々に伸長を行い，その後 70℃ 以上に温度を上げても，もはや DNA 鎖が解離することはなく反応は続けられる．このように PCR の反応はきわめて動的な反応系であることに注意してほしい．

実験C　リアルタイムPCR法によるDNA増幅の観察

①適当濃度のテトラサイクリン耐性株のプラスミド DNA を用意し，滅菌純水で 2 倍，4 倍，8 倍，16 倍に希釈する．

②ウルトラマイクロチューブにマイクロピペットを使って，以下の反応溶液を作製する．

反応溶液

①で用意したプラスミド DNA と酵素を混ぜた反応液 ……………………………10 μL
　精製したプラスミド pBR322
　DNA 蛍光染色液（インターカレーター；SYBR Green I 等）
　耐熱性 DNA 合成酵素
　dATP, dCTP, dGTP, dTTP
　反応用緩衝液
　プライマー A（1 μmol/L）……………………………………………………5 μL
　プライマー B（1 μmol/L）……………………………………………………5 μL
　　　　　　　　　　　　　　　　　　　　　　　　　　　　計 20 μL となる．

---

③リアルタイム PCR 装置を用いて以下の PCR 反応と蛍光検出を行う．

95℃ 30 秒

95℃ 5 秒

60℃ 30 秒

課 題 1

　この実験では，2 倍希釈系列のプラスミド DNA を鋳型にリアルタイム PCR を行った．鋳型となったプラスミド DNA 濃度と PCR 産物の増幅曲線の間にはどのような関係があるか．

電気泳動による光合成関連タンパク質の分離

1 目 的

　生物の体は多様なタンパク質を含んでいる．DNA の塩基配列に基づくと，ヒトの体は約 2 万 7000 種類，本実験で用いるシアノバクテリア *Synechocystis* sp. PCC 6803 は約 3000 種類もの タンパク質から構成されていると予想されている．細胞内ではタンパク質のうち，あるものは 酵素反応，また別のあるものは細胞構造の維持など，それぞれ分担して特有の機能を発揮する ことで生命活動が維持されている．詳細に生命現象を理解するためには，これらのタンパク質 を同定してその機能を明らかにすることが必要であり，タンパク質の分離精製はその土台とな る重要な手法である．本実験では，タンパク質を分子量の違いによって分離する手法として， 最も広く用いられる SDS（sodium dodecyl sulfate）-ポリアクリルアミドゲル電気泳動法の原理 を理解し，その手法を習得する．

　本実験の目的は以下の通りである．

> **実験A**
> 　実験材料としてシアノバクテリアの野生株およびフィコシアニンをコードする遺伝 子（*cpcA* 遺伝子）の欠損変異株が用意してある．双方の細胞を破砕後，タンパク質を 電気泳動で分離し，フィコシアニンのバンドを同定し，その分子量を推定する．
>
> **実験B**
> 　分光光度計を用いて細胞の吸収スペクトルを測定することにより，フィコシアニン が光合成に利用する光の波長を推定する．

　さらに参考実験として，光合成による酸素発生速度の測定を行い，フィコシアニンの生体内 での機能について考察する．

2 解 説

(1) タンパク質の構造と性質

タンパク質は，アミノ酸がペプチド結合でつながった高分子（ポリペプチド）である．アミノ酸は，カルボキシル基が結合している炭素にアミノ基および R で示した側鎖が結合した構造を持つ（図1）．側鎖が多種存在するため，アミノ酸は複数種類存在する．ペプチド結合はアミノ酸のカルボキシル基とほかのアミノ酸のアミノ基間で起こる脱水縮合によって形成される（図2）.

図1 アミノ酸

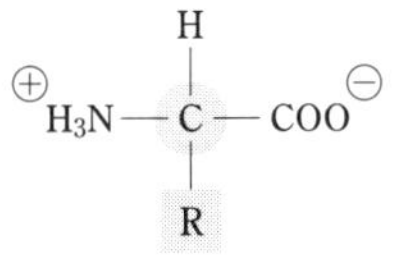

$$H_3\overset{\oplus}{N} - \overset{\overset{\displaystyle H}{|}}{\underset{\underset{\displaystyle R}{|}}{C}} - \overset{\ominus}{COO}$$

図2 ペプチド結合

$$NH_3^+ - \overset{\overset{\displaystyle R_1}{|}}{CH} - COO^- \ + \ NH_3^+ - \overset{\overset{\displaystyle R_2}{|}}{CH} - COO^-$$

$$+H_2O \updownarrow -H_2O$$

$$NH_3^+ - \overset{\overset{\displaystyle R_1}{|}}{CH} - \overset{\overset{\displaystyle}{\underset{\underset{\displaystyle O}{||}}{C}}}{} - NH - \overset{\overset{\displaystyle R_2}{|}}{CH} - COO^-$$

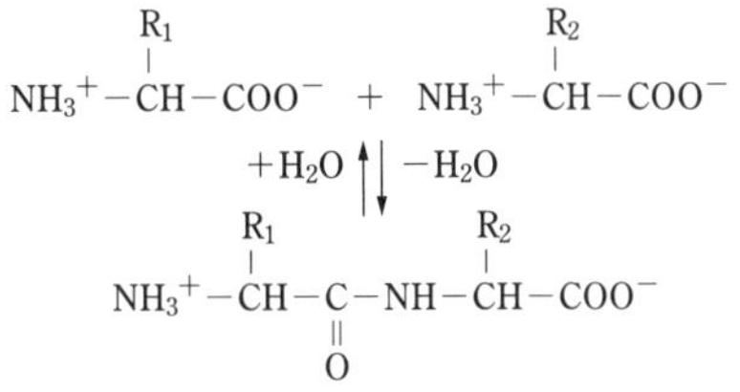

タンパク質を構成するアミノ酸は 20 種類あり，おのおのの側鎖の示す電荷，疎水性，親水性などの性質によって分類される（図3）．各アミノ酸の性質はタンパク質の機能や構造に影響を与え，たとえば膜タンパク質は一般に疎水性アミノ酸が連続したポリペプチド部分を含み，そのポリペプチド部分が膜の脂質が作る疎水性の部分と相互作用をしていると考えられている．また負の電荷を帯びている DNA と結合するタンパク質は，正電荷を持つ塩基性アミノ酸の含有量が多い.

タンパク質のアミノ酸配列は，個々のタンパク質固有のものである．つまり，生体内には数多くのタンパク質があるが，それらはすべて固有のアミノ酸配列を持っている．この固有のアミノ酸配列のことを「一次構造」という（図4，一次構造）．また，水溶液中のタンパク質は長い1本鎖分子として存在することはまれで，熱力学的に安定になるように折りたたまれ，固有の立体構造を持つ．ペプチド主鎖の水素結合によって形成される比較的狭い範囲に見られる立体構造を「二次構造」といい，代表的なものとして，らせん構造の α ヘリックスやプリーツ構造の β シートがある（図4，二次構造）．二次構造が組み合わさってできるタンパク質全体の立体構造のことを「三次構造」という（図4，三次構造）．タンパク質によっては，三次構造をとったタンパク質がさらに複数個集合してできた構造である「四次構造」をとる場合もある（図4，四次構造）.

生理的条件ではタンパク質は固有の高次構造を保ち，ほかのタンパク質や脂質と結合した会合体として存在することが多いため，見かけ上の分子サイズは大きいものとなる．よって，タンパク質の本来の分子量を求めるためには，タンパク質を変性させてほかのタンパク質や脂質との結合を解消させるなどの工夫が必要となる.

図3　タンパク質の構成成分となる 20 種類のアミノ酸

グリシン（Gly,G）*1 疎水性	アラニン（Ala,A） 疎水性	バリン（Val,V） 疎水性	ロイシン（Leu, L） 疎水性
イソロイシン（Ile,I） 疎水性	メチオニン（Met,M） 疎水性	プロリン（Pro,P） 疎水性	フェニルアラニン（Phe,F） 疎水性
トリプトファン（Trp,W） 疎水性	セリン（Ser,S） 親水性*2［無電荷］	スレオニン（Thr,T） 親水性［無電荷］	アスパラギン（Asn,N） 親水性［無電荷］
グルタミン（Gln,Q） 親水性［無電荷］	チロシン（Tyr,Y） 親水性［無電荷］	システイン（Cys,C） 親水性［無電荷］	リジン（Lys,K） 親水性［正電荷］*3
アルギニン（Arg,R） 親水性［正電荷］	ヒスチジン（His,H） 親水性［正電荷］	アスパラギン酸（Asp,D） 親水性［負電荷］*4	グルタミン酸（Glu,E） 親水性［負電荷］

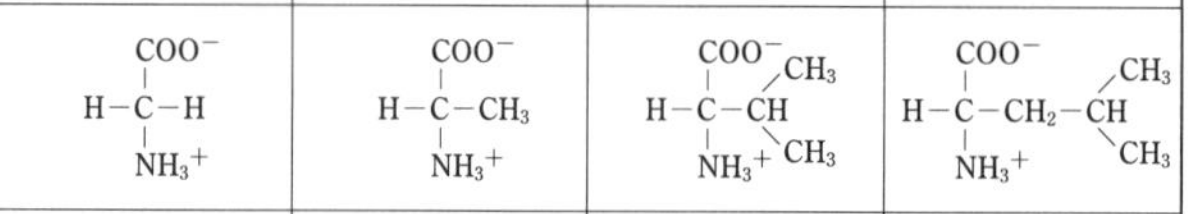

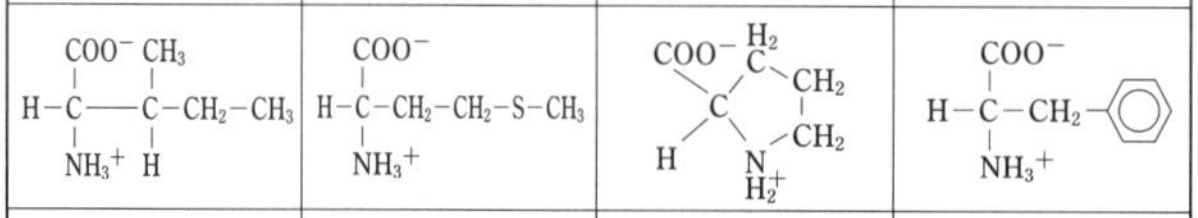

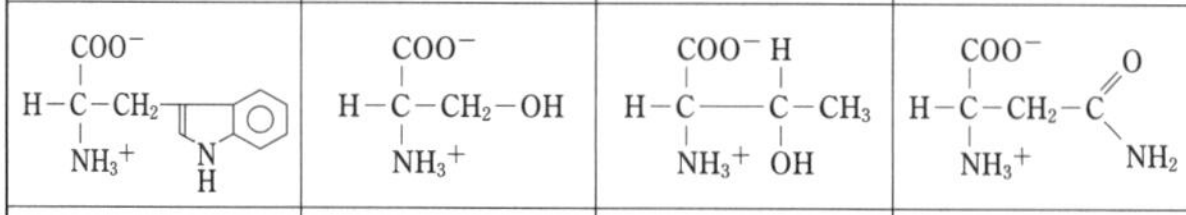

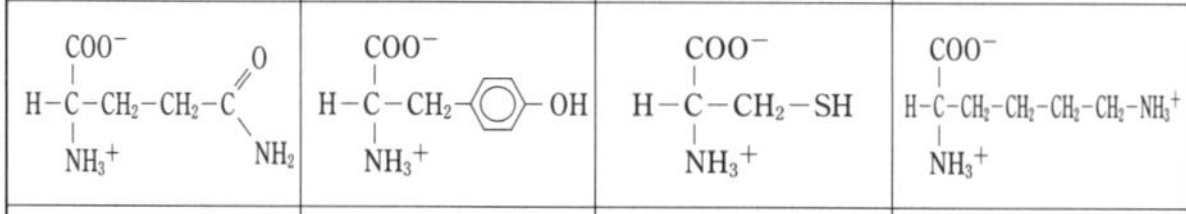

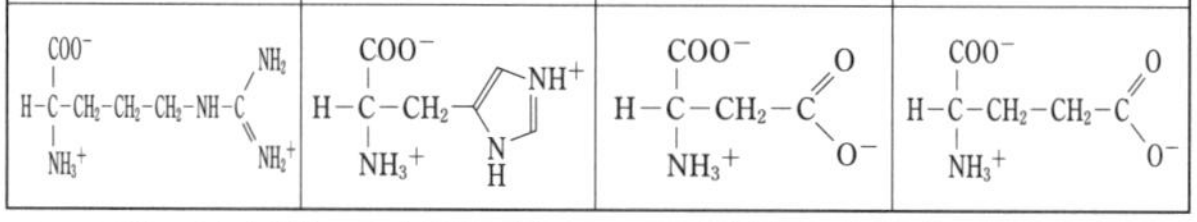

*1　アミノ酸の三文字表記，一文字表記を示す　　　*2　親水性アミノ酸は極性アミノ酸ともいう
*3　正電荷を持つアミノ酸は塩基性アミノ酸ともいう　*4　負電荷を持つアミノ酸は酸性アミノ酸ともいう

(2) SDS−ポリアクリルアミドゲル電気泳動法

SDS−ポリアクリルアミドゲル電気泳動（SDS- polyacrylamide gel electrophoresis；SDS-PAGE）法は，網目構造を形成しているポリアクリルアミドゲルの中で変性させたタンパク質を電気泳動させることにより，タンパク質を分子量の違いで分ける方法である．ポリアクリルアミドゲルは単量体のアクリルアミドを少量の N, N′-メチレンビスアクリルアミド（ビス）存在下で重合させることによって作製する．アクリルアミドが重合する際にビスが適当な割合でポリアクリルアミドを架橋するため，網目構造が形成されることになる．よって，網目の大きさはアクリルアミドの濃度とビスの架橋頻度によって決まる．

SDS−ポリアクリルアミドゲル電気泳動法では，SDS（sodium dodecyl sulfate，ドデシル硫酸ナトリウム，図5）が重要な役割を果たしている．SDS は界面活性剤の一種で，タンパク質の疎水性領域に結合して複合体を形成し，その結果，生理条件で形成されているタンパク質や脂質の会合体は解消され，さらにはタンパク質固有の立体構造が壊れ，伸びた状態になる．また，SDS 分子の硫酸基の負電荷により，SDS−タンパク質複合体は全体として負に荷電することに

図4

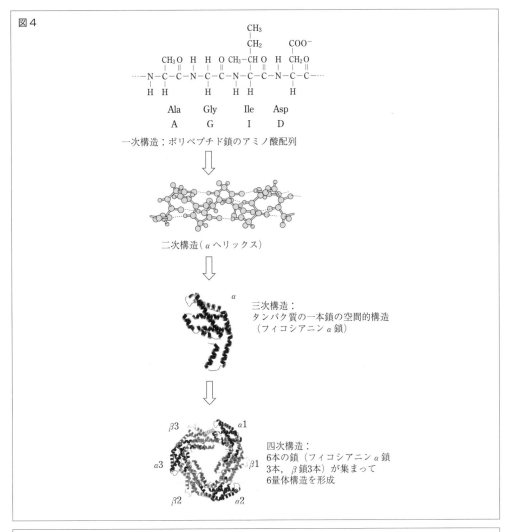

CH₃
|
CH₂　　　　COO⁻
|　　　　　|
CH₃ O　H　 H　O CH₃-CH O　H 　CH₂ O
|　‖　|　|　‖　|　| 　‖　|　|　‖
−N−C−C−N−C−C−N−C−C−N−C−C−
|　|　　|　|　　|　|　　|　|
H　H　　H　H　　H　H　　H　H

Ala　　Gly　　Ile　　Asp
A　　　G　　　I　　　D

一次構造：ポリペプチド鎖のアミノ酸配列

⇩

二次構造（αヘリックス）

⇩

三次構造：
タンパク質の一本鎖の空間的構造
（フィコシアニンα鎖）

⇩

四次構造：
6本の鎖（フィコシアニンα鎖
3本，β鎖3本）が集まって
6量体構造を形成

図5　ドデシル硫酸ナトリウム

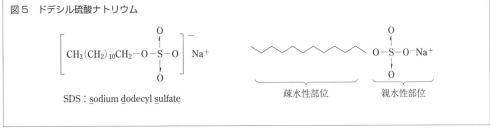

$$\left[CH_3(CH_2)_{10}CH_2-O-\overset{\displaystyle O}{\underset{\displaystyle O}{\overset{\|}{\underset{\|}{S}}}}-O \right]^{-} Na^{+}$$

SDS：sodium dodecyl sulfate

疎水性部位　　　親水性部位

なる．よって，負に帯電した SDS−タンパク質複合体は，ゲルの両端に電圧をかけると陽極側へ移動する．SDS−タンパク質複合体は伸びて広がっているため，電気泳動中にポリアクリルアミドの網目の抵抗を受けながら進むことになる．また，ポリペプチド鎖の単位長あたりに結合している SDS 分子の量は一定であるため（タンパク質 1 g に対し，SDS 1.4 g），SDS−タンパク質複合体単位長あたりの負電荷も一定となる．そのため，ゲルの網目構造中を移動する SDS−タンパク質複合体は，タンパク質に結合した SDS の量に依存せず，分子の量が大きいも

のほど抵抗を受け，高分子量のタンパク質は移動距離が小さく，逆に低分子量のものは移動距離が大きくなる．その結果，ゲル中でタンパク質は分子量の大きさに依存して分離され，予め分子量のわかっているタンパク質（分子量マーカーと呼ばれる）を同時に泳動しておけば，その移動度を基準として目的のタンパク質の分子量を推定することができる．

SDS-ポリアクリルアミドゲル電気泳動法によって分離されたタンパク質は，クマシーブリリアントブルー（Coomassie Brilliant Blue：CBB）という色素を用いて染色する．CBB はタンパク質の疎水部分に結合する色素で，タンパク質を青く染色する．取り扱いが簡便であり，かつ青色の強さがタンパク質量を反映することから，広くタンパク質の検出に用いられている．

(3) シアノバクテリアとは

本実験で用いる *Synechocystis* sp. PCC 6803 は単細胞性球菌（直径約 2 μm）のシアノバクテリアである．シアノバクテリアは酸素発生型光合成を行う細菌で，光合成色素として陸上植物と共通であるクロロフィル *a* に加え，シアノバクテリアや紅藻に特有のフィコビリンと呼ばれる色素を有するため，細胞が特徴的な深青色を呈する．シアノバクテリアの細胞の構造は，植物の葉緑体とよく似ており，発達した内膜系「チラコイド膜」を持つ（図6）．そのため，現存のシアノバクテリアの祖先生物が非光合成生物に共生することにより現在の植物の葉緑体が生じたと考えられており（細胞内共生説），シアノバクテリアは葉緑体のモデル生物として光合成研究に広く用いられている．中でも *Synechocystis* sp. PCC 6803 は外来の DNA を取り込み形質転換が容易であること，1996 年に全 DNA 塩基配列が決定されていることから分子生物的解析が容易であり，最もよく用いられている．

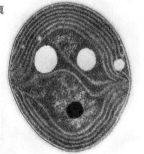

図6　シアノバクテリア *Synechocystis* sp. PCC 6803 株の電子顕微鏡写真

発達した内膜系（チラコイド膜）が観察される．

(4) 光合成の初期過程における光化学反応中心と光捕集アンテナ系

光合成は，光エネルギーを用いて水や二酸化炭素等の無機化合物から，有機化合物を合成する反応である．光合成の初期過程（明反応と呼ばれることもある）では，チラコイド膜上の 2 つの独立した光化学系（光化学系Ⅱ，Ⅰと呼ばれる）により光エネルギーが酸化還元エネルギー（電子の流れ）に変換される（参考3を参照）．2 つの光化学系は，いずれもクロロフィルなどの色素分子，電子伝達成分を結合した超分子複合体であり，複合体中心部に光化学反応，電子伝達反応の場となる「反応中心」を持つ．光化学系Ⅱでは，その外縁部にフィコビリソーム（シアノバクテリアの場合）や集光性クロロフィルタンパク質複合体（陸上植物の場合）と呼

ばれる「光捕集アンテナ系」を結合しており，これらが光化学反応に必要な光エネルギーを捕集し，効率的に反応中心へ伝達する（参考4を参照）．

　フィコシアニンはフィコビリソームの構成タンパク質の1つで，光捕集に関わる色素を結合している．本実験で用いる *cpcA* 遺伝子欠損変異株では，フィコシアニンタンパク質サブユニットの1つであるフィコシアニン α をコードする *cpcA* 遺伝子の一部を欠損しているため（図7），正常なフィコシアニン α タンパク質を合成できない．欠損変異株における光合成の諸特性を野生株と比較することにより，フィコシアニンの光合成における機能を明らかにできるであろう．

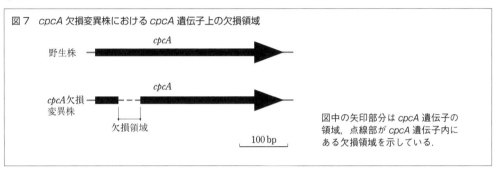

図7　*cpcA* 欠損変異株における *cpcA* 遺伝子上の欠損領域

野生株

cpcA

cpcA 欠損変異株

cpcA

欠損領域

100 bp

図中の矢印部分は *cpcA* 遺伝子の領域，点線部が *cpcA* 遺伝子内にある欠損領域を示している．

3　実験材料および試薬，器具

① *Synechocystis* sp. PCC 6803 野生株と *cpcA* 遺伝子欠損変異株の細胞懸濁液

②マイクロチューブ

③2 mL ネジふた付きチューブ

④ガラスビーズ

⑤細胞破砕緩衝液［20 mmol/L HEPES-NaOH（pH 7.5）］

⑥ビーズ式細胞破砕装置

⑦遠心機

⑧電気泳動装置

⑨振とう機

⑩ SDS-PAGE ゲル（本実習では予めゲルが用意されている）

⑪泳動用緩衝液

⑫サンプルバッファー

⑬分子量マーカー

⑭ CBB 染色液

⑮染色用容器

⑯分光光度計

⑰酸素電極

⑱マイクロピペット

4 実験の手順

実験は 4 人 1 グループで行う.

実験 A の電気泳動（約 30 分）の間を利用して，細胞の吸収スペクトルの測定（実験 B）を行うこと.

実験A　SDS-ポリアクリルアミドゲル電気泳動

(1) 泳動用サンプルの調製

①ガラスビーズを 2 mL ネジふた付きチューブの底の円錐型の部分一杯まで入れる. 入れすぎると後の細胞破砕液の回収が困難になるので注意すること. チューブのふたに油性ペンで自分の名前を記入する.

⬇

②マイクロピペットを用いて野生株と cpcA 遺伝子欠損株の細胞懸濁液をそれぞれ 1 mL 取り，マイクロチューブに入れる. 遠心機で 25℃，1 万 5000 rpm（2 万 2000 G）で 1 分間遠心し，細胞を沈澱させる.

⬇

③上澄みの培養液をマイクロピペットを用いて除き, 細胞破砕緩衝液を 100 μL 加えて細胞を再懸濁する.

⬇

④③の細胞懸濁液を予めガラスビーズを入れておいた 2 mL ネジふた付きチューブに入れ，しっかりふたを閉めてビーズ式細胞破砕機にセットする. 12 検体同時に破砕することができる. サンプルは中心軸に対称になるように入れること. 4000 rpm で 40 秒間細胞破砕を行う.

⬇

⑤チューブをビーズ式破砕機から取り出し，2× サンプルバッファー（SDS が入っている）100 μL を細胞破砕液に加え，よく混合する.

⬇

⑥遠心機で 25℃，1 万 5000 rpm（2 万 2000 G），10 秒間の遠心を行う. チューブをマイクロチューブ立てに置く.

(2) 電気泳動

①泳動用緩衝液を泳動槽の線のところまで入れる.

⬇

②ゲルプレートからコームをゆっくり垂直に抜き取る（図 8）.

⬇

③切り込みのあるガラス板が奥になるようにゲルプレートを泳動槽のシールパッキン（①）の手前にセットする. その際にゲルプレートを傾斜させて，気泡がゲル底部に入らないようにする（①′）. 次にプレートホルダー（②）を手前から奥の方に止まるまで回転させてゲルプ

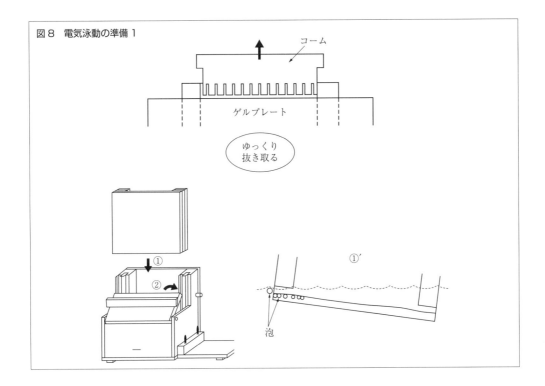

図8　電気泳動の準備1

コーム

ゲルプレート

ゆっくり
抜き取る

①

②

①′

泡

レートを固定する（図8）.

⬇

④上部槽の上端から 2-3 mm のところ，ウェルが完全に浸るまで泳動用緩衝液を入れる．上端まで入れると電流漏れの原因になるので注意すること（図9左上）.

⬇

⑤マイクロピペットを用いてサンプルを 8 μL 取り，ゆっくりとウェルに流し込む．勢いよく注入すると隣のレーンにあふれるので注意する．両端のレーンには分子量マーカーを入れ，その間のレーンに各自のサンプルを注入する（図9）.

⬇

⑥電源部を泳動槽のガイドプレート上にのせ（①），泳動槽側へと滑らせて泳動槽と電源部を接着する（②）．2本のコネクターバーを止まるまで押し込み，電極端子（③）と接続させる（図9）.

⬇

⑦メインスイッチ（①）が OFF 側（○）になっていることを確認してから AC アダプターをコンセントに差し込む．メインスイッチを ON 側（−）にして，パワーランプ（②）が点灯することを確認する．Tris-Gly PAGEL の High モード（③）が選択されていることを確認する．ほかのモードになっている場合はモードダイヤル（④）を回してモードを切り替える（図10）.

⬇

⑧RUN ボタン（⑤）を押し，泳動を開始する（図10）. 30 分経つと自動的に泳動が終了する.

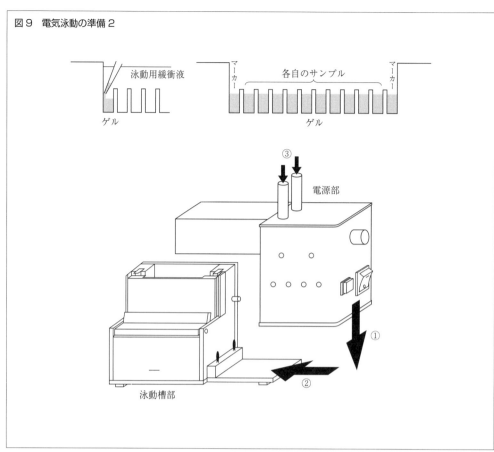

図9　電気泳動の準備2

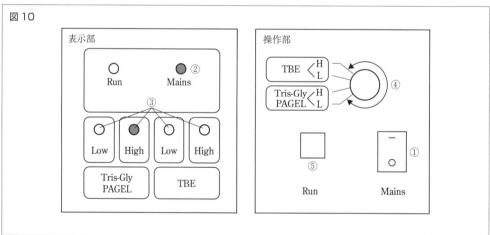

図10

(3) ゲルの染色と脱色（手袋を着用すること）

①泳動終了後，泳動槽からゲル板を取り出し，軽くゲル板全体を水洗した後，後端が平たくなっている薬さじ（スパチュラあるいはスパーテルと呼ぶ）を使ってゲル板をはがす．ゲルはスペーサーの付いたゲル板に固着した状態で分離する．次にスパチュラを使って左右のスペーサーとゲルの間に切り込みを入れる（図11）．裏表がわかるようにゲルの右下を切っておく．

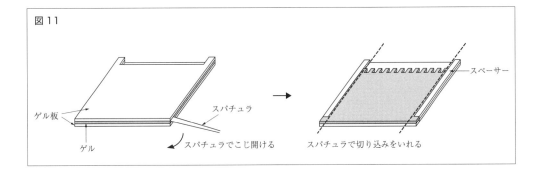

図11

ゲル板
ゲル
スパチュラでこじ開ける
スパチュラ
スパチュラで切り込みをいれる
スペーサー

②染色用の電子レンジで使用可能な容器に，ゲルが浸る程度（約 30 mL）の染色液（50 mL チューブに入っている）を注ぐ．染色液にゲル板から分離したゲルを浸す．ふたをしたのちに電子レンジにセットし，加熱処理する（ふたに水滴がつく程度．500 W の電子レンジでは約 1 分，750 W では約 40 秒）．容器が熱くなっているので火傷に注意すること．容器を振とう機に置き，約 10 分間振とうする．

③スポイトを使って，染色液を 50 mL チューブに戻す．ゲルが入った容器に水道水を 50 mL 程度加える．電子レンジにセットし，②と同様に加熱処理後に約 10 分間背景の色が消えバンドがはっきり見えるようになるまで振とうする．廃液は指定の廃液用容器に回収する．流しに捨ててはならない．

④ゲルの写真を撮る（撮影方法については教員の指示に従うこと）．

課　題　1

cpcA 遺伝子欠損変異株で失われているフィコシアニン α のバンドはどれか．後出の表 1 を参考にして特定せよ．

課　題　2

cpcA 遺伝子欠損変異株ではフィコシアニン α 以外にも複数のフィコビリソームの構成タンパク質が失われていることが知られている．失われているタンパク質を後出の表 1 を参考にして特定せよ．

課　題　3

今回の電気泳動の結果より cpcA 遺伝子欠損変異株では，フィコビリソームの構造が野生株に比べてどのように変化しているのか推定せよ．

実験D　細胞の吸収スペクトルの測定

分光光度計（図 12）は精密機器である．教員の指示に従って操作を行うこと．

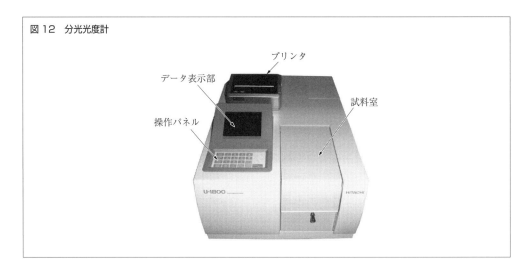

図 12　分光光度計

①測定の約 10 分前までに分光光度計の電源スイッチを入れる．ベースライン補正に用いる培養液と測定に用いるシアノバクテリア細胞懸濁液（野生株，*cpcA* 遺伝子欠損変異株）を用意しておく．

②セルに 1 mL の培養液を入れ，試料室を開けてセルをセルホルダーにセットする．セルホルダーが一番押し込まれている状態で，一番手前のセルホルダーを使用する．セルは分光光度計に向かって左右が透明な面になる方向に入れること．

③400-800 nm の範囲でベースライン補正を行う．

④試料室を開けてセルを取り出し，中身を捨てる．次にセルにシアノバクテリア細胞懸濁液を 1 mL 入れてセルホルダーにセットする．

⑤400-800 nm 間の吸収スペクトル測定を行う．

⑥測定結果をプリントアウトする（1 人 1 枚）．

⑦セルを取り出し，中身を捨てて洗ビンの水ですすぎ，よく水を切ってから新しいサンプルを 1 mL 入れ，セルホルダーにセットする．以降は⑤から⑦を繰り返す．

課　題　1

　シアノバクテリアは光合成のためにどのような波長の光を利用していると考えられるか．野生株と *cpcA* 遺伝子欠損変異株の間に見られた色の違いは吸収スペクトルのどのような違いに由来するのか．電気泳動の結果と合わせて，フィコシアニンが吸収する光の波長を推定せよ．

参考実験　酸素発生速度の測定

①酸素電極のチャンバー内の水をピペットで吸い出し，代わりに 2 mL の細胞懸濁液を入れる．ゆっくりとストッパーを押し込む．ストッパーには底面から上面まで小さな穴が通じており，ここから空気を抜きながらチャンバー内を気密状態にしていく．ストッパーにある穴の中に少し試料が入ったところでふたを押し込むのをやめる．チャンバー内に気泡が混入すると正確な測定ができない．小さな気泡も残っていないことを確かめる．

⬇

②スターラーを回転させ，ツールバーの測定開始ボタン（GO）を押し，測定を開始する．ベースラインが安定になったのち，スライドプロジェクターのスイッチを入れる．およそ3-5分間，光合成活性が飽和するまで酸素濃度の変化をモニターする．

⬇

③ツールバーの測定停止ボタン（⊗）を押し，測定を停止する．パソコンのモニターから時間あたりのおおよその酸素発生量を読み取って記録する．

⬇

④ストッパーを外し，洗ビンの水で洗う．試料をスポイトで吸い出し廃液の容器に捨てる．洗ビンの水でチャンバー内を満たし，残りの細胞ごとピペットで吸い出して捨てる．次の測定をするときにはここで新しい試料をチャンバーに入れる．使用しないときには電極が乾燥しないようにチャンバー内に洗ビンの水を少量入れておく．

⬇

⑤時間あたりの酸素濃度の変化から酸素発生速度（nmol/mL/min）を求める．酸素濃度に依存して流れる電流値はあらかじめ酸素濃度で校正してあるので，グラフの縦軸を直読すればよい．

課　題　1

　スライドプロジェクターの光の強さを段階的に変化させたときに，野生株と *cpcA* 遺伝子欠損変異株の間で酸素発生速度にどのような違いがあるだろうか．また，この結果からフィコシアニンが光合成において果たしている役割は何であると考えられるか．

分光光度計による吸光度の測定

タンパク質などの多くの生体物質は光を吸収し，吸収する光の波長は物質の種類に特異的である場合が多い．たとえば，多くのタンパク質は芳香族アミノ酸を含むため，280 nm に主要な吸収のピークを持つ．したがって吸収波長を測定することにより，分子の特定や分子の溶液内の濃度を測定することが可能である．物質に吸収される光の波の測定には分光光度計が用いられる．分光光度計は様々な波長の光を試料に照射し，試料を透過した後の光強度を検出する装置である（図13）．試料が光を吸収する割合は吸光度で表される．

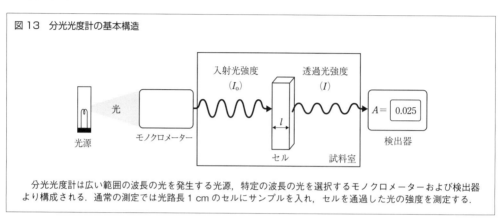

図13　分光光度計の基本構造

入射光強度 (I_0)　透過光強度 (I)

光源　モノクロメーター　セル　試料室　$A = \boxed{0.025}$　検出器

分光光度計は広い範囲の波長の光を発生する光源，特定の波長の光を選択するモノクロメーターおよび検出器より構成される．通常の測定では光路長 1 cm のセルにサンプルを入れ，セルを通過した光の強度を測定する．

酸素電極による酸素濃度の測定

本実験ではクラーク型の酸素電極を使用する．クラーク型の酸素電極は試料を入れるチャンバーと白金の陰極および銀の陽極，チャンバー内のサンプルを攪拌するスターラーから構成されている（図14）．2つの電極間は電解液（飽和 KCl 溶液）で電気的に接続され，さらにテフロン膜によりチャンバー内の試料から隔てられている．テフロン膜は，液体は通過できないが酸素は通過することができる．測定時には両電極間に 600 mV から 700 mV の電圧をかけ，電極間に流れる電流を測定する．チャンバー内の O_2 は，陰極で $2e^-$ を受け取り還元されて H_2O_2 と $2OH^-$ を生じる．さらに H_2O_2 は陰極より $2e^-$ を受け取り $2OH^-$ となる．一方陽極では $4Ag$ が電極に $4e^-$ を受け渡して酸化され $4Ag^+$ を生じ，さらに $4Ag^+$ と $4Cl^-$ から $4AgCl$ が生じる．電極における $4e^-$ の授受によって両電極間には電流が流れるが，この電流は陰極で O_2 が還元される速度と等しい．したがって既知の酸素濃度溶液で校正することで未知試料中の溶存酸素量を決定することができる．

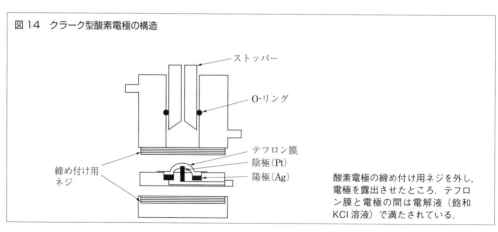

図14　クラーク型酸素電極の構造

ストッパー

O-リング

テフロン膜
陰極 (Pt)
陽極 (Ag)

締め付け用ネジ

酸素電極の締め付け用ネジを外し，電極を露出させたところ．テフロン膜と電極の間は電解液（飽和 KCl 溶液）で満たされている．

参考3　　シアノバクテリアの光合成電子伝達系（図15）

　光合成の電子伝達はチラコイド膜上で進行する．光化学系II（PSII）の光化学反応により水から引き抜かれた電子は，プラストキノンプール（PQ），チトクロム b_6f 複合体（Cyt b_6f），プラストシアニン（PC），光化学系I（PSI）へと移動する．プラストシアニンから渡された電子は光化学系I（PSI）の光化学反応により還元力の強い（より酸化還元電位の低い）電子に変換されたのち，フェレドキシン（Fd），フェレドキシン-NADP$^+$ 還元酵素（FNR），NADP$^+$ の順に渡される．フィコビリソームは主に光化学系IIの光捕集アンテナ系として機能する．電子伝達に共役してチラコイドの外から内に水素イオンが運ばれ，その結果生成した水素イオン濃度勾配を利用して，ATP合成酵素が回転することによりATPが合成される．

参考4　　フィコビリソーム

　フィコビリソーム（図15）はシアノバクテリアや紅藻に特有な光捕集のための光合成色素系の1つであり，主に光化学系IIのアンテナ系として機能する．フィコビリン色素を有するフィコビリタンパク質をはじめとする12から18種類のタンパク質から構成される複合体である．多くのフィコビリソームは半円盤形の構造を持ち，その中心部分がチラコイド膜上で光化学系II反応中心に結合するように配置している．フィコビリソームの円盤は主に中心となるコアとコアから放射状に伸びたロッドと呼ばれる棒状の部分から構成されている．コアにはアロフィコシアニン，ロッドにはフィコシアニンと呼ばれるフィコビリタンパク質が含まれ，これらのタンパク質には，光の吸収を行うフィコビリン色素の一種であるフィコシアノビリンが結合している．アロフィコシアニンとフィコシアニンはともに2つのサブユニット α，β から構成され，これらはSDS-PAGEのゲル上で，染色せずともわずかに着色したバンドとして観察される．表1に電気泳動で確認されるフィコビリソームの構成タンパク質の分子量とその存在する場所を示す．

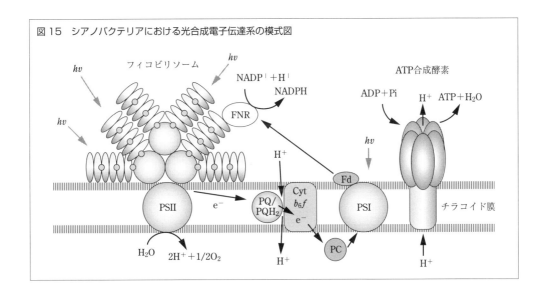

図15　シアノバクテリアにおける光合成電子伝達系の模式図

表1　フィコビリソームを構成する主要なタンパク質の見かけの分子量とその存在場所

タンパク質の名称	見かけの分子量（kDa）	存在場所
ロッドリンカー	34	ロッド
ロッドリンカー	33	ロッド
ロッドコアリンカー	30	ロッドとコアの間
フィコシアニンβ	21	ロッド
アロフィコシアニンα	18.5	コア
フィコシアニンα	17.5	ロッド
アロフィコシアニンβ	17	コア

参考文献

佐藤公行編　朝倉植物生理学講座3『光合成』，朝倉書店（2002）
日本光合成研究会編『光合成事典』，学会出版センター（2003）

実験2
電気泳動による光合成関連タンパク質の分離

第Ⅱ編

細胞の動的構造と機能

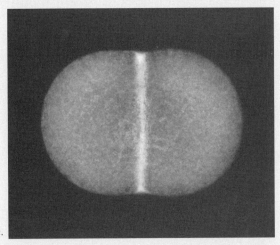

分裂中のウニ卵.くびれ部分に集積する
アクチン繊維を特異的な色素で染色した.

生物は細胞でできており,細胞を研究することは,生物の個体の成り
立ちを理解する上での基盤となる.中でも光学顕微鏡による細胞の観察
は,最も初歩的かつ基本的なテクニックである.そこで以下の実験では
光学顕微鏡の使い方を習得し,これを用いて細胞構造や生命活動を観察
していく.

　細胞の大きさは多様だが,一般的な体細胞は約 10 μm である.多細胞
生物における細胞には,多くの場合,その内部に種々の細胞内小器官が
あり,細胞の生命活動を分担している.光学顕微鏡では約 1000 倍まで
の観察が可能なので,比較的大きい細胞小器官は光学顕微鏡で見ること
ができる.

　光学顕微鏡の力が最も発揮されるものの 1 つとして,細胞の運動性の
観察がある.以下の各実験ではいろいろなタイプの運動が出てくる.オ
オカナダモの葉の原形質流動,ゾウリムシの繊毛運動,収縮胞の収縮,
食胞の細胞内移行,ウニ精子・カエル精子の鞭毛運動,ウニ卵・カエル
卵の核分裂時の染色体運動と細胞質分裂などである.これらの運動は,
細胞骨格繊維とモータータンパク質との相互作用によって起こることが
わかっている.たとえば原形質流動と細胞質分裂は,アクチン繊維とミ
オシンの相互作用によって起こり,繊毛・鞭毛運動と染色体運動では微
小管とダイニンなどのモータータンパク質が相互作用する.このように,

まったくかけ離れた生物の，様相も異なる運動において，同様のタンパク質，同様の運動機構が使われていることは驚きである．

　こういった生命活動には，エネルギーが必要である．たとえば生物は，グルコースなどから呼吸によってエネルギーを取り出すが，そのままでは生命活動に利用できない．取り出したエネルギーをまずアデノシン三リン酸（ATP）という化学エネルギーに変換して蓄積し，必要に応じてこれを分解してエネルギーを得ている．ゾウリムシの実験においては，ATP が運動のエネルギー源として使われていることを学ぶ．

　様々な細胞の観察を通して，生物学は「まず見ること」が大切であることを学んでほしい．

顕微鏡の操作と細胞の観察

実験A　顕微鏡の操作

1　目　的

　顕微鏡は，肉眼では見ることのできない微小なものを拡大して観察する道具である．1665 年に Hooke によって植物体が多数の細胞から構築されていることが発見されて以来，顕微鏡は生物学を研究する上で，重要な道具として用いられている．光学顕微鏡は物体の持つ光の吸収差を明暗や色のコントラストとしてとらえ，可視光をレンズの屈折により拡大する．可視光の代わりにより波長の短い電子線を用い，磁界による屈折を利用すれば，やはり拡大像を得ることができる．これが電子顕微鏡である．

　光学顕微鏡においては光の吸収差だけでなく，光の持つ様々な性質（たとえば屈折率の違いや反射率の違いなど）を利用して，位相差顕微鏡，暗視野顕微鏡，偏光顕微鏡，干渉顕微鏡，蛍光顕微鏡などが作られ，観察に用いられている．今後の実習においては光学顕微鏡を扱う機会が多い．ここでは光学顕微鏡の扱い方を確実に習得してほしい．

　本実験の目的は次の 2 つである．

> ① 顕微鏡の正しい取り扱い方を習得する．
> ② 実長測定を行い，顕微鏡（透過型光学顕微鏡）で観察しているものの大きさを測定できるようにする．

2　解　説

顕微鏡の原理

　一般的に用いられている透過型光学顕微鏡は，対物レンズと接眼レンズの 2 つの凸レンズ系

から構成されている．対物レンズは試料の像を 4 倍から 40 倍に拡大し，接眼レンズはこの像をさらに 10 倍から 15 倍に拡大する．そのため対物レンズの倍率と接眼レンズの倍率を掛け合わせた値が顕微鏡の総合倍率となる．顕微鏡でどこまで微細な構造が観察できるかは，倍率ではなく対物レンズの開口数（N.A.）により決まる．

　非常に接近した 2 点を観察した場合，2 点の距離が離れているときはこれらは異なる 2 つの点として識別される（図 1 左）．しかし 2 点間の距離がより接近している場合には 2 つの像の輪郭は一部重なり合い（図 1 中央），さらに接近している場合には 2 点とは識別されず 1 つの点として観察される（図 1 右）．このとき，2 つの点を異なる 2 点として区別できる最小限の距離を分解能（d）と呼ぶ．分解能は以下の式で示される．

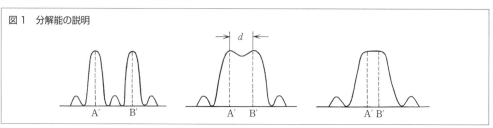

図 1　分解能の説明

$$d = \frac{0.61\lambda}{n\sin\theta}$$

λ：光の波長

θ：レンズの周縁を視野の中央にある標本の点よりのぞむ角の半分

n：物体のある空間の媒質の屈折率

　この式からわかるように，顕微鏡の分解能は光の波長に依存しているため，可視光を用いた光学顕微鏡では分解能に限界がある．これについては，1880 年に Rayleigh により光の回折のため約 0.2 μm より近い 2 点は分解できないことが示されている．上式で計算される分解能限界は，Rayleigh limit（レイリー限界）と呼ばれている．

　さらにこの式から推測されるように，光より短波長の電子線を用いる電子顕微鏡では，さらに解像度を上げてより小さなものが観察できる．上式にある $n\sin\theta$ の値は開口数と呼ばれ，レンズにより決まっている．つまり，対物レンズの開口数で顕微鏡の分解能が決定される [注 1]．

　光学顕微鏡による生物材料の観察には，主に明視野観察法が用いられる．明視野観察法は細胞を通過した光を観察する方法であり，明暗のコントラストのある構造や葉緑体もしくは染色された細胞内構造などのように，色を持つ試料の観察に適している（図 2 左）．一方，生きた細胞の核や繊毛など無色透明で輪郭も不明瞭な構造体は，明視野観察では見分けが困難な場合がある．このような場合には，位相差観察法や暗視野観察法が用いられる．位相差観察法は光の干渉を利用して，異なる屈折率を持った試料の中を通過した光の間に生じる位相のずれ（位相差）を明暗のコントラストとして観察する方法である（図 2 中）．暗視野観察法は微細な構造により乱反射された光を観察する方法であり，光を反射する試料が暗い背景の中に明るいコントラストを持つ物体として観察される（図 2 右）．

　[注 1] 開口数はレンズの側面に表示してあり，開口数が高いほど分解能が高い．

> 図2　様々な観察方法による試料の見え方の違い（写真はクラミドモナスの細胞）
>
> 　　明視野観察　　　　　　　位相差観察　　　　　　　暗視野観察
>
>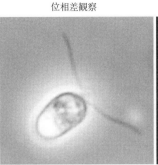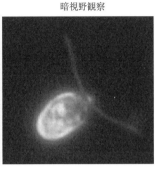

3　実験材料および試薬，器具

①透過型光学顕微鏡

②接眼ミクロメーター

③対物ミクロメーター

4　実験および観察の手順

(1) 顕微鏡（透過型光学顕微鏡）の使い方

1) 基本操作

　顕微鏡は数 μm のものを観察する精密機械の一種である．乱暴に扱うと狂いが生じ，本来の性能を発揮することができなくなる．細心の注意を払い，ていねいに扱うこと．

　ここでは双眼顕微鏡についてその使い方を習得する．

①顕微鏡を箱から取り出し，接眼レンズなどの付属品に過不足がないことを確かめる．

　　↓

②粗動ハンドル，微動ハンドル，ステージなどにガタつきがないこと，ネジにアソビがないことを確認する．

　　↓

③パワースイッチがオフになっていることを確認した後，コンセントに電源コードを差し込む．調光ダイヤルがゼロの位置にあることを確認した後，パワースイッチをオンにする [注2]．

　　[注2] パワースイッチがオンになったまま電源コードを差し込んだり，調光ダイヤルが最大になったままパワースイッチをオンにすると光源が切れることがある．

　　↓

④対物レンズが最低倍率のものにセットされていることを確認する [注3]．もしも高倍率のものになっていたら，必ずレボルバーを持って回し，最低倍率の対物レンズにセットする [注4]．

[注3] これはすべての観察に共通の注意である．高倍率の対物レンズを用いると焦点を合わせることが非常に難しく（作動距離が短くなり，またプレパラートと対物レンズの距離が短くなる），また標本をとらえることも難しくなるので，観察するプレパラートをいきなり高倍率の対物レンズを用いて観察することは絶対にしてはいけない．まず，最も倍率の低い対物レンズを用いて標本に焦点を合わせてから，順次倍率を上げていくようにする．低倍率で焦点を合わせれば，高倍率のレンズに換えてもほとんど焦点はズレないので，その後は粗動ハンドルではなく，微動ハンドルを使って焦点を合わせる．

[注4] 対物レンズを取り換えるときに対物レンズそのものを持って回すと，その形状や角度が目に見えないくらいだが曲がってしまうことがある．目に見えないくらいの曲がりであっても，数 μm のものを拡大して観察する装置であるから，光軸に大きく影響して観察できなくなることがある．したがって，対物レンズを交換するときは，対物レンズを持って回転させるのではなく，対物レンズの取り付けられているレボルバーを持って回転させること．

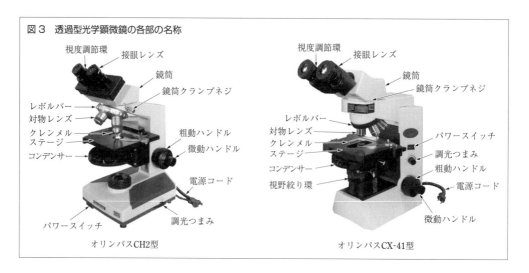

図3　透過型光学顕微鏡の各部の名称

⑤対物レンズとステージの距離が十分（1 cm 程度）あることを確認する．もし対物レンズとステージの距離が短ければ，粗動ハンドルを手前側に回してステージを下げ，対物レンズとステージの距離をあける [注5].

[注5] 対物レンズとステージの距離が小さいとプレパラートをステージの上にのせるときに，プレパラートが対物レンズに触れてレンズを汚したり，傷つけたりすることがあるので，十分な距離をあけてからプレパラートをステージ上にのせるようにする．

⑥観察するプレパラートなどをステージの上にのせる [注6]．このとき，プレパラートについている余分な水は，よく拭き取ってからステージ上にのせること [注7].

[注6] ステージにはスライドガラスを固定するクレンメルがある．これを開いてスライドガラスをステージ上にのせ，固定すること．プレパラートがステージから浮いていたり，クレンメルで固定されていないと，ステージ十字動ハンドルでプレパラートをステージ上で動かせなくなり，また焦点も合わない．

[注7] プレパラートの裏側に水などがついていると，ステージを汚すだけでなく，プレパラートとステージが水で密着してしまい，ステージ十字動ハンドルでプレパラートをステージ上でうまく動かせなくなる．

⑦顕微鏡を横から見ながら，粗動ハンドルを向こう側に回して，ステージと対物レンズの間が3-4 mm程度になるまで距離を縮める [注8].

> [注8] ステージを粗動ハンドルで上げるときには，十分な注意が必要である．接眼レンズをのぞきながらステージを上下させると，ステージとプレパラートの距離感はまったくつかめない．不用意にステージを上げすぎるとプレパラートが対物レンズに接触し，対物レンズを汚すだけでなく，対物レンズでプレパラートを押し割り，対物レンズとサンプルの両方を傷つけてしまう．以下の操作でも，粗動ハンドルでステージを上げるときは，必ず横から見て，両者の距離を確認しながら行うこと．

↓

⑧ステージ十字動ハンドルを動かし，カバーガラスの縁（慣れてきたらプレパラート上の観察したい材料）が対物レンズの真下になるようにする [注9].

> [注9] 特別な場合（ウニの受精卵の観察など）を除いてすべてのサンプルは，スライドガラスの上にのせた後にカバーガラスをのせてから観察する．たとえ対物ミクロメーターであっても，必ずカバーガラスをのせる．カバーガラス無しで観察すると，観察面が平面にならず焦点を合わせにくい上，高倍率の対物レンズを用いて観察するときに対物レンズにサンプルが触れて対物レンズを汚してしまう．

↓

⑨コンデンサーの絞りを最小に絞り，右眼で右の接眼レンズをのぞきながら，調光ダイヤルを上げていき，見やすい明るさにする [注10].

> [注10] コンデンサー絞りを絞ることによってコントラストが上がり，透明度の高いサンプルでも見やすくなる．

↓

⑩粗動ハンドルをゆっくり手前に動かし，ステージを下げていく．⑧の操作でカバーガラスの縁（あるいは観察したい材料）が対物レンズの下にきている．これが拡大されて見えてくるはずである [注11].

> [注11] もしもサンプルが見えない場合はプレパラートの位置が悪いと考えられるので，ステージ十字動ハンドルを動かしてプレパラートをステージ上で動かしてみる．このとき，ステージ十字動ハンドルはそれほど大きく動かす必要はない．一度，プレパラートの動きを見ながらステージ十字動ハンドルを動かしてみて，どの位ステージ十字動ハンドルを動かせばどの程度ステージが動くかを認識しておくこと．接眼レンズをのぞきながら動かすと，どの位移動しているのかなかなかつかむことができない．思いもよらずとんでもないところへプレパラートが動いてしまっているものである．

↓

⑪カバーガラスの縁（あるいは観察したい材料）が見えれば，焦点はかなり合っているはずである．ここでゆっくりステージ十字動ハンドルを動かしてみると，ステージ上のプレパラートの動きと視野の動きとが逆になっていることがわかる．

↓

⑫次に，粗動ハンドルを少し動かしてみる．スライドガラス上のゴミなどが拡大されて見えてくるであろう [注12,13].

> [注12] このようにスライドガラスにはゴミが付きやすい．毎回，サンプルをのせる前には必ずスライドガラスをよく洗い，ゴミや水滴を拭き取ってから使うようにすること．
>
> [注13] ステージ十字動ハンドルを動かせば，そのゴミも動くはずである．動かなければ，それはコンデンサーや

対物レンズ, 接眼レンズなどの顕微鏡の汚れである. まだ焦点が合っているわけではないので, さらに焦点を合わせる必要がある. なお, コンデンサーや対物レンズ, 接眼レンズなどの顕微鏡の汚れがひどいときには, 担当教員に申し出て掃除をしてもらうこと.

↓

⑬粗動ハンドルで大体の焦点が合わせられたら, 微動ハンドルを動かしてさらに焦点を合わせる.

→ここまでは右眼で右の接眼レンズのみをのぞいて行うこと. 以下で両方の眼で観察できるように調節する.

↓

⑭鏡筒の双眼部を動かし, 接眼レンズの幅を自分の両眼の幅に合わせる. ここで左眼を閉じ, もう一度右眼だけで接眼レンズをのぞいて微動ハンドルで標本などに焦点を合わせ直す.

↓

⑮今度は右眼を閉じて, 左眼だけで顕微鏡をのぞいて見る. 多くの場合, この状態で焦点は合っているはずである. 焦点が合っていないとき, 左の接眼レンズのつけ根にある視度調整環を回す. 横から見ればわかるように, これを回すと接眼レンズが上下して動く. これで左眼側の焦点を合わせる. 以上の操作より, 両方の眼に焦点を合わせることができる.

↓

⑯この状態でもう一度, 顕微鏡をのぞきながら, 双眼部を動かして微調節し, 接眼レンズの幅を自分の両眼の幅に合わせる. きちんと合ったところで, 初めて両眼で観察できることがわかるであろう. 慣れないうちは気づかずに片目で観察している場合があり, 疲れの原因ともなるので注意が必要である.

2) 顕微鏡による観察

〈明視野観察法の手順〉

①コンデンサーのターレットを O の位置に合わせる.

↓

②対物レンズが最低倍率のものにセットされていることを確認する. もしも高倍率のものになっていたら, 対物レンズを取り付けてあるレボルバーを持って回し [前出 注4], 最低倍率の対物レンズにセットする [前出 注3].

↓

③対物レンズとステージの距離が十分（1 cm 程度）あることを確認する. もし対物レンズとステージの距離が小さければ, 粗動ハンドルを手前側に回してステージを下げ, 対物レンズとステージの距離をあける [前出 注5].

↓

④観察するプレパラートなどをステージの上にのせる. このとき, プレパラートについている余分な水はよく拭き取ってから, ステージ上にのせること [前出 注6,7].

↓

⑤接眼レンズから眼を離し，顕微鏡を横から見ながら，粗動ハンドルを向こう側に回して，ステージと対物レンズの間が3-4 mm程度になるまで距離を縮める［前出 注8］.

⬇

⑥顕微鏡を横から見ながら，ステージ十字動ハンドルを動かし，サンプルが対物レンズの真下になるようにする.

⬇

⑦調光ダイヤルを上げていき，見やすい明るさにする［前出 注10］.

⬇

⑧粗動ハンドルをゆっくり手前に動かし，ステージを下げながら，焦点を合わせる［注14,15］.

> ［注14］粗動ハンドルを回してステージを徐々に下げていくと，まずコンデンサー上のゴミに焦点が合う確率が高い．ここで不用意にステージ十字動ハンドルでプレパラートを動かすと，観察材料を見失ってしまうことがある．はじめは，プレパラートをステージ上で動かさず，観察材料のどの位置に，またプレパラートの裏表のどの部分に焦点が合っているか注意しながら，ステージをさらに下げていく方がよい.

> ［注15］このようなときに粗動ハンドルを反対（向こう側）に動かし，ステージを上げて焦点を合わせてはならない．接眼レンズをのぞきながらステージを上下させると，ステージとプレパラートの距離感はまったくつかめないため，プレパラートが対物レンズに接触してしまう危険性が高い．必ず，対物レンズとステージの距離を顕微鏡の横から見て確認しながら粗動ハンドルでステージを上げる．そしてもう一度顕微鏡をのぞきながら，ステージを下げて焦点を合わせるようにすること.

→それでも見えないときには，焦点合わせに失敗したことになる．⑤に戻って再び焦点を合わせる操作を行う.

⬇

⑨粗動ハンドルで大体の焦点が合わせられたら，微動ハンドルを動かしてさらに焦点を合わせ，観察する．コンデンサーの絞りを調節し，最もよいコントラストが得られる状態で観察すること．コンデンサー絞りは絞るほどコントラストは上昇するが，絞りすぎると解像度が落ちる．またコンデンサーを絞ると視野が暗くなるので光源の明るさも調節すること.

＊さらに微細な部分まで観察するとき；
⑩レボルバーを回転し，より高い倍率の対物レンズにする［前出 注4］.

⬇

⑪調光ダイヤルを上げて，見やすい明るさにする.

⬇

⑫微動ハンドルを動かし，焦点を合わせてから観察する［注16］.

> ［注16］このとき，粗動ハンドルはけっして動かしてはならない．顕微鏡は，対物レンズを交換しても，焦点がほぼ合った状態になるように作られている．微動ハンドルを調節しても焦点が合わせられなかった場合，どこかで操作ミスをしたことになる．このような場合には，必ず①に戻り，低倍率で焦点を合わせることからやり直すこと.

⬇

＊さらに別のプレパラートを観察するとき；
⑬調光ダイヤルを一番下まで下げる［注17］.

> ［注17］調光ダイヤルを上げたまま低倍率の対物レンズに変えると，視野が急に明るくなりすぎて，眼を痛める.

↓

⑭レボルバーを回し，最も低い倍率の対物レンズに換える [前出 注4].

↓

⑮粗動ハンドルを手前側に回しステージを下げて対物レンズとステージの距離をあけた後，プレパラートを交換する [前出 注8].

↓

⑯①に戻って観察を行う [注18].

> [注18] 観察中，スライドガラスとカバーガラスの間の水分は意外に速く蒸発していく．プレパラートの状態に注意し，ときどきカバーガラスの横から水を補給すること．また，顕微鏡の光源からの光はコンデンサーで集光してからプレパラートに当てられているので，私たちが考えているよりもはるかに熱がかかった状態にある．長時間光源をつけっぱなしにしておくと，観察材料の生理状態は悪くなり，場合によっては死んでしまう．顕微鏡から眼をしばらくはなすときは，必ず光源を切る習慣をつけよう．

以上は明視野観察の手順である．暗視野観察および位相差観察を行うには，以下の方法に従ってコンデンサーを切り替えることにより行うことができる．

〈暗視野観察法の手順〉

①コンデンサーのターレットを回転させて D または DF の位置にする．

↓

②コンデンサーを一番上に上げて，コンデンサー絞りを開放にする．

↓

③調光ダイヤルを最大の位置に合わせる．

〈位相差観察法の手順〉

CH2 型顕微鏡ではコンデンサーのターレットを回転させて使用する対物レンズの倍率を表示する．

CX-41 型顕微鏡では対物レンズの倍率が 10 倍のときには Ph1, 40 倍のときには Ph2 に合わせる．

> [後片づけ]
> ①対物レンズを取り付けてあるレボルバーを持って回し，最も低い倍率の対物レンズに換える．また，コンデンサーのターレットを O の位置に戻す．
>
> ↓
>
> ②調光ダイヤルを一番下まで下げ，パワースイッチをオフにする．
>
> ↓
>
> ③ステージの上を拭いて汚れを落とす．
>
> ↓
>
> ④顕微鏡を所定の位置に収納する．

(2) 実長測定

　顕微鏡にはわずかな個体差があり，計算上の倍率からその観察対象の実際の大きさを正確には決められない．そこで，個々の顕微鏡で観察したサンプルの実際の長さを測定するために，接眼ミクロメーターを対物ミクロメーターで校正し，各々の対物レンズで観察したときに接眼ミクロメーターの1目盛りがどのぐらいの長さになるかを決定する．この操作を実長測定という．

①接眼レンズのどちらか一方に接眼ミクロメーターが入っていることを確認する．接眼レンズを回すと（視度調整環は回さないこと）中に入っている接眼ミクロメーターも回転するはずである．回転させて接眼ミクロメーターを視野内で水平にする．

②先述の（1）顕微鏡（透過型光学顕微鏡）の使い方 1）基本操作 にある方法に従って，対物ミクロメーターをステージの上にのせる [注19]．

　　[注19] 対物ミクロメーターには裏表がある．ガラス上には '0.01 mm' と文字が書いてあり，これが上になるようにステージにのせること．裏返しにのせると焦点が合わない．また対物ミクロメーターの目盛りの部分（丸いカバーで覆われている）は指でさわるなどして汚さないこと．

③引き続き，最低倍率の対物レンズを用いて対物ミクロメーターに書かれている目盛りに焦点を合わせる（合わせにくいときは，1）基本操作 の⑩⑪参照）．

④焦点が合ったところで，ステージ十字動ハンドルで対物ミクロメーターを動かし，対物ミクロメーターの目盛りと接眼ミクロメーターの目盛りを平行に合わせると，図4のように見えるはずである．

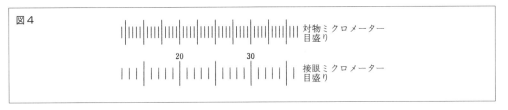

図4

　このとき，上の対物ミクロメーターの1目盛りは正確に 0.01 mm（10 μm）であるから，接眼ミクロメーターの1目盛りは 0.02 mm（20 μm）ということになる．

　この値を実長測定用紙に記録しておくこと．これが，今後この顕微鏡のこの対物レンズを用いて観察対象の大きさを測定する際の基準となる．

課　題

　対物レンズを倍率の高いものに換えて同様に実長測定を行い，すべての対物レンズにおける接眼ミクロメーターの1目盛りの長さを記録せよ．

実験B　原形質流動の観察

1　目　的

　細胞の内部では，生命活動を営むために必要な数々の生化学的反応が起きている．その主要な場の1つである原形質は，積極的な力がはたらき常に動いている．この原形質流動は生きた細胞の証であり，これによって細胞内が常に攪拌され，効率のよい生化学的反応が行われている．

　本実験の目的は以下の2つである．

> ① 比較的観察しやすいオオカナダモの葉を，前項の顕微鏡の操作法を確認しながら顕微鏡で観察し，葉の形態とその細胞を観察しスケッチする．
> ② オオカナダモの葉の細胞における原形質流動を観察する．

2　解　説

原形質流動

　生きた細胞の内部では，原形質（細胞質）が方向性をもって流動する様子がしばしば観察される．これは原形質流動と呼ばれる現象であり，物質輸送や細胞内顆粒の局在化などに重要な役割を持つと考えられている．原形質流動が起こる機構は，シャジクモの節間細胞を材料にして主に研究が進められており，細胞内に並んだアクチンの微小繊維の上を，ミオシンが相互作用しながら移動することにより，原形質流動が起こることが明らかとなっている．ミオシンはATPを加水分解し，その際に放出されるエネルギーによって力を発揮するモータータンパク質の一種である．アクチンとミオシンの相互作用は，筋肉の収縮の原動力にもなっている．

　原形質流動の機構には，このほかにも細胞性粘菌の変形体におけるアクチンとミオシンによる細胞質ゲルの周期的な収縮によるもの，海産藻類のイワヅタにおける微小管とダイニンの間の相互作用によるものが知られている．植物細胞では原形質流動にともなって葉緑体の移動が起こるが，これは葉緑体に結合したミオシンが葉緑体を引っぱりながらアクチン繊維上を移動することが1つの理由であるとされている．

3　実験材料および試薬，器具

①オオカナダモ（*Egeria densa*）の葉

　オオカナダモは単子葉の水生植物で，南米が原産地である．葉は表側と裏側の2層の細胞層からなる．気孔は無く，また柵状組織や海綿状組織も無い．オオカナダモは茎の先端方向に成長していくので，その葉は茎の先端にいくほど若く，小さい．展開した葉は古い葉であり，大きく古い葉の細胞ほど葉緑体を多く含み，細胞壁も厚くなる．

②スライドガラス

③カバーガラス

④ピンセット

⑤スポイト

⑥プラスチック容器

⑦ストップウォッチ

⑧透過型光学顕微鏡

4　実験および観察の手順

①プラスチック容器に水道水を入れ，教卓付近の水槽に入っているオオカナダモを入れる．4
人あたり1本程度で十分である．次に先端付近の若い葉をピンセットで摘みとる[注1].

> [注1] オオカナダモの茎の先端部分に密生している葉を先に向かってていねいにかきわけていくと，最先端部分
> に数mmの大きさのみずみずしい若い葉が見えてくる．これをピンセットでつまんで取る．ピンセットによる
> 破壊力は小さなオオカナダモの葉にとっては非常に大きなものであるから，なるべく優しく摘むこと．力を入れ
> なくても取れるはずである．このとき，どちらが表側であるか注意して取ること．

②スライドガラスの上に葉の表裏を確認してのせ，すぐに1滴水をたらす．カバーガラスを気
泡が入らないようにのせて，カバーガラスからはみ出た水をキムワイプなどで吸い取る.

③顕微鏡のステージにのせ，観察する.

課　題　1

　細胞の形態，配向を低倍率の対物レンズを用いて観察する．1. 葉の基部，先端部付近，周辺部，
中心部でどのような形態の細胞がどのように分布しているかを観察する．また，2. 表側の細胞と
裏側の細胞とでどのような違いがあるかを観察すること（顕微鏡の焦点をずらすことにより，表
側の細胞と裏側の細胞とを別々に観察できるはずである）．さらに，表裏の特徴の違いが生態学的
にどのような意味を持つのかについて，考察してほしい.

課　題　2

　細胞内の構造を高倍率の対物レンズを用いて観察する（図5）．核，細胞壁，葉緑体，細胞質顆
粒等を見出すこと.

課　題　3

　原形質流動の観察．葉緑体の運動方向を確認すること．接眼ミクロメーターの目盛り（すでに
実長測定により，接眼ミクロメーターの1目盛りが現在用いている対物レンズで何μmになるか，
わかっているはずである）とストップウォッチを用いて，葉緑体の移動距離とそれに要した時間
を測り，原形質流動の流速を求めよ.

図5　オオカナダモの細胞

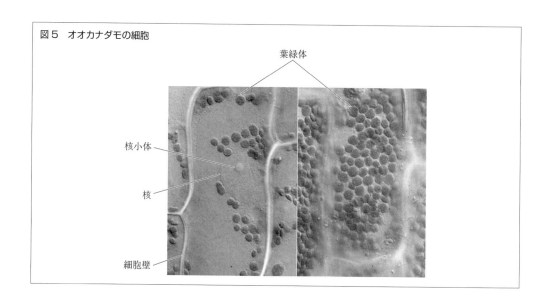

葉緑体

核小体

核

細胞壁

体細胞分裂と減数分裂の観察

1 目 的

　細胞が分裂を繰り返して増殖する際，遺伝情報は正しく継承されなければならない．したがって，遺伝子の本体であるデオキシリボ核酸（DNA）は正しく複製され，娘細胞に等しく分配される仕組みが不可欠である．また，細胞小器官を含む細胞質も一定の秩序をもって分配される必要がある．前者は核分裂（karyokinesis），後者は細胞質分裂（cytokinesis）と呼ばれる．これらの分裂がひとたび異常になれば，遺伝子の継承が不完全になるのは当然のこと，細胞のがん化が引き起こされることもある．本実験では，真核生物の体細胞分裂（mitosis）と，配偶子（卵や精子）の形成に必要な減数分裂（meiosis）の特徴を観察によって理解する．

　体細胞分裂（図1A）は，受精卵の分裂などのいわゆる"からだ"を構成する細胞の分裂を指す．自分自身を「複製」することが必要なので，分裂の前後で染色体（2 解説（1）染色体を参照）の数も組み合わせも変わらない．一連の過程は周期的に繰り返し起こるので，細胞周期（cell cycle）と呼ぶ．細胞周期は，G_1 期（DNA 合成準備期），S 期（DNA 合成期），G_2 期（分裂準備期），M 期（分裂期）の4つの時期に大きく分けられる（図2参照）．また，細胞の分化が完了するなど，細胞周期が停止した状態は，特別に G_0 期と呼ぶ．さらに G_1 期，S 期，G_2 期はまとめて間期（I 期）と呼ばれ，光学顕微鏡で見るかぎり形態的に目立った違いはない．しかし，細胞の中では活発な代謝が行われていることには留意したい．一方，M 期には，核分裂と，それに引き続く細胞質分裂が行われるため，内部構造および形態のダイナミックな変化を観察することができる．

　一方，有性生殖を行う生物で観察される減数分裂（図1B）では，元となる細胞（始原生殖細胞など）の相同染色体（それぞれ父親と母親に由来）の対が一度だけ複製される．その後は複製が起こらずに，連続した二度の細胞分裂が起こり，染色体は最終的に4つの配偶子に1本ずつ分配される．その結果，染色体の数は元となる細胞の半分になる．

　本実習では，真核生物の細胞分裂の特徴を理解するため，植物組織を材料に，以下の2つの実験を行う．

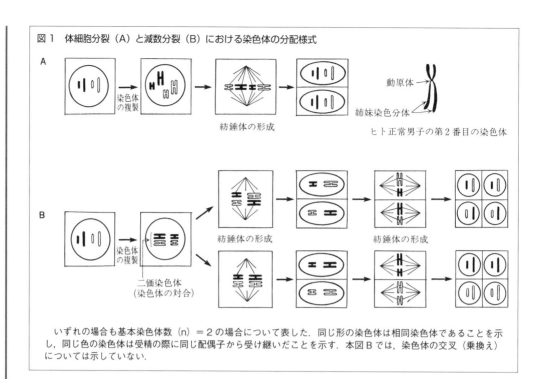

図1　体細胞分裂（A）と減数分裂（B）における染色体の分配様式

A

染色体の複製

紡錘体の形成

動原体

姉妹染色分体

ヒト正常男子の第2番目の染色体

B

染色体の複製

二価染色体
（染色体の対合）

紡錘体の形成

紡錘体の形成

　いずれの場合も基本染色体数（n）＝2の場合について表した．同じ形の染色体は相同染色体であることを示し，同じ色の染色体は受精の際に同じ配偶子から受け継いだことを示す．本図Bでは，染色体の交叉（乗換え）については示していない．

① 体細胞分裂と減数分裂の一連の過程を光学顕微鏡を用いて詳しく観察する．
② 体細胞分裂と減数分裂における染色体分配様式の特徴を理解し，両者を比較する．

2　解　説

（1）染色体

　染色体は，主にDNAとタンパク質から構成される．真核生物において染色体のDNAは，塩基性タンパク質であるヒストンと複合体を形成して高次に折りたたまれ，密に詰め込まれた状態になっている．それぞれの染色体は，高度に区画化されたドメイン構造を作り，互いに混ざり合うことがない秩序立った状態であることがわかってきている．原核生物においても，細胞の中のDNAは基本的に特定のタンパク質と複合体を形成して，高次に折りたたまれている．

　染色体（chromosome）という名称は，もともとは塩基性の色素液（酢酸カーミンなど，次項参照）で染色した細胞を観察したときに，分裂期の細胞の紡錘体の中だけに認められる糸状または棒状の凝縮した構造を指すものであった．確かにこの観察方法では，間期の細胞核では明らかな構造体を観察できない．しかしその後様々な方法で研究を行った結果，間期にもDNAとタンパク質の複合体が存在することがわかり，現在では，この複合体を細胞周期を通じて染色体と呼んでいる．

　染色体が存在するにもかかわらず，細胞周期進行に応じて色素による染色パターンの違いが生じるのは，染色体が細胞周期に応じてその"状態"が変化することに起因する．すなわち，

表1　いろいろな生物種における半数染色体組あたりの DNA 乾燥質量と平均染色体あたりの DNA 乾燥質量

種	半数染色体数	半数 DNA 量 [10^{-13}g]	平均 DNA/単位 染色分体*[10^{-13}g]	二重らせんの平均長さ/ 単位染色分体*[cm]
大腸菌	1	0.04	0.04	0.11
T 偶数系ファージ	1	0.002	0.002	0.005
ショウジョウバエ	4	5	1.25	3.8
ユウレイボヤ	14	1.7	0.12	0.37
ヒト	23	28	1.2	3.8
ソラマメ	6	192	32	98
カラスノエンドウ	6	36	6	18
ムラサキツユクサ	6	297	50	153

(E. J. Dupraw "DNA and Chromosomes", Holt, Rinehart & Winston, 1970)
＊染色体は複製された後，分裂後期に紡錘体の両極に分けられるまでの間，動原体によって結合された状態にある．
この状態での染色体の対のそれぞれを染色分体という（図1）.

分裂期（とりわけ中期と後期）の染色体は，最も凝縮が進んだ状態で，間期では，分裂期に比べて脱凝縮した状態になっている.

　表1にいくつかの生物の染色体数と核に含まれる DNA の量が示してある．たとえば，ソラマメの分裂期細胞の染色分体（chromatid, これが1対で1染色体）あたりの DNA 二重らせん（直径約 2×10^{-9}m）の平均の長さは 98 cm もある．細胞のサイズに対して，これほどまでに長い染色体 DNA が核に押し込められている（しかも秩序立って）のは驚くほかない．染色体 DNA は非常に長く，きわめて細い繊維であり，しかも DNA 複製前の細胞には2分子ずつしかない．分裂期になり，染色体を確実に継承するためには，染色体 DNA をさらにコンパクトにすることに加え，適切な位置に動原体（紡錘糸の付着点）が形成されることが重要である．それにより，紡錘体などから構成される精巧な分裂装置によって均等に分配される.

　染色体の分配様式は体細胞分裂と減数分裂では異なる（図1）．体細胞分裂は一般の体細胞で起こる細胞分裂で，細胞分裂を理解する上でのいわば基本型といってもよい．一方，減数分裂は有性生殖を行う生物に不可欠の過程であり，動物においては配偶子（卵や精子など）が作られるとき，植物や菌類など世代交代を行う生物においては生活環の中で複相世代から単相世代に移るときに行われる.

　減数分裂は2回の連続した細胞分裂からなる．多くの種では，最初の分裂（第1減数分裂）の過程で相同染色体の対が分かれて，片方ずつ娘細胞に再配分される．その結果，染色体の組み合わせが異なった細胞を生じる（n 本の染色体の組み合わせは 2^n 通りある）．また，減数分裂では相同染色体が対合するため，染色体の交叉による DNA の組み換えも起こり得る．第1減数分裂が終了した後は DNA の複製が行われずに第2減数分裂に入る．したがって，第2減数分裂の結果生じた細胞では，減数分裂前の間期細胞に比べて核の DNA 含量が半分になる（図2）．第2減数分裂における染色体の分配様式は体細胞分裂と基本的に同じである.

　配偶子が接合（受精など）を行うと，染色体数は元の 2n 本にもどり，核の DNA 含量も減数分裂前の値にもどる（図2）.

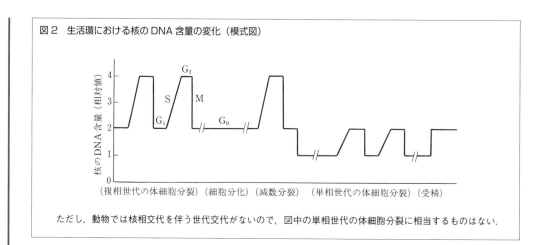

図2 生活環における核のDNA含量の変化（模式図）

（複相世代の体細胞分裂）（細胞分化）（減数分裂）（単相世代の体細胞分裂）（受精）

ただし，動物では核相交代を伴う世代交代がないので，図中の単相世代の体細胞分裂に相当するものはない．

（2）染色体を染める色素

　本実習で用いる標本ではヘマトキシリン染色法が用いられている．ヘマトキシリンはアカミノキ（*Haematoxylum campechianum*）の材から抽出して得られる物質である．これを酸化したヘマテインに媒染剤のみょうばんを結合し，正に帯電した染色液が得られる．これが負電荷を持つ核酸のリン酸基に結合して染色体が染色される．

　このほか，酢酸カーミンや酢酸オルセインなどの染色液もしばしば用いられる．間期核のDNAのように凝縮のあまり進んでいない染色体DNAは上記の染色法では検出が困難だが，シッフのアルデヒド反応を利用したフォイルゲン染色法を用いれば検出することができる．しかし近年は，DNAに特異的に結合し，強い蛍光を発する蛍光色素（4′, 6-diamidino-2-phenylindole（DAPI）など）を用いた蛍光顕微鏡法によって観察されることが多い．この方法は検出感度が高いため，ミトコンドリアや葉緑体のDNAのようにきわめて微量のDNAでも容易に検出することができる．

3　実験材料および試薬, 器具

（1）体細胞分裂の観察 （一時プレパラートを使う場合）

①透過型光学顕微鏡

②カルノア液中で固定されたタマネギ（*Allium cepa*）の根

③3%塩酸溶液

④試験管

⑤恒温槽

⑥ビーカー

⑦スライドガラス

⑧カバーガラス

⑨ピンセット

⑩酢酸オルセイン溶液

⑪ろ紙

⑫カミソリ

(2) 体細胞分裂の観察（永久プレパラートを使う場合）

①透過型光学顕微鏡

②永久プレパラート（ソラマメ［*Vicia faba*, 2n = 12］根端分裂組織など）

(3) 減数分裂の観察

①透過型光学顕微鏡

②永久プレパラート（テッポウユリ［*Lilium longiflorum*, 2n = 24］の花粉母細胞など）

以下の 5 種類の永久プレパラートを用意する．

・第 1 分裂前期のはじめの花粉母細胞を主に含むプレパラート

・第 1 分裂前期の中ごろの花粉母細胞を主に含むプレパラート

・第 1 分裂前期の終わりの花粉母細胞を主に含むプレパラート

・第 1 分裂中期・後期の花粉母細胞を主に含むプレパラート

・第 2 分裂にある花粉母細胞を主に含むプレパラート

4　実験および観察の手順

(1) 体細胞分裂の観察

1）一時プレパラートの作製

　一時プレパラートの作製は以下の手順で行う．

①卓上にある 3%塩酸溶液をスポイトでプラスチック試験管に半分ほど取り，ここにカルノア液中で固定されているタマネギの根を数本入れる．固定した根の断片は教卓上に用意しておく．根を移すときは先端部をつままないように注意する．

⬇

②根の断片を入れた 3%塩酸溶液を教卓にある 60℃の恒温槽に入れて 2-3 分間保温する．この処理により細胞の解離をうながす．

⬇

③純水を入れたビーカーに根を移し，5 分ほど静置する（軽く振って洗う）．根の洗浄が不十分だと，後の染色の際に染まりが悪くなる．次にピンセットを用いて根を 1 本取り出し，スライドガラス上にのせる．根端が切れていない根を選ぶこと．根端はややとがっており，根のほかの部分よりも透明度が低く白色に見える．ここを含む根の先端から 2 mm 程のところをカミソリで切断し，残りの部分は捨てる．

⬇

④きれいなスライドガラスをもう 1 枚用意し，根をのせたスライドガラスの上に十字になるようにのせ，この上からろ紙を置いて一気に押しつぶす．このときスライドガラスが横にずれ

ないように注意する.

⬇

⑤横にずらさないようにしてスライドガラスをそっとはがす.つぶれた組織片は両方のスライドガラスに白い跡となって貼りついている.乾かないうちにこの上から酢酸オルセイン液を1滴落とし,約1分間染色する.

⬇

⑥カバーガラスをかけて観察する.細胞が多層になって見づらいときには,カバーガラスの上から折り畳んだキムワイプをのせ,さらに指で押しつぶす.細胞の染まり具合は染色時間を変化させて調節する.

2)プレパラートの観察

一時プレパラートと永久プレパラートの観察は,以下共通である.

①まず根端分裂組織を低倍率(10倍の対物レンズ)で観察する[注1].

> [注1] 糸状の染色体がはっきり認められる細胞,認められない細胞,そして認められる細胞の中でも染色体の配置が様々なものが観察されるであろう.根端分裂組織では細胞分裂は非同調的に行われているので細胞分裂の様々な時期が見られる.

⬇

②次に,観察したい細胞を視野の中央に移動させ,高倍率の対物レンズに替える[注2].

> [注2] 核の中に明瞭な染色体構造が認められない細胞は間期の細胞である.間期の核には通常,核小体が1個あるいは複数個観察される.
>
> ⬇
>
> 核の中に糸状の染色体と核小体が認められる細胞は前期の細胞である.前期核の染色体はさらに凝縮し,しだいに太いひも状になる.前期の終わりには核膜も核小体も認められなくなる.また,核の周囲に,紡錘糸と呼ばれる繊維(微小管でできている.ただし,通常の光学顕微鏡では必ずしも観察は容易でない)が集まり,全体として紡錘状の構造が形成される.これを紡錘体という.
>
> ⬇
>
> 紡錘体のはたらきにより,やがて染色体は紡錘体の中央部,すなわち細胞中央の赤道面上に集まる.核膜が消失してから染色体が赤道面に並ぶまでの間を前中期と呼び,染色体が赤道面に並んでいる時期を中期という.
>
> ⬇
>
> 次に,赤道面上の各染色体(前期の段階ですでに2本の染色分体になり,染色体上の動原体と呼ばれる部位で結合している)は2本の染色体に分かれて,あたかも紡錘糸に引かれるようにして紡錘体の両極に分かれていく.このような時期を後期と呼んでいる.
>
> ⬇
>
> 続く終期においては,両極に分かれた染色体の周りに新たに核膜が形成され,核小体も認められるようになる.一方,染色体は膨潤が進み,明瞭には認められなくなる.赤道面には細胞板が形成され,やがて娘細胞を仕切る細胞壁へと発達する.細胞質分裂も完了すると再び間期にもどる.

(2)減数分裂の観察

既製の永久プレパラートを観察に用いる.スライドガラス上には,蕾(つぼみ)を輪切りにした切片が貼りつけてある.そのなかに若い花柱(雌(し)ずいの一部)と葯(やく)[注3]の横断切片が認められる(図3).

> [注3] 雄(ゆう)ずいの一部で,花糸の先端にあり,花粉が作られる部位.被子植物では4室に分かれる.図3参照.

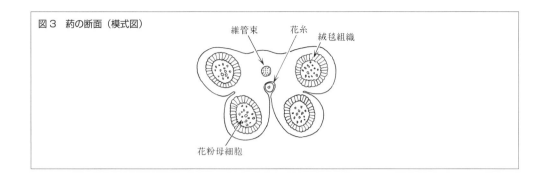

図3 葯の断面（模式図）

維管束　花糸　絨毯組織

花粉母細胞

　周辺に存在するのが葯であり，葯室の中で花粉は発達する．低倍率で観察すると，4つの葯室の中に比較的大型の丸い細胞がいくつか収められているのが認められるであろう．これらが花粉母細胞である．

　葯室の内壁に相当する部分（絨毯組織，またはタペータムと呼ばれる）の細胞で細胞分裂が見られることがあるが，この細胞分裂は体細胞分裂であって，減数分裂ではない．テッポウユリの葯にある多数の花粉母細胞は，ほぼ同調的に減数分裂を行う．したがって，減数分裂の各時期を観察するためには，各時期に応じた葯を用意する必要がある[注4]．

[注4]
①第1分裂前期のはじめの細胞を主に含むプレパラート
　　多くの核で，長い糸状の染色体が核の半分ほどの部分に偏って分布しているのが観察されるであろう．このあと染色体は徐々に凝縮がすすんで太いひも状になり，離れていた相同染色体が対合し1本の2価染色体になる．

↓

②第1分裂前期の中ごろの細胞を主に含むプレパラート
　　次いで2価染色体の相同染色体間で交叉が起こる．その後対合し密着した相同染色体が分離しはじめ，2本の糸が接して見えるようになる．しかし，相同染色体は交叉の結果としてところどころで結合しているために，X字型の部分がいくつか存在する．この部分をキアズマと呼ぶ．

↓

③第1分裂前期の終わりの細胞を主に含むプレパラート
　　続いて染色体がさらにいちじるしく凝縮し，核膜と核小体が消失しはじめる．

↓

④第1分裂中期と後期の細胞を主に含むプレパラート
　　減数分裂の中期に凝縮した染色体は細胞の赤道面上に配置し，紡錘体が形成される．続く後期において2価染色体の相同染色体は両極に分離し，終期を経て2個の細胞になる．

↓

⑤第2分裂の細胞を主に含むプレパラート
　　第1分裂によってできた2個の細胞は，引き続いてほぼ同調的に第2分裂に移行する．第2分裂は体細胞分裂と同じ様式で行われる．プレパラートを観察すると，前期から終期までの各時期の細胞が認められるであろう．第1および第2分裂の結果，1個の花粉母細胞から4個の半数体の細胞（花粉四分子）が作られる．

課題　1

　体細胞分裂と減数分裂の各時期の細胞の顕微鏡像をよく観察してレポート用紙にスケッチし，各部の名称を付記せよ[注5, 6]．また観察結果に即して染色体の分配様式の特徴を整理して簡潔にまとめ，観察した細胞が細胞分裂のどの時期の細胞であるかを判断せよ．

［注5］ 顕微鏡の使い方などは実験3を参照.

［注6］ 光源の光で長時間照射すると封入剤のバルサムの温度が上がって軟らかくなり，そのためにカバーガラスがずれやすくなり試料が崩れてしまう場合があるので，必要なとき以外はこまめにランプのスイッチを切る.

参考文献

Dupraw, Ernest J. 著，田中信徳，黒岩常祥，渡部真 共訳『DNA と染色体』，丸善（1973）

実験 4

体細胞分裂と減数分裂の観察

単細胞生物の構造と細胞小器官の機能
——ゾウリムシの観察

1 目 的

　ゾウリムシは，池や水田など，身近に見られる単細胞生物である．細胞が大きく取り扱いが簡単なうえ，実験室での培養も容易であることから，電気生理学，遺伝学，細胞運動などの幅広い研究分野で使われてきた．この実験では，ゾウリムシの細胞構造の詳しい観察を行う．

　単細胞生物と多細胞生物とは，ただ単に細胞の数だけの違いではなく質的にも大きな違いがあることを，細胞構造の観察を通して理解することが重要である．ゾウリムシは，代表的な細胞運動の1つの形態である繊毛打運動を観察しやすい材料としてもよく知られている．繊毛の観察およびそのメカニズムに関する実験は次項で行う．

　この実験では，以下の2つを主な目的としている．

> ① 細胞全体の形態を観察しスケッチする．
> ② 特に，核・食胞・収縮胞・繊毛・毛胞などの特徴的な細胞小器官（オルガネラ）に着目し，微細構造を詳しく観察しスケッチする．

2 解 説

(1) 分類学上の位置

　多細胞生物（multicellular organism）は，生命活動に必要な諸機能を実現するために細胞の数を増やして，それぞれの細胞に機能を分担させ，機能単位としての組織や器官を発達させた生物であると考えられる．それとは対照的に，単細胞生物（unicellular organism）は，1細胞という限られたスペースの中で，生命維持に必要な諸機能を実現している．この点で，単細胞生物における「細胞」は多細胞生物の「細胞」と同じものではなく，より独立した1個体に匹敵

するような構造体であると考えることもできる．そのため単細胞生物を細胞構造に依存しない生物という意味で非細胞生物（non-cellular organism）と呼ぶことを主張している研究者もいる[注1]．本実験では，どのような特殊化した細胞小器官が存在し，それがゾウリムシの生命活動にどのように重要な関わりを持っているかを考察しながら観察することが重要である．

> [注1] 細胞は英語では cell であるが，これはある小さく仕切られた空間を意味する言葉である．多細胞生物では cell はまさに，体を小さく区切った小さい空間である．単細胞生物は，この仕切りを作ることをしなかった（non-cellular）生物である．もちろんミトコンドリア，小胞体，ゴルジ体などの真核生物の細胞として共通した基本的な構造は持っているので，その意味で同じ細胞であることに変わりはない．

　ゾウリムシ（*Paramecium caudatum*）は，真核生物ドメイン，SAR スーパーグループ，アルベオラータ（Alveolata），繊毛虫類（Ciliophora），貧膜口類（Oligohymenophorea），ゾウリムシ類（Peniculida）に属する[注2]．ゾウリムシは多くの繊毛で覆われた外部形態をしている（図1）．

> [注2] Adl ら（2019）の分類体系に基づく．
> 　Whittaker（1969）の5界説では，ゾウリムシは原生生物（または原生動物，Protista）に分類されている．5界説に基づく古典的な分類体系では，まず細胞の構造から，全生物を原核生物と真核生物に分ける．真核生物のうち，多細胞生物はその栄養摂取様式に従い，動物，植物，菌類と分け，単細胞生物は原生生物に分類されている．そのため，原生生物には，非常に雑多な真核生物が含まれている．
> 　従来，Levine らの分類体系（1980）が「公式」の分類体系として用いられていたが，この体系は最近の細胞の微細構造の研究や分子系統解析の結果と矛盾しており，ほとんど用いられなくなった．その後，Margulis と Schwartz（1998）や Cavalier-Smith（2004）などもそれぞれ独自の分類体系を発表したが，大勢に受け入れられるまでには至っていない．この分類学的混乱に対処するため，多数の原生生物学者によって作られたものが Adl ら（2005）の分類体系である．その後，この改訂版として Adl ら（2012；2019）が発表されている．Adl らの分類体系は，いずれも分子系統解析の結果を反映した近代的で受け入れられやすい分類体系となっている．この体系ではリンネ式の界門綱目科などの階級は用いられていない．真核生物ドメイン（他に細菌ドメイン，アーキアドメインがある）が，Amorphea と Diaphoretickes の2つのクレードを形成し，その中にこれまでの界に相当する階級がスーパーグループとして存在する．スーパーグループには，CRuMs，Obazoa，Cryptista，Haptista，Archaeplastida の5群が認められている．
> 　なおこれらの分類は，現時点での理解をまとめたものであり，今後の研究の進展に伴い，改変される可能性が十分あることを付記しておく．

(2) 培養方法

　ここでは，クローン内で接合が生じて観察の邪魔になることを避けるために，接合型 O 型のゾウリムシ（たとえば NBRP ID：PC121031A）を用いる（入手法は付録3参照）．

　培養には干しワラを煮たときの煮だし汁を用いる．ゾウリムシは，煮だし汁の中に溶け込んでいる有機物を有効に栄養源とすることができないので，いったん煮だし汁の中でバクテリアを繁殖させ，それをゾウリムシの餌とする．教卓上に用意された褐色の液体が，ゾウリムシの入った培養液である．この中には，餌となるバクテリアも同時に入っている．白く濁って見える部分にはバクテリアが多く繁殖している．

　ゾウリムシには負の重力走性があり，静かに置いた培養液の中では，上に向かって移動して水面のすぐ下に集合する傾向が見られる．ゾウリムシの細胞は大きくて肉眼でも白い小さい粒のように見えるので，培養液を注意して見ると水面付近に白い細胞が集まって泳ぎ回っているのがわかるであろう．ゾウリムシは容器のへりなどガラス面に集合する性質もある．

図1　ゾウリムシの走査電子顕微鏡写真

細胞口のある側（A）を腹面，反対側（B）を背面と呼ぶ．走査電子顕微鏡を使うと，表面の構造を立体的に観察することができる．グルタルアルデヒドで化学的に固定処理をした細胞であるが，この試料では規則的な繊毛の起伏が認められ，遊泳中に観察されるメタクロナル波（図の右上方向に伝播する）の様子がよくとらえられている．バーは 50 μm.

(3) 細胞の構造

　ゾウリムシの細胞は，哺乳類の一般的な細胞に比べるときわめて大型の細胞で，長さ 180-280 μm，幅 50-80 μm もある（図1，2）．横断面を光学顕微鏡で見ることは難しいが，体を自転させながら遊泳するゾウリムシを観察すると細胞のおよその厚みも計測できる．ゾウリムシは和名から想像されるような扁平な細胞ではなく，やや押しつぶされた紡錘形をしていることがわかるであろう．細胞内には，ミトコンドリア，小胞体，ゴルジ体など真核生物に共通する細胞小器官を持っているが，光学顕微鏡で個々のこれらの構造を観察することはできない．ここでは繊毛虫類に特徴的な細胞内構造の中で，光学顕微鏡でも容易に観察できるものについて解説する．

a) 小核（micronucleus）と大核（macronucleus）

　繊毛虫類は，大きさの異なる2つの核，小核と大核を持つ（表1）．ゾウリムシでは小核の個数は1個で通常は大核の中のポケット状の構造の中に取り込まれていて，はっきりと区別して観察することは難しい．多少押しつぶされたゾウリムシを位相差顕微鏡や暗視野照明法で観察すると，大核と小核との区別がつく場合もある．

　小核は細胞分裂でゾウリムシが増殖するときは2つに有糸分裂し，それぞれの細胞に分割される．小核のはたらきは正確な遺伝情報を伝えることにある（図3）．接合のときには，減数分裂後の小核を2個体間で交換し，互いの遺伝情報を交換する（p. 65 参考を参照）．小核を生殖

図2 ゾウリムシの光学顕微鏡写真

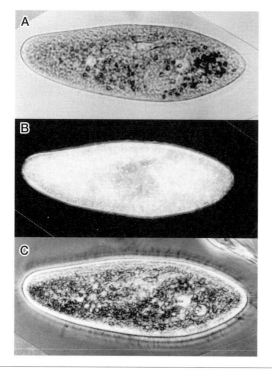

A：明視野照明の光学顕微鏡で観察したゾウリムシ.

B：暗視野照明の光学顕微鏡で観察したゾウリムシ. 細胞の表面で散乱した光で拡大像を観察するために，繊毛などの表面の構造や大核のように反射の異なる箇所が高いコントラストで観察できる.

C：位相差顕微鏡で観察したゾウリムシ. 細胞内の屈折率の差を明るさのコントラストとして観察できる.

表1 *Paramecium* 属の代表的な種

P. caudatum（ゾウリムシ）
　　最も一般的に池などに見られるゾウリムシ. 体長 180-280 μm. 2つの収縮胞を持つ. 小核は1個.

P. aurelia（ヒメゾウリムシ）
　　体長 80-170 μm. 2つの収縮胞を持つ. 遺伝学的な解析の研究に使用される. 小核は2個.

P. multimicronucleatum
　　数個の胞状小核を持つ. 体長 180-310 μm. 3つ以上の収縮胞を持つものもある.

P. bursaria（ミドリゾウリムシ）
　　細胞内にクロレラの一種を共生させている. 体長 80-150 μm. 小核は1個.

核と呼ぶのはこのためである.

　大核は，大型の核で，小核の中の遺伝情報から通常の生命活動に必要となる DNA のみを数多くコピーしたものである. *Paramecium caudatum* の場合，小核の約 100 倍量の DNA を持つことが知られている. ゾウリムシの基本的な代謝を制御している核で，栄養核とも呼ばれる. 細胞分裂のときは，無糸分裂的に2つに分けられ，娘細胞に分配されるが（図3），接合のときは崩壊し，接合の終わった後の新しい小核から再構築される（p.65 参考を参照）.

　細胞質の他の場所に比べ顆粒状のものが少なく，透明に透けて観察される場所に大核および小核がある. 位相差顕微鏡や暗視野顕微鏡で観察すると，この違いはさらによくわかるであろう.

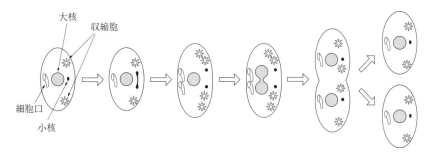

図3 ゾウリムシの細胞分裂（二分裂）の様子

大核
収縮胞
細胞口
小核

　小核は有糸分裂によって2つに分かれる．ただし，核膜の崩壊は起こらない．二分裂はまず縦に長く伸びた小核の内で中心小体のない分裂装置が形成されることから始まる．次に，細胞口，収縮胞がそれぞれ複製され，その後，大核が，分裂装置を使わずに，2つに引き延ばされるようにして2つにくびれる（無糸分裂）．核の分裂が終了すると細胞質は縦方向（前後）2つに分裂し，二分裂が終了する．盛んに増殖している培養液中では数時間に1回の割合で分裂する．

b）食胞（food vacuole）

　コンゴーレッドは pH 3 以下で青く，pH 7 以上で赤くなる色素である．粉ミルク＋コンゴーレッド混合液をゾウリムシに与えると，ミルクの粒を餌として盛んに取り込んで食胞を形成する様子が観察できる．同時にコンゴーレッドの示す色から食胞内でどのように pH が変化するかを調べることもできる．

　ゾウリムシに粉ミルク＋コンゴーレッド混合液を与える方法には，次の2つのやり方がある．第1の方法は，ゾウリムシの入った培養液と粉ミルク液とを試験管の中で，あるいは，カバーガラスをかける前のスライドガラスの上で混合した後，適当な時間をおいてからカバーガラスをかけて観察する方法である．混合した後うまくゾウリムシが動かないように固定して観察しなければならないので，食胞の形成される瞬間を観察することは難しいが，次の第2の方法より形成される食胞の数は多い．ゾウリムシに粉ミルク＋コンゴーレッド混合液を与えた後，しばらくして粉ミルクだけの液で希釈すると，ある決まった短い時間に形成される食胞だけを色素で染めることができる．食胞の変化の時間経過を詳しく調べるときには便利な方法である．

　第2の方法は，脱脂綿の繊維を利用したプレパラート（後述）を使い，動けなくなったゾウリムシにこの混合液をゆっくり灌流して与える方法である．細胞が圧迫されているので上の方法に比べると形成される食胞の数は少ないが，形成される瞬間を観察するのには適している．この方法で観察すると，細胞口（cytostome）から細胞咽頭（cytopharynx）へ餌として粉ミルクの粒子が盛んに取り込まれ，その細胞質側の先端で丸い袋状の食胞が形成されるのがわかるであろう．食作用（phagocytosis）と呼ばれる現象である．

　食胞は，やがて細胞咽頭を離れ，細胞質内の能動的な輸送によって移動を開始する．コンゴーレッドの色の変化で食胞内の pH 変化を調べることができる．食胞の色の変化やその細胞内での位置を詳しく観察すると，消化の過程を何段階かに分けることができるであろう．食胞内の pH は，いったんアルカリ側に変化し，その後強酸性に，そして再びアルカリ性へと変化することが知られている．

c）収縮胞（contractile vacuole）

収縮胞は，ゾウリムシを含む繊毛虫類でよく発達している細胞小器官である．細胞の前後に1つずつあり，大きさは食胞とほとんど同じであるが，周期的な収縮拡張運動を繰り返すこと，位置が固定されていること，透明な構造であることで，食胞とは容易に区別できる．収縮胞は特徴的で複雑な形態をしており，中央部に1個の大きな袋状構造の貯水嚢と，そこから放射状に細胞質に向かう放射状小管（給水小管）がある.

おのおのの放射状小管は，さらに細胞質側から水分を入れる先端部，収縮期に膨らむ瓶状の中央部，そして放射状小管と貯水嚢の連結部にあって水分を貯水嚢に送り込む頸部の3部分に分けられる．細胞内の水分は，収縮期にいったん放射状水管に集められ，拡張期に貯水嚢に集められる．したがって，顕微鏡で観察すると，収縮期に放射状水管が膨張するのが観察できるはずである．収縮胞内に蓄えられた水は，収縮胞と細胞外への開口部がつながることで，細胞外へ排出されると考えられている．この細胞外への開口部は，細胞表面のある決まった場所にあり，観察像を大きく拡大し，収縮胞の部分を注意深く観察すると小さな点状の構造として認められることがある．位相差像で観察すると，形態は変化しないが，収縮胞の律動的な運動に伴いこの部分の明暗コントラストが変化するので見ることができる．収縮運動の頻度は細胞外の浸透圧によって変化するが，通常の培養液の中では10-30秒に1回程度である.

収縮胞は細胞内浸透圧の調節に寄与していると考えられている．一般に半透膜としての性質を持つ細胞膜は，電荷を持ったイオンや分子量の大きな分子は透過しないが，水分子は透過できる．池沼河川など，淡水に生息する生物は，細胞内の浸透圧が周囲の環境よりも高いので，外部の水は細胞膜を通して連続的に細胞内に入ってくる．もしそのままの状態であれば，細胞内圧の上昇によって細胞が膨潤し，最終的には細胞破壊（cytolysis）を起こしてしまうことになる．収縮胞は，細胞質中の水分を集め，体外に出すことによって，細胞内の浸透圧調節（osmoregulation）を行っていると考えられている．これは，実際に，海産生物が，一般に収縮胞を欠いていることからも示唆される.

収縮胞は細胞の二分裂の際に複製され，2つの娘細胞に分配される．新しい収縮胞は，それぞれの収縮胞の前端側に形成され，やがて距離が離れていく．新しい収縮胞は娘細胞の前端側の収縮胞となる（図3）.

d）繊毛（cilium, cilia *pl.*）（詳細は実験6参照）

細胞の表面にはほとんど隙間なく繊毛が生えている．繊毛はおよそ1万5000本あると見積もられている（図1）．通常は10-20 Hzで繊毛打運動を繰り返しているために，1本1本を肉眼でとらえることは難しい．細胞の前端と後端にはやや長めの繊毛があり，これらは運動をしていないので，1本1本区別して観察することができる．また，細胞咽頭の中にも繊毛があり，食胞が形成されるとき，この繊毛がバクテリアやミルクの顆粒などを盛んに咽頭の奥へ運んでいるのが観察されるであろう.

繊毛は太さ0.2 μmほどの細い構造であるが，コンデンサー絞りを小さく絞ると観察しやすい．位相差顕微鏡や暗視野顕微鏡では，さらにはっきりとしたコントラストで観察することができる.

e) 毛胞 ［糸胞］ (trichocyst)

　ゾウリムシの細胞膜の直下には，毛胞と呼ばれる小さい袋状の構造が規則正しく整列している．細胞周辺部にはその他の細胞質とは異なって透明に観察される部分があるが，ここに毛胞は存在する．しかし，1 つ 1 つの構造を光学顕微鏡で区別することはできない．

　毛胞の断面の模式図を図 4 に示す．袋状の構造の中にはトリキニンと呼ばれる繊維状のタンパク質が含まれているが，ゾウリムシにピクリン酸や酢酸などの液を与えるか，あるいは熱や機械的な刺激を与えると，毛胞内のトリキニンが細胞外へ放出される．放出されたトリキニンは水中の Ca^{2+} と反応し，細長い針状の構造を作ることが知られている．放出された毛胞の長さは繊毛よりも長く，光学顕微鏡でも容易に観察できる大きさである．毛胞の役割は細胞の外敵に対する防御機構の 1 つであるという説があるが，どのような効果が実際にあるかは確かめられていない．自然の状態では水中の植物などに細胞を付着させ流されないようにするために使われている可能性もある．毛胞を欠如したゾウリムシの突然変異体も見つかっているが，普通のゾウリムシと同じように生活できるために，毛胞は必須なものではないと考えられている．

　細胞表面には，規則正しく繊毛（図 4 ①）と毛胞（図 4 ②）が並んでいる．毛胞は直径 2-3 μm の袋状の構造であるが，種々の外部の刺激で毛胞の膜と原形質膜とが融合し，エキソサイトーシスを引き起こす．毛胞内と細胞外がつながる（図 4 ③）とカルシウムイオンが細胞外から流入し，毛胞内のトリキニンと呼ばれるタンパク質と反応する．カルシウムと結合したトリキニンは準結晶構造（パラクリスタル）を形成する（図 4 ④）．この準結晶は毛胞先端の突起構造を押し出すようにしながら成長し，長い針状の構造を形成する（図 4 ⑤）．

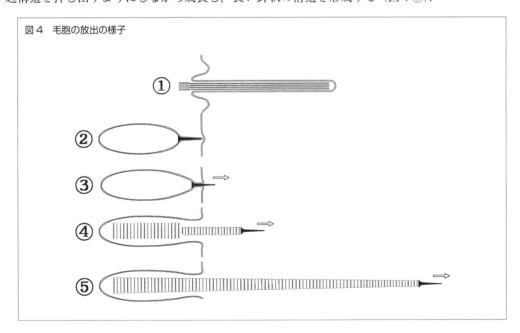

図 4　毛胞の放出の様子

f) 細胞肛門 (cytoproct)

　細胞咽頭で形成された食胞は，1-3 時間で完全に消化のプロセスを完了し，消化されなかった内容物は細胞肛門と呼ばれる特定の場所から排泄される．細胞肛門には細胞口のように光学

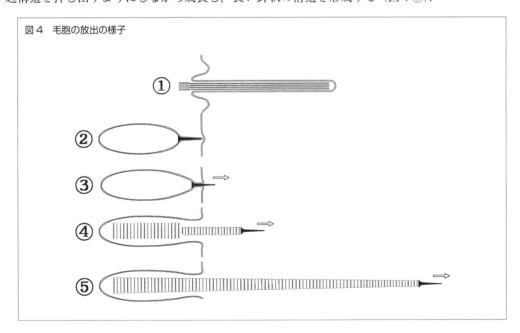

実験5　単細胞生物の構造と細胞小器官の機能

顕微鏡ではっきりと観察できる構造物はない．消化の終了した複数の食胞がこの付近で互いに融合し，7-8分に1回の割合で，内容物が細胞の外に放出される．光学顕微鏡では，細胞の表面に裂け目が生じ，そこから内容物が放出されるように観察されるであろう．

3　実験材料および試薬，器具

①次にあげた用具や水溶液が教卓上に用意されている．溶液などはそれぞれラベルで色分けされているので，ラベルの色を確認し，各グループの試験管に必要量（1-2 mL）を移す．

	ラベルの色（例）
ゾウリムシ培養液（茶色の液体）	緑
脱脂綿	なし
0.01%コンゴーレッド＋0.1%粉ミルクの混合液	ピンク
0.1%粉ミルク液	白
0.2 mol/L ソルビトール溶液	黄
0.2 mol/L 塩化ナトリウム水溶液	茶
10 mmol/L 酢酸水溶液	紫
酢酸カーミン溶液	赤

> **注意▶**駒込ピペットも上記と同じ色で色分けされている．それぞれの試験管と同じ色のラベルのついたものを使い，ピペットを混用してはならない．

②各グループのテーブルの上に次のものを用意する．

スライドガラス	1グループ10枚
カバーガラス	1グループ10枚
試験管	1グループ8本
小型スポイト	1グループ8本

教卓から必要な量の溶液（ゾウリムシの培養液，コンゴーレッド＋ミルク混合液，ソルビトール溶液など）を試験管に1-2 mL程度分注して持ってくる．これを各グループで使用する．小型スポイトでスライドガラスに移して観察に使用する．このときもそれぞれの小型スポイトは決まった培養液または溶液だけに使用するように注意し，液を混同しないようにする．

③顕微鏡を1人に1台ずつ指定された顕微鏡用ロッカーから持ってくる．位相差顕微鏡はターレットを回すことで容易に明視野顕微鏡，簡易型暗視野照明の顕微鏡に切り換えることができる（操作法の詳細は実験3を参照）．顕微鏡に水がついた場合は，キムワイプですみやかに拭きとる．レンズ面（接眼レンズ上面，コンデンサーレンズ上面，対物レンズ先端面）の汚れがある場合は担当の教員に伝える．レンズ面以外の汚れなどは蒸留水やアルコールを付けたキムワイプで拭き取る．

4　実験および観察の手順

細胞構造の観察は，10 倍または 40 倍の対物レンズを用いて行う．

(1) プレパラートの作り方

スライドガラス上にゾウリムシの培養液，特に密集して白く濁って見えるところを 1 滴取り，気泡が生じないようにカバーガラスをゆっくりかけた後，キムワイプなどで余分な水分を吸い取る．適度に水分を吸い取ると，カバーガラスとスライドガラスとの間にゾウリムシがはさまれて動けなくなり，顕微鏡で拡大しても止まって観察できるようになる．

この方法の大きな欠点は，細胞が押しつぶされ変形することである．そのような細胞では大核と小核とを区別できることもあるが，細胞が押しつぶされているために，長時間は観察できない．数分で細胞は死んでしまうことが多い．細胞の表面から風船のような袋状の膨らみが出はじめたものは，そのような死んだ細胞である．

より長い時間観察を続けるには，ゾウリムシを生かしたままで固定する工夫が必要となる．できるだけ少量（3-4 本）の脱脂綿の繊維をスライドガラス上にとり，その上にゾウリムシ培養液 1 滴を落とした後，カバーガラスをかける（図 5 ①②）．この状態で，カバーガラスの一端からキムワイプなどで水分を適当量吸い取ると，ゾウリムシは，綿の繊維とスライドガラス，カバーガラスでできた小さな隙間に，さほど押しつぶされることもなく，適度にトラップされて動きがにぶくなることがある．そのようになったものを見つけ出し，細胞内構造を観察する．うまく観察できるゾウリムシが探し出せるまで，プレパラートの作製を何回か試みる必要がある．

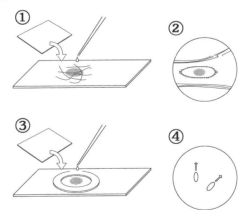

図5　プレパラートの作り方

① 細胞構造を観察するときのプレパラート．脱脂綿の繊維 3-4 本をスライドガラスの上に取り，ゾウリムシ培養液を上にのせる．気泡が入らないように注意しながらカバーガラスをかぶせたあと，キムワイプで水分を適当量吸い取る．

② 綿の繊維，スライドガラス，カバーガラスでできた小さな空間にトラップされ動けなくなったゾウリムシを探して観察する．

③ ゾウリムシの遊泳行動を観察するときのプレパラート．スライドガラスの上にドーナツ型のスペーサーをのせ，ゾウリムシ培養液を上にのせる．各種溶液を加えて観察する場合は，このとき一緒に混合して入れる．気泡が入らないように注意しながらカバーガラスをかぶせたあと，4-10 倍の低い倍率の対物レンズを使って観察する（④）．予めガラス表面にくぼみ加工をしてあるホールスライドも，遊泳行動の観察には適している．

粉ミルク液で食胞の形成を見たり，塩溶液を与えて収縮胞の収縮運動の周期を調べたりする実験では，上のようにゾウリムシを固定して動けなくした後で周囲の水溶液だけを交換しなければならない．これには多少のコツが必要である．まず，スポイトを使い交換すべき液体をカバーガラスの一端にできるだけ少しずつ流し込みながら，ただちにカバーガラスの反対側から余分な液体を吸い取るようにする．これで効果的に実験液の灌流ができる．交換する液体をあまり急に流し込むとカバーガラスは浮き上がり，せっかくトラップしたゾウリムシが流れ去ってしまうので注意しなければならない．スライドガラスとカバーガラスとの間の空間は 0.05 mL 程度の容量のため，灌流する液体は 2 滴程で十分である．

(2) 観察項目

上のプレパラートの作り方に従ってゾウリムシの細胞を動かないように固定し，必要ならば培養液をほかの実験溶液に交換して細胞の反応，細胞小器官の活動の変化を観察する．特に，以下にあげた項目に注目しながら，細胞内構造を詳しく観察する．観察した結果をスケッチし，大きさを示すスケールバーをスケッチの余白に書き入れる．大きさなどの測定や，計算結果の数値などがあれば，それらも余白に書き入れる．

(3) ゾウリムシの麻酔

塩化ニッケルはダイニンを阻害するので，ゾウリムシの塩化ニッケル処理により繊毛運動が止まり遊泳できなくなる．ゾウリムシ液と等量の 0.8 mmol/L 塩化ニッケル水溶液を加え，5 分間静置した後，上澄み液を除去し，純水で洗浄する．この処理により，収縮胞の観察が容易になる．

課　題　1

細胞全体の観察
・細胞は三次元的にはどのような形状をしているか．
・細胞の大きさ（長さと幅と厚み）は何 μm か．
・細胞の前後端の形状に差はあるか．
・細胞の口の位置を確認する．
・細胞の周辺部（外質，exoplasm）と内部（内質，endoplasm）とはどのように異なるか．
・内質に流動運動が見られるか．その運動方向は一定しているか．

課　題　2

大核と小核
・核の位置はどこか．
・ほかの細胞質の場所とどのような違いがあるか．
・核の内部の構造は均質か．
・個体差はあるか．
・小核と大核の区別はできるか．区別できた場合その大きさはどう違うか．

実験5

単細胞生物の構造と細胞小器官の機能

課 題 3

食胞
- コンゴーレッド＋粉ミルクの混合液を入れる前と後で食胞の大きさ，数，形態，形成される速度に差があるか．
- 細胞内で食胞の移動する軌跡は決まっているか．
- 形成された食胞の中の pH は時間，食胞の移動位置でどのように変わるか．
- 上の変化に伴い，食胞の内容物の様子はどのように変化するか．
- 食胞の形成されない個体はないか．

課 題 4

収縮胞
- 収縮胞の数や位置は細胞によって変わるか，あるいは，決まった位置にあるか．その場合，細胞口の位置に対してどの位置にあるか．
- 収縮胞の周辺部の構造は，その他の細胞質とどのように異なるか．
- 収縮胞の拡張期，収縮期の長さはどの程度か．
- 収縮胞の出口となる場所を確認できるか．
- 外液に 0.2 mol/L ソルビトール溶液を加えた場合，収縮頻度はどのように変化するか．細胞の形態や遊泳行動の変化も合わせて観察せよ．
- 外液に 0.2 mol/L 塩化ナトリウム水溶液を加えた場合，収縮頻度はどのように変化するか．細胞の形態や遊泳行動の変化も合わせて観察せよ．

課 題 5

繊 毛
- 細胞表面で繊毛のある場所は限られているか，または，密度の違いがあるか．
- 細胞表面の位置によって繊毛の長さは同じか．
- 細胞咽頭の周辺の繊毛とその他の繊毛の形態や運動に違いがあるか．

課 題 6

毛 胞
- 細胞周辺部の透明な層は観察されるか．
- 放出された毛胞と思われるものは観察されるか．
- 放出された毛胞と繊毛との太さ，長さの違いがあるか．

課 題 7

細胞肛門
- 細胞肛門は細胞のどの場所にあるか．
- 細胞肛門から放出される直前の食胞の形態はどのようになっているか．

[後片づけ]

①酢酸カーミン溶液を除き，使用した培養液や水溶液は，流しに廃棄する．スポイト・試験管は水洗後，純水ですすぎ，所定の位置に返却する．酢酸カーミンの入った試験管はそのまま教卓に戻す．

②スライドガラス，カバーガラスは使用後よく水洗し，純水ですすぎ，元のケースに収める．

③顕微鏡は使用後，電源スイッチを切ってあること，スライドガラスを試料台に置き忘れていないこと，を確認し，元のロッカーに戻す．

参考文献

Adl, S. M. *et al*. The new higher level classification of eukaryotes with emphasis on the taxonomy of protists. *J. Eukaryot. Microbiol.* 52, 399–451（2005）

Adl, S. M. *et al*. The revised classification of eukaryotes. *J. Eukaryot. Microbiol.* 59, 429–493（2012）

Adl, S. M. *et al*. Revisions to the Classification, Nomenclature, and Diversity of Eukaryotes. *J. Eukaryot. Microbiol.* 66, 4-119（2019）

Cavalier-Smith, T. Only six kingdoms of life. *Proc. R. Soc. Lond.* B 271, 1251-1262（2004）

Levine, N. D., Corliss, J. O., Cox, F. E. G., Deroux, G., Grain, J., Honigberg, B. M., Leedale, G. F., Loeblich, A. R., Lom, J., Lynn, D., Merinfeld, E. G., Page, F. C., Poljansky, G., Sprague, V., Varva. J. & Wallace, F. G. A newly revised classification of the protozoa. *Journal of Protozoology* 27, 37-58（1980）

Margulis, L. & Schwartz, K. V. Five Kingdoms: An Illustrated Guide to the Phyla of Life on Earth 3rd ed., Freeman and Company, New York（1998）

Whittaker, R. H. New concepts of kingdoms of organisms. *Science*, 163, 150-160（1969）

重中義信『原生動物』，UP バイオロジー 46，東京大学出版会（1981）

内藤　豊『単細胞動物の行動』，UP バイオロジー 85，東京大学出版会（1990）

東京大学生命科学教科書編集委員会編『理系総合のための生命科学 第 3 版』，羊土社（2013）

実験5

単細胞生物の構造と細胞小器官の機能

ゾウリムシの接合

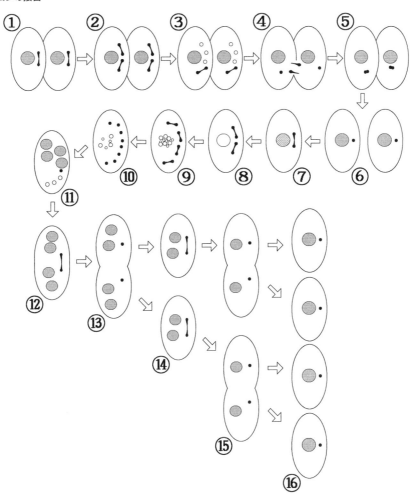

　　ゾウリムシは約50回ほど二分裂を繰り返すとそれ以上の細胞分裂はできなくなり，性的に成熟した状態となる．成熟したゾウリムシは接合によってほかの個体と遺伝情報を交換することで，新しく増殖できる状態に変化する．

　　この図には2つの個体が接触を開始したときから起こる一連の核分裂，大核の再形成の様子が示してある．接合は2つの個体が細胞口周辺で互いに接着し合うことからはじまる．そのため2つの個体は離れるまで食胞の形成が停止する．はじめに，小核（小さい黒丸）が2回分裂し（減数分裂），4個の半数体小核が生まれる（①②）．そのうちの3個は崩壊し，残った1個が3回目の分裂を行う（③）．生じた半数体小核2つのうちのひとつを2細胞間で交換した後（④），細胞は離れる（⑥）．核融合（⑤）で形成された新しい倍数体小核は3回の有糸分裂後（⑦〜⑩），8個の核となるが，同時に古い大核は崩壊する（⑨）．新しい8個の小核のうち3個は崩壊して，残りの4個から新しい大核が形成される（⑪）．残った1個の小核は2回の核分裂，2回の細胞分裂（⑫〜⑯）で4つの個体に分配される．⑪で形成された大核は分裂せずに，そのまま4個体に分配される．

繊毛運動と生体エネルギー——ゾウリムシの細胞モデル

1 目 的

　生きた細胞がその生命活動を維持するためにはエネルギーを必要とする．いい換えれば，生きた細胞はエネルギーを使って様々な分子を合成し，細胞の構造を維持し，細胞膜をへだてた物質輸送を行うことによって細胞内環境を維持しており，さらに運動や発熱といった機能も実現している．

　このような細胞が必要とするエネルギーは，主に ATP（アデノシン三リン酸）によって供給されている．動物は食物の分解や呼吸によって ATP を合成する．この ATP が加水分解されるときに放出されるエネルギーは，細胞内の多くの反応で共通に使われている．すなわち，ATP は，生体内で共通に使われるエネルギーの通貨のような役目を果たしている．ゾウリムシなどの単細胞生物でも，このようなエネルギー代謝の過程は共通している．

　実験 5 では，ゾウリムシの形態および細胞小器官を中心に観察を行った．おのおのの細胞小器官は固有の役割を持っているが，本実験ではその 1 つ，運動器官である繊毛に着目する．まずいくつかの条件下におけるゾウリムシの遊泳行動を観察し，基本的な遊泳パターンを理解する．そのうえで，ゾウリムシの細胞膜を取り除いたもの（除膜細胞モデル）を作製し，繊毛の運動が ATP の添加によって活性化する様子を観察する．さらにその結果をもとに，運動と ATP との関係について考察する．

2 解 説

(1) ゾウリムシ（*Paramecium caudatum*）の繊毛運動

　ゾウリムシはその体表に無数の繊毛を持ち，これにより遊泳運動を行っている．この「繊毛」（存在する器官や生物種によって「鞭毛」と呼ばれることもある）は，真核生物に普遍的に見られる器官である．ゾウリムシのような単細胞生物では，繊毛は遊泳や捕食の手段だけではなく，感覚器としても機能している．ヒトの場合は，気管支や輸卵管などの繊毛上皮細胞が

異物の排出や卵の輸送に関わっている．また精子の鞭毛は受精のために必須である．ゾウリムシやテトラヒメナなどの繊毛虫は，大量の繊毛を調製することが容易で生化学的な解析にむいていることから，古くから繊毛・鞭毛運動研究のモデル生物として用いられてきた．

　ゾウリムシの遊泳運動を詳しく観察すると，いくつかの特徴が認められる．ゾウリムシはその名の示すとおり，ぞうりに似た楕円形に見えるが，よく観察すると，細胞体はある程度厚みを持ち，自転しながら遊泳していることがわかる．また細胞の前後でその形状が若干異なり，細胞長軸方向の一端は丸く，もう一端はややとがっている．もっぱら丸い方の先端を前にして遊泳するが，ときおりとがった端を先頭に後退遊泳をした後，方向転換を行う（図1A）．このような方向転換は回避反応（avoiding reaction）と呼ばれ，ゾウリムシの先端が障害物に当たったときなどにも見られる．自発的に一定の頻度で行われることもある．回避反応はゾウリムシが示す多様な行動の基礎となっている重要な反応である．また，細胞の後端が障害物に触れると，より速く前方に泳ぎ去ろうとする運動（逃走反応）も見られる（図1B）．

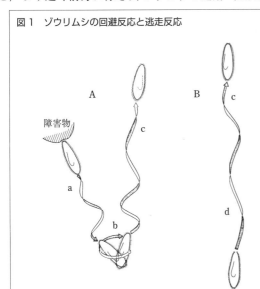

図1　ゾウリムシの回避反応と逃走反応

（A）ゾウリムシの回避反応．障害物に衝突したゾウリムシは一時的な繊毛逆転を起こし，後退する（a）．その後，回転して（b）新しい方向に前進する（c）．
（B）逃走反応．障害物に細胞の後端で接すると，通常（c）よりも高速で前進し（d），逃走するが，やがて通常の速度（c）に戻る．（内藤豊「興奮膜の生理学」（医学書院）1986より）

　回避反応はどのようにして生じるのであろうか．ゾウリムシの細胞膜は，神経などと同様に興奮性を持つことが知られている．衝突などの機械的刺激が与えられると細胞膜にある Ca^{2+} だけを選択的に透過するチャンネルが開き，細胞外の Ca^{2+} が細胞内に流入する．その結果，細胞内の Ca^{2+} 濃度が一時的に上昇し，その作用で，繊毛の打つ方向（水を効果的に送る方向）が逆転することがわかっている．これを繊毛逆転（ciliary reversal）と呼ぶ．ゾウリムシを入れた実験液の K^+ 濃度を高くすると，細胞の膜電位が脱分極[注1]する．すると，電位依存性の Ca^{2+} チャンネルが開き，Ca^{2+} が細胞内に取り込まれる．これにより，持続的な繊毛逆転，すなわち後退遊泳が引き起こされる．

　［注1］脱分極
　　通常は負の値である細胞の脱電位が，0 mV に近い値に変化すること．

一方，細胞の外液に適当な濃度の Ba^{2+} が存在する場合，このイオンは Ca^{2+} よりも優先的に，しかも機械的刺激がなくても細胞内に流入して Ca^{2+} と同じような作用を引き起こす．また，その効果は Ca^{2+} より長く持続する．そのため，細胞の先端部分が障害物にぶつかった刺激がないのに，ひっきりなしに繊毛逆転を行うようになる．この遊泳の様子は「バリウムダンス」と呼ばれている．さらに高い濃度の Ba^{2+} が存在すると，連続的な繊毛逆転反応が引き起こされ，ゾウリムシは後退遊泳だけを行う．

　おのおのの繊毛は通常 10-20 Hz で繊毛打運動を行っており，通常は肉眼で 1 本 1 本の運動の様子をとらえることは難しい．個々の繊毛は，平面的ではなく図 2 に示すような三次元的な運動をしている．1 往復の繊毛打のうち，繊毛がまっすぐに伸び，オールのように動いて水流を起こす運動を有効打（effective stroke），しなって屈曲しながら元の位置に戻る運動を回復打（recovery stroke）と呼ぶ．この際，隣接する繊毛との間に流体を介した相互作用が生じるため，位相のそろった波が細胞の表面を伝わる様子が観察される．これをメタクロナル波（metachronal wave）と呼ぶ．

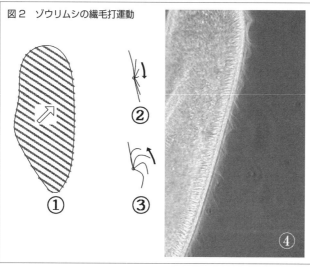

図2　ゾウリムシの繊毛打運動

① 前進遊泳中のゾウリムシの背面（細胞口（図 1）とは反対側）に観察されるメタクロナル波の様子．右上方向（白矢印）にこの波は進行する．
② 繊毛 1 本の有効打を上から見た模式図．右下方向（黒矢印）に水を送る．
③ 回復打の模式図．反時計回りに回転するようにして（黒矢印）有効打の最初の位置に戻る．
④ 前進遊泳中のゾウリムシの繊毛．メタクロナル波の伝わる様子がとらえられている．

(2) 除膜細胞モデル

　ゾウリムシを含め，細胞の運動メカニズムを理解するためによく使われる手法の 1 つが細胞モデル（cell model）である．細胞モデルの最初の例は，1947 年にセント・ジョルジによって作られた筋細胞のグリセリンモデル（グリセリン筋）である．彼は筋肉細胞をグリセリンで処理して細胞膜を除去したものが ATP の添加で収縮することを発見した．この方法は筋肉以外の運動性細胞にも応用され，アメーバや精子などの多くの細胞がグリセリン処理後 ATP 添加によって運動性を示すことが観察された．これらの研究により運動のエネルギー源が ATP であることが直接証明された．

　その後多くの細胞でグリセリンよりトライトン（Triton X-100）などの非イオン系界面活性剤が除膜に適切であることがわかった．最近ではそれらで処理したものがよく使われており，トライトンモデルとも呼ばれる．細胞モデルは細胞の運動機構だけを残したものであると考え

られ，運動の ATP 濃度依存性や，Ca^{2+} やサイクリックヌクレオチドによる調節機構を調べる上での基礎的な研究手段として使われている．ここではゾウリムシの除膜細胞モデルを作成し，繊毛運動が ATP に依存すること，また，繊毛の波形が Ca^{2+} 濃度によって制御されていることを確認する．

3　実験材料および試薬，器具

(1) ゾウリムシ培養液の濃縮

以下の 2 つの実験（A，B）では，ゾウリムシ *Paramecium caudatum* G3-9425 株（毛胞発射不全突然変異株）を使用する．ゾウリムシは通常，ワラの煮だし汁の培養液で培養する．観察に際してワラ等の不純物の少ない高密度の状態の細胞が必要な場合（実験 B）には，あらかじめ以下のようにしてゾウリムシを濃縮したものを用いる．ゾウリムシ培養液を三重にしたキムタオルでこして大きな不純物を除く．その後，上澄みを 2 枚に重ねたナイロンメッシュ（メッシュサイズ 30 μm）に通す．長径約 200 μm，短径約 80 μm のゾウリムシは，大方がメッシュを通過できないので，この操作で高度に濃縮される．このようにして濃縮したゾウリムシ液を以後の実験，観察には用いる．

(2) 試薬，器具

① （実験 A）次にあげた用具や水溶液をあらかじめ教卓上に用意する．溶液などは，ラベルの色を確認し，各グループの試験管に必要量（1-2 mL）を移す．試薬が互いに混ざり合うのを避けるため，チューブと同色のスポイトを用いること．

	ラベルの色（例）
ゾウリムシ濃縮液	なし
（上の操作で濃縮したもの，すべての実験で使用する）	
2%メチルセルロース水溶液	水色
10 mmol/L 塩化バリウム水溶液	橙
50 mmol/L 塩化カリウム水溶液	緑

② （実験 B）以下の溶液を教卓上にあらかじめ用意しておく．各班 1 本ずつ取り，常時氷中で保存する．

A–C 液：各 50 mL

A 液	4 mmol/L KCl, 1 mmol/L $CaCl_2$, 1 mmol/L Tris-HCl 緩衝液（pH 7.2）
B 液	0.01% Triton X-100, 20 mmol/L KCl, 10 mmol/L EDTA [注2]（3K），10 mmol/L MOPS 緩衝液（pH 7.0）
C 液	50 mmol/L KCl, 10 mmol/L MOPS 緩衝液（pH 7.0）

再活性化液 1-3：各 1 mL（直前に調製し，各班に配布する）

再活性化液 1	50 mmol/L KCl, 10 mmol/L MOPS 緩衝液（pH 7.0）
再活性化液 2	50 mmol/L KCl, 10 mmol/L MOPS 緩衝液（pH 7.0）,
	4 mmol/L ATP, 4 mmol/L $MgCl_2$, 4 mmol/L EGTA [注2]
再活性化液 3	50 mmol/L KCl, 10 mmol/L MOPS 緩衝液（pH 7.0）,
	4 mmol/L ATP, 4 mmol/L $MgCl_2$, 0.1 mmol/L $CaCl_2$

[注2] EDTA（エチレンジアミン四酢酸）および EGTA（グリコールエーテルジアミン四酢酸），は二価金属（特に Ca^{2+} と Mg^{2+}）とキレート化合物をつくる．本実験では残存する Ca^{2+} を取り除くために用いる．EGTA は Ca^{2+} と Mg^{2+} が共存するときに Ca^{2+} を選択的に取り除く．

③（実験 A, B 共通）各グループ（班）のテーブルの上に次のものを用意する．

マイクロチューブ	10 本
小型スポイト（各色）	4 本
ホールスライドガラス	5 枚
スライドガラス	10 枚
カバーガラス	10 枚
15 mL プラスチック遠沈管（ふたはせずに用いる）	2 本
10 mL 駒込ピペット，ニップル	2 本

マイクロピペット・チップ（使用法は実験 1 および付録 1 を参照）

保冷箱（氷を入れておく）

手回し遠心器（電動のスイング式遠心機でも可能だが，操作性の観点から手回し式を推奨する）

4　実験および観察の手順

時間を有効に使うため，まず実験 B から行い，操作中の待ち時間を利用して実験 A を行う．

実験A　各種環境下でのゾウリムシ生細胞の運動

プレパラートの作り方

まず，ゾウリムシの基本的な遊泳パターンについて，観察する．

4 倍または 10 倍の対物レンズを用い，ゾウリムシがある程度自由に泳ぎ回ることができるよう，ホールスライドガラスを用いる．ゾウリムシや必要な試薬を数滴滴下し，気泡が入らないよう注意深くカバーガラスをかける．余分な水はキムワイプで拭き取る．

通常のスライドガラスを用い水の量を少なくすると，カバーガラスの重みで細胞が押しつぶされて動けなくなることがある．こうして細胞を固定すると繊毛打の波形を観察するには都合がよい．また，カバーガラスの 4 辺に薄くワセリンを塗り，スライドガラスとの間にある程度の厚みをもたせるようにすると，細胞が変形せず，水分の蒸発も防ぐので長時間観察できる．この場合，細胞の遊泳方向が二次元平面内にほぼおさまるので，焦点面の調整も比較的容易になる．観察目

的に応じてこれらのプレパラート作成法を使い分けるとよい.

課題 1

通常の培養液中でのゾウリムシの遊泳行動の観察

- ゾウリムシの遊泳速度は毎秒約何 μm か. 1 秒間で進む距離は体長の何倍に相当するか.（ストップウォッチ, 接眼ミクロメーターを用いて, 10 個体程度の平均値としておおよその遊泳速度を測定せよ.）
- ゾウリムシの遊泳は三次元的にはどのような軌跡を描くか.
- 細胞の前後は, 外形と内部構造（実験 5 参照）で判別できる. 遊泳の方向とはどのような関係になっているか.
- 障害物にぶつかったときにどのような遊泳行動の変化を示すか.
- 障害物にぶつからない場合でも, 遊泳行動に変化を起こすことがあるか, その場合の頻度は, 何秒に 1 回程度か. 規則的か, あるいは不規則に起こるか.
- 10 mmol/L $BaCl_2$ 水溶液を加えると, 上の遊泳行動はどのように変化するか.
- 加える $BaCl_2$ 水溶液の量を増やすと遊泳行動はどのように変化するか.
- 50 mmol/L KCl 水溶液を加えると, 上の遊泳行動はどのように変化するか.
- 加える KCl 水溶液の量を徐々に増やしてゆくと遊泳行動はどのように変化するか.

課題 2

メチルセルロース水溶液（粘度の高い溶液）中での繊毛打波形の観察

　粘性抵抗の高い溶液中では繊毛の動きが遅くなるため, 個々の繊毛の波形が観察しやすい. ここではゾウリムシの遊泳をメチルセルロース水溶液中で観察し, 細胞が前進・後退遊泳を行う際の繊毛打波形を観察する.

- マイクロチューブにゾウリムシ濃縮液, メチルセルロース水溶液を数滴ずつ入れ, スポイト先端で穏やかに混ぜた後, スライドガラスにのせる. なるべく気泡が入らないようにしながらカバーガラスをかけ, 40 倍の対物レンズ, 位相差または暗視野顕微鏡を用いて繊毛の波形を観察せよ. メチルセルロース液の割合が多いほど混合液の粘性が高まるので, 繊毛の運動がゆっくりになり, 細胞の推進力が大幅に低下する. 繊毛打の波形が観察しやすいように, 適宜混合率を調整せよ.
- 前進遊泳時の個々の繊毛の波形, および細胞全長にわたる波形伝播の様子を観察せよ.
- 自発的方向転換の際に生じる後退遊泳についても同様に繊毛の波形と伝播の様子を観察せよ.
- マイクロチューブのゾウリムシ・メチルセルロース混液にさらに 50 mmol/L KCl 水溶液を少量加え, 上記と同様に波形を観察せよ.

課題 3

　ゾウリムシが方向転換する際に引き金となるものは, 何であろうか？　課題 1, 課題 2 の観察結果から考えられる機構について考察せよ.

実験B　除膜細胞モデル

ゾウリムシの除膜細胞モデルを作製し，繊毛運動が ATP に依存すること，また，繊毛の波形が Ca^{2+} 濃度によって制御されていることを確認する．

実験の手順

（除膜細胞モデルの調製はグループごとに協同で行い，観察は各人で行う．）

①ゾウリムシ濃縮液を 15 mL 遠沈管いっぱいに 2 本取り，氷中に 5 分おく．低温にさらすことでゾウリムシの運動性を低下させ，細胞を集めやすくする．

②手回し遠心器で遠心する（遠心時の事故・怪我に注意すること）．ゆっくりと 10 回ほどハンドルを回す（あまり強く回しすぎるとゾウリムシがつぶれてしまう）．水温が上がらないうちに駒込ピペットで上澄みを素早く取り除く．このとき上澄みが少々残っても構わない．ゾウリムシが上方に泳ぎ出さないうちに素早く行うのが肝要である．

③遠沈管に約 5 mL（駒込ピペットの目盛りでよい）の A 液を加える．どちらか 1 本の遠沈管に細胞懸濁液を集め，氷中に 5 分おいたのち，再度遠心する．

④上澄みを素早く取り除き，あらかじめ冷やしておいた B 液を，残った液量の 10 倍加える（液量が 0.5 mL であれば 5 mL の B 液を加える）．

⑤遠沈管を軽く振りまぜ，氷中に 40 分おく．この過程で細胞は除膜され，ゾウリムシは死ぬ．動いている細胞がないことを顕微鏡で確かめる．膜が外れているため，繊毛は生細胞の場合と比べて観察しにくい．この処理以降は細胞が非常に不安定になるため，顕微鏡で確認した後は以下の操作をきわめて迅速に行うこと．

⑥手回し遠心器でごくゆっくりと短時間遠心する．

⑦上澄みを除き，あらかじめ冷やしておいた C 液を約 10 mL 加える．10 分間静置した後，手回し遠心器で再度遠心し，上澄みを除く．この操作をもう 2 回繰り返し，合計 3 回 C 液で洗浄する．

⑧上澄みをできるだけ除き，遠沈管を指で軽くはじくようにして液を混ぜ，細胞を再懸濁する．これがゾウリムシの除膜細胞モデルである．以後除膜細胞モデルは氷中で保存する．

⑨ホールスライドガラスに除膜細胞モデル懸濁液 10 μL をとり，1-3 のいずれかの再活性化液を 10 μL 加え，カバーガラスをかけて直ちに顕微鏡で観察する．特に再活性化液 3 では Ca^{2+} 依存性タンパク質分解酵素等の影響でモデルの損傷が起こりやすいため，手早く観察する．

課 題 4

再活性化液 1–3 について，以下の項目を観察せよ.

- 細胞モデルの運動性の有無.
- （運動性がある場合）運動の方向性，おおよその運動速度（低倍率で観察）[注3].
- （運動性がある場合）繊毛打の波形の観察（高倍率で，位相差または暗視野照明を使用）. ばらばらに断片化したような細胞片でも繊毛打波形は観察できる場合が多い.

[注3] 細胞モデルの状態が非常によく，細胞に推進力がある場合にはその速度を測定する. 推進力がごくわずかで，その場で回転または振動するのみであることも多い. その場合は運動のパターンや方向性を観察する.

参考1　ATP の生合成経路

ATP（アデノシン三リン酸）は，図3に示すような化学物質であり，生体の多くの反応においてエネルギー源として用いられている. ATP が ADP とリン酸に加水分解される際に多量のエネルギーを放出する.

$$ATP + H_2O \rightarrow ADP + リン酸 + 自由エネルギー （-30.5 \text{ kJ/mol}）$$

ATP は，動物の場合，食物の代謝産物をもとにして，主にミトコンドリアで合成される. ブドウ糖（グルコース）を食物として摂取した場合，どのような過程を経て ATP が合成されるのかを概説する（図4）.
グルコースは，まず，細胞質中に存在している解糖系の酵素群によってピルビン酸にまで分解される. ピルビン酸はミトコンドリアのマトリックスに運搬されて，ここで活性酢酸を経てクエン酸回路（TCA 回路，Krebs 回路）と呼ばれる代謝系に入ると，一連の酵素によって次々と酸化される. この過程で

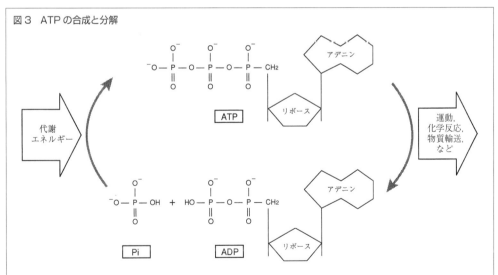

図3　ATP の合成と分解

食物から得られる代謝エネルギーは，ATP に変換される. ATP が ADP と無機リン酸に加水分解するときに生じるエネルギーを利用して，運動（筋肉の収縮），エネルギーを必要とする化学反応，物質輸送（能動輸送）などが行われる.

第Ⅱ編　細胞の動的構造と機能 | 73

図4　ミトコンドリアにおける ATP の合成

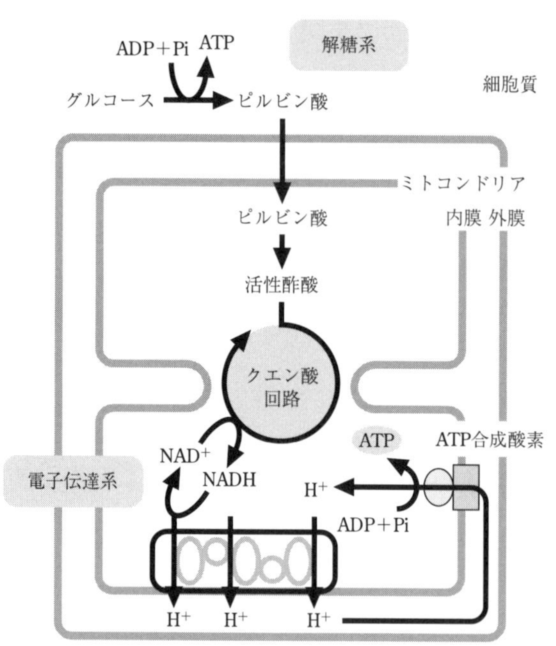

ミトコンドリアは二重の膜（内膜と外膜）で囲まれた形をしている．電子伝達系と ATP 合成酵素は内膜に存在している．

NAD⁺ や FAD が還元され，NADH や FADH₂ が得られる．

　これらが再び酸化される過程で，電子がミトコンドリア内膜の電子伝達系に受け渡され，同時に H⁺ が
ミトコンドリア内膜の外側に運搬される．このようにして，ミトコンドリア内膜をへだてて H⁺ の電気化
学的ポテンシャル差（H⁺ の化学的ポテンシャル差と膜電位の和）が形成される．このポテンシャル差を
駆動力として，ATP 合成酵素（F_oF_1-ATPase）が，ADP（アデノシン二リン酸）と無機リン酸より ATP を
合成する．このとき H⁺ は，ATP 合成酵素内部の輸送路を通ってミトコンドリア内膜の内側に流入する．
このことから，H⁺ の電気化学的ポテンシャル差が ATP 合成酵素を駆動し ATP を合成する過程は，水の
位置エネルギーが水車を回し発電を行う，ダムの水力発電にもたとえられる．

■参考2■　繊毛運動の分子機構

　真核細胞における細胞内輸送や変形などの運動に重要な役割を果たしているのが「モータータンパク
質」である．モータータンパク質は ATP を加水分解するときに発生するエネルギーを用いて，細胞骨格
と呼ばれる繊維性タンパク質に沿った「滑り運動」を発生する．生体内では多種類のモータータンパク
質がはたらいており，多様な細胞運動を実現している．

　たとえば，筋肉ではミオシンと呼ばれるモータータンパク質がアクチン細胞骨格と相互作用し，神経
の軸索輸送などではキネシンやダイニンと呼ばれるモータータンパク質が微小管細胞骨格と相互作用し
ている．繊毛では図5に示すように，規則的に配置されたダイニン（軸糸ダイニン）と微小管の間に生
じた滑り力が，繊毛打運動へと変換される．

図5　繊毛軸糸の断面と屈曲のメカニズム

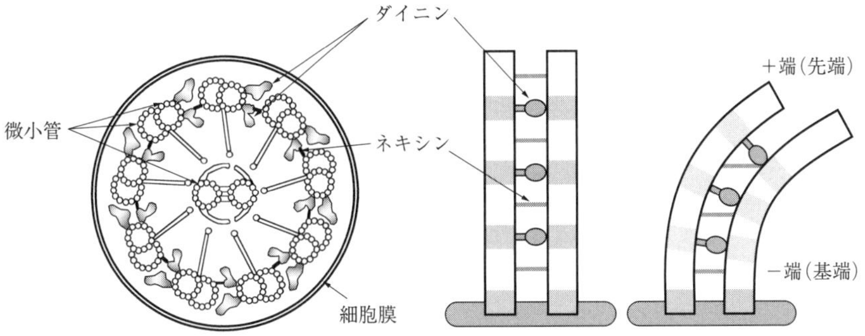

（左）ゾウリムシ繊毛断面の模式図．微小管やダイニンなどが規則的に配置されている．（右）屈曲のモデル．ダイニンは微小管の−（マイナス）方向（繊毛基部に向かう方向）に滑る性質を持つ．微小管の滑り運動は繊毛基部や弾性要素（ネキシンなど）によって制限されているので，ダイニンの滑りで生じた変位が繊毛の屈曲運動となる．

[参考文献]
内藤　豊　ゾウリムシの運動，蛋白質核酸酵素 28(5)，567−584（1983）

植物組織の構造と機能

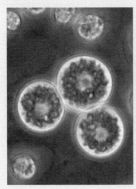

左図がクラミドモナス（緑藻）の接合子，中図は
シダの胞子嚢群，右図はテッポウユリの花を示す.

　　植物は私たちの呼吸に必要な酸素や，栄養としての炭素源を供給しつ
つ，地球上の様々な環境に適応して生存している．主に水中で生育する
藻類から，コケ・シダ・種子植物などに分類される陸上植物まで，その
特性は多岐にわたる．こうした多様性も一因し，何をもって植物を定義
するかには様々な考え方が存在するが，ここでは進化の途中で葉緑体を
獲得し，派生してきた真核生物群を「植物」とする．

　　多くの生物群と同様に，植物の祖先も水中で生まれたと考えられてお
り，現在も海水および淡水中で藻類として繁栄している．藻類はその葉
緑体構造，光合成色素組成，生殖様式，鞭毛構造などの違いに基づき，
多くのグループに分類される（たとえば，テングサ・スサビノリなどを
含む紅藻，コンブ・ワカメなどが属する褐藻，アオサ・シャジクモなど
の緑藻はその代表的なグループである）．陸上植物はこのうちの緑藻の
シャジクモ類に近縁と考えられている．我々は一般に植物全体を大きく
「水中に生育する藻類」と「陸上植物」に分けて考えることが多いが，
進化的には，陸上植物は藻類の一部から分かれて数億年前に陸上へ進出
した生物群と見なすことができる．陸上植物群はさらに，コケ植物，シ
ダ植物，種子植物（裸子植物および被子植物）に大きく分類される．こ
のうち特にシダ植物と種子植物は，陸上生活に適応した器官を発達させ，
体の支持および水不足への対応に成功した植物群として，維管束植物と
総称されている．

本編では,「植物」の中からいくつかの特徴的な植物群を選び,その生活環,生殖様式の違いを学ぶことによって,植物の多様性について理解を深めることを目指す.以下では藻類,シダ植物,被子植物を用いた実験を紹介する.一生を水中で過ごす藻類と,ある程度湿った環境に生育するシダ植物,そして受精の瞬間を含め生活環のほとんどすべてを乾燥した陸上で過ごす被子植物では,多くの形質に様々な違いが見受けられる.高度に体制化が進んだ維管束植物については,被子植物を材料に代表的な器官の組織構造にも目を向ける.現在陸上で繁栄し巨大化している植物が,維管束を発達させ,体内の水や養分の輸送を行っている様子を垣間見ることができるに違いない.

　本編の実習では,観察対象の植物のみならず,植物全体の進化と多様性に留意しながら実験をしてほしい.

植物の多様性と生殖（I）——クラミドモナスの接合

1 目 的

　本実験よりはじまる3つの種目では，緑藻類（実験7），シダ植物（実験8），被子植物（実験9）に属する植物の生殖に関する実験を行う．

　個体が発生，成長し，生殖，死に至るまでの一連の形態的変化の周期を生活環（life cycle）という．進化・分類学的に見て，これらの植物系統群にはそれぞれに特徴的な生活環，生殖器官，および生殖様式が認められる．そのためそれらを並列的に観察することによって，植物の生殖，生態そして進化を系統立てて理解することができる．

　本実験では，実験的に扱いの容易な緑藻クラミドモナス（*Chlamydomonas reinhardtii*）を用いて，その有性生殖（接合）を観察する．クラミドモナスの栄養細胞は窒素欠乏により，接合能を持つ配偶子へと分化する．配偶子分化前の細胞と分化誘導後の細胞を用いて実験を行い，生殖現象を細胞レベルで理解する．

2 解 説

(1) クラミドモナス

　Chlamydomonas reinhardtii（以下，クラミドモナスと記す）は淡水の池や沼，水田などに見られる単細胞性緑藻の一種である（図1）．直径は約 10 μm で，細胞壁に囲まれ，1つの細胞あたり1個の核および葉緑体を持つ．また細胞の前部には通常2本の鞭毛が存在し（鞭毛を持つ細胞は遊走子（zoospore）と呼ばれる），その運動により水中を活発に泳ぎまわる．

　図2にクラミドモナスの生活環を示す．栄養条件が良好な環境のもとでは，細胞は体細胞分裂によって無性的に増殖する（無性生殖；asexual reproduction）．この栄養細胞の核相は単相（染色体数 n）である．一方，窒素欠乏状態になると，栄養細胞は雄性（交配型 −，*mt*⁻）または雌性（交配型 +，*mt*⁺）の配偶子（gamete）に分化し，雌雄配偶子間でのみ接合（conjugation）可能な状態になる．緑藻類の配偶子の形態は種によって異なり，クラミドモナスは雌雄配偶子

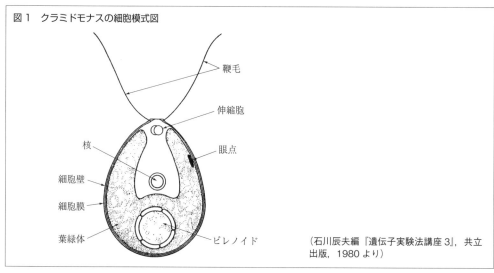

図1　クラミドモナスの細胞模式図

鞭毛

伸縮胞

核

眼点

細胞壁

細胞膜

葉緑体

ピレノイド

(石川辰夫編『遺伝子実験法講座3』，共立出版，1980 より)

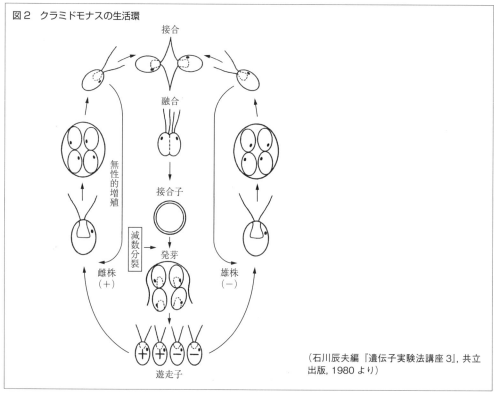

図2　クラミドモナスの生活環

接合

融合

無性的増殖

接合子

減数分裂

発芽

雌株
（＋）

雄株
（－）

遊走子

(石川辰夫編『遺伝子実験法講座3』，共立出版，1980 より)

の形態が同じ同形配偶である．進化的段階の進んだボルボックスでは卵と精子による異形配偶を行う．配偶子の交配型は核遺伝子により支配されており，配偶子が分化する以前にすでに決定されている（図2）．雌雄の配偶子が接合すると，核相が複相（2n）の接合子（zygote）になる．接合子は成熟するにつれ厚い細胞壁の殻を持ち，乾燥など生育環境の悪化にも耐える構造となる．栄養条件が好転し光を得ると，接合子は発芽し（減数分裂により最終的に核相 n の4つの娘細胞を生む），細胞は再び増殖を続ける（有性生殖；sexual reproduction）．

(2) 有性生殖

有性生殖は，菌類，植物，動物を含めて，減数分裂と一倍体配偶子同士の核融合過程を含む生殖である [注1]．クラミドモナスでは上述の通り同形配偶子による接合が行われるが，シダ植物（実験8）や被子植物（実験9）などの陸上植物では，私たち人間と同様に，異形の配偶子間で生殖が行われる．異形配偶子のうち非運動性で大きい雌性配偶子は卵（egg cell），鞭毛運動をする雄性配偶子は精子（sperm）と呼ばれる．進化的に生物の有性生殖は，同形配偶から異形配偶へ，異形の度合いは全体として深まる方向に発達したと考えられており，植物の同形配偶は藻類にのみ見られるものである．

> [注1] 未受精の卵が発生して個体を作るミジンコやアリマキ，雌雄の配偶子が藻体に成長するアオサを例とする単為発生（または単為生殖；parthenogenesis）も，減数分裂の過程を含んでいる場合は有性生殖に含めて扱われる．

クラミドモナスの有性生殖は，交配型（＋，－）の細胞認識，細胞融合，接合子の成熟，細胞小器官の分配，減数分裂といった一連の過程から成り立っている．そのうち細胞の認識から融合に至る接合過程は，配偶子混合後，数分から2時間という短い間に起こるきわめて動的なものである．観察が比較的容易なこともあり，クラミドモナスの接合は多くの生物に共通する受精反応のモデルとして興味を持たれ，生殖を細胞レベルで研究するための実験材料として広く用いられている．

(3) 生殖による遺伝

真核生物の生殖過程における DNA（遺伝物質）の伝達は，生物の多様性が生まれる要因を考える上で重要なポイントである．菌類および動物の細胞は核とミトコンドリアに，植物細胞は核，ミトコンドリア，葉緑体に，それぞれ独自の DNA を含んでいる．核およびミトコンドリア，葉緑体の DNA は各オルガネラ内部で複製され，細胞分裂の際正しく分配されることによって親から娘細胞へと伝達される．

クラミドモナスの無性生殖では，先述の通り体細胞分裂によって遺伝的に同一の娘個体が生まれる．菌類，植物，動物の体細胞分裂（実験4を参照）と同様に，親細胞の核 DNA は染色体の分配機構により，ミトコンドリアと葉緑体の DNA はオルガネラの分配機構により，確実に娘細胞へと伝達される．それに対し有性生殖では，接合の際に雌雄配偶子由来の核 DNA が持ち込まれることになる．クラミドモナスでは接合後に片親側のオルガネラ DNA は消失するため，必然的に接合子および次世代以降のオルガネラ形質は，片親からの影響を受けることになる．

様々な形質を持つエンドウを用いて，一連の交配実験を行い，交配体における形質の顕性（優性）・潜性（劣性）（顕性（優性）の法則 [注2]），次世代における対立遺伝子の分離（分離の法則），複数の対立形質の（連鎖がない場合の）遺伝の独立性（独立遺伝の法則）を示したのがメンデル（1822-1884）である．メンデルの法則は菌類，植物，動物における有性生殖での核遺伝子の伝わり方の基本的な法則であり，クラミドモナスにおいても成り立つ．たとえば，ある形質をつかさどる遺伝子 A を持つ配偶子とその対立遺伝子 a を持つ配偶子の2つが接合

すると仮定した場合，接合子は Aa の遺伝子型となり，その形質は A または a に依存したものになる．接合子が減数分裂して娘細胞を形成する際には A と a は 1：1 の比で分離し，結果として 1 つの接合子から 2 つの A 型，2 つの a 型の遊走子が生まれる．これに別の形質をつかさどる遺伝子 B とその変異遺伝子 b を加えて考えてみると，接合子の遺伝子型が AaBb のとき，A と B が連鎖しない場合，減数分裂後の娘細胞は AB，Ab，aB，ab の 4 つの型になる．

また一方，生物にはメンデルの法則に従わない遺伝様式も存在する．これらは非メンデル遺伝と総称され，細胞質オルガネラの遺伝（細胞質遺伝；cytoplasmic inheritance）もその 1 つである．ミトコンドリアと葉緑体の遺伝様式は生物種によって様々であることが知られているが，たとえばヒトのミトコンドリアは卵からのみ遺伝（母性遺伝；maternal inheritance）する．クラミドモナスにおいては，葉緑体 DNA は＋の配偶子から，ミトコンドリア DNA は－の配偶子から伝えられることが示されている．さらに，細胞質オルガネラ遺伝が両配偶子から伝えられる（両性遺伝；biparental inheritance）生物種も，少なからず知られている．

[注 2] 遺伝子の 2 つの型のうち表現型として現れやすい遺伝子を優性，現れにくい遺伝子を劣性と呼んでいたが，遺伝子に優劣があるとの誤解が生じやすいため，顕性・潜性と呼ぶようになってきている．

3　実験材料および試薬，器具

（1）材料
クラミドモナスの野生株と鞭毛運動異常変異株（中心対微小管（central-pair microtubules）欠失変異株，ダイニン外腕欠失変異株など）

以下の 7 種の細胞培養液を用いる．

〈増殖期の細胞培養液〉

　ⓐ野生株，交配型＋

　ⓑ野生株，交配型－

〈予め窒素欠乏培地で一晩培養し，配偶子分化を誘導した細胞培養液〉

　ⓒ野生株，交配型＋

　ⓓ野生株，交配型－

　ⓔ中心対微小管欠失変異株（*pf14*（*paralyzed flagella*）変異株），交配型＋

　ⓕダイニン外腕欠失変異株（*oda3*（*outer dynein arm*）変異株），交配型＋

　ⓖダイニン外腕欠失変異株（*oda3*（*outer dynein arm*）変異株），交配型－

（2）器具，試薬
　①透過型光学顕微鏡（位相差観察に対応したもの）

　②試験管

　③マイクロチューブ

　④スポイト

　⑤スライドガラス

　⑥カバーガラス

4　実験および観察の手順

4 人 1 組で実験を行う.

いずれの場合も，細胞培養液またはその混合液のプレパラートを作製し，位相差モードで顕微鏡観察する．接合を誘導する際は，＋と－の配偶子の培養液をそれぞれ約 0.1 mL 取り，試験管内で混合する．混合後，1 分，5 分，30 分，2 時間が経過した試料について，プレパラートを作製し観察を行う.

観察項目は次の 1)－3) である.

1) 栄養細胞と接合誘導前の配偶子：両者の特徴，違いの有無に注意する.
2) 接合の過程（誘導後 30 分以内の細胞）：細胞間の認識と相互作用に着目する.
3) 接合の過程（誘導後 2 時間の細胞）：細胞融合後の接合子を観察する.

それぞれの項目について細胞の形態，位置，運動性，鞭毛の状態などに注意しつつ，スケッチと記述の形でまとめる．なお，各項目で用いる細胞培養液を@ – @の中から適宜判断，選択してから操作をはじめること．たとえば，接合を起こさせる場合，野生株同士の組みあわせ（©と@）でも変異体同士の組みあわせ（@と@）でも構わない．鞭毛運動に異常を示す突然変異株（@，@，@）は，野生株にくらべて運動性が低下しており観察を行いやすいので，うまく利用してほしい.

課　題　1

クラミドモナスの栄養細胞が配偶子に分化する現象について，どのような合理性があるか，考察せよ.

課　題　2

クラミドモナスの接合における鞭毛の役割を 2 つ挙げて説明せよ.

参考実験　鞭毛運動異常変異株を用いた遺伝的相補性検定

2 つの異なる突然変異株をかけあわせてヘテロ接合体を形成させたとき，どちらか一方に存在する野生型遺伝子が発現して変異形質が回復した場合，遺伝的に相補されたという．クラミドモナスの鞭毛運動変異体を用いると，配偶子の時点では異常だった鞭毛運動が接合子の段階で野生型に近い状態に回復する現象を見ることができる．ここでは 2 つの鞭毛運動異常変異株を用いて相補性検定を行う.

実験材料として，中心対微小管欠失変異株（*pf14*）とダイニン外腕欠失変異株（*oda3*）の＋および－の配偶子を用いる．*oda3* 変異株同士，*pf14* と *oda3* の組みあわせについて，上述の実験手順に従い接合を誘導する．誘導後 2 時間の接合子の運動性を観察する.

　　この相補性検定で野生型に近い状態に回復した接合子はどれ位の割合だったか．また，そのようになった理由を考察せよ．

参考文献

石川辰夫 編『遺伝子実験法講座 3』，共立出版（1980）

植物の多様性と生殖（Ⅱ）──シダ植物の世代交代

実験A　シダ植物の前葉体および胞子体の観察

1　目　的

　生物には世代交代，核相交代を行うものがある．世代交代とは，その生殖様式が異なる2つの世代を繰り返すことをいい，核相交代とは染色体の数に注目し一般に染色体数nの単相世代と染色体数2nの複相世代を繰り返すことをいう．本実験ではまず典型的な世代交代，核相交代を行うシダ植物を用い，通常見かける複相世代である胞子体のほかに，単相世代の前葉体があることを理解し，考察する．

　また本実験では，植物が外界の環境に応じて様々な調節を行い適応していることについても考えたい．基本的に移動することのない植物は，外界の環境条件に即し自らの体制を変化させることにより適応する．葉緑体の運動もそのような適応現象の1つと考えられる．弱い光条件の下では葉緑体により多くの光が当たるような位置に，強光のもとでは光障害を起こしにくい位置に葉緑体が移動する．このような運動を葉緑体の光定位運動と呼んでいる．ここでは前葉体の葉緑体光定位運動を観察し，光刺激に対する受容と適応現象について学習する．

2　解　説

　世代交代では生殖様式が異なる2つの世代（配偶体世代と胞子体世代）を交互に，または不規則に繰り返す．また，世代交代と似た用語に核相交代があるが，これは染色体の数に注目した用語で，一般には染色体数が基本数であるn本の単相世代と2n本の複相世代を繰り返すことをいう．

　多くの植物および菌類ではその生活環の中で単相世代（染色体数：n）と複相世代（染色体数：2n）を交互に行う．藻類のシャジクモのように生活史のほとんどを単相世代である配偶体（n）で過ごすものもあれば，多くの顕花植物のように花粉や卵細胞の一時期を除きほぼすべて

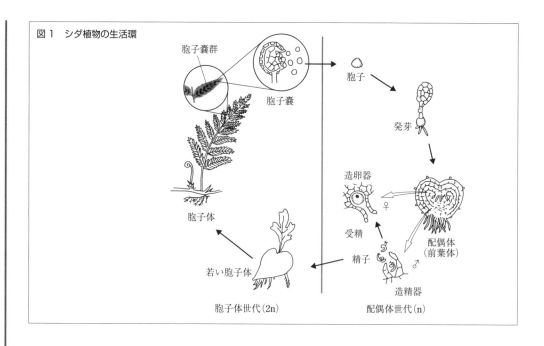

図1　シダ植物の生活環

胞子嚢群
胞子嚢
胞子
発芽
造卵器
♀
受精
精子
造精器
配偶体（前葉体）
胞子体
若い胞子体
胞子体世代（2n）
配偶体世代（n）

が複相世代である植物もある．出芽酵母のように単相世代，複相世代の個体は似たような形をしてどちらも出芽して増えることができるものもあるが，外界条件からの刺激に応じて単相世代から複相世代，逆に複相世代から単相世代に移るものもある．

　シダ植物の生活環を図1に示す．配偶体（n），胞子体（2n）とは生殖様式の観点，すなわち世代交代の観点からそれぞれの世代を呼ぶ用語であり，配偶体は配偶子を作る世代，そして胞子体は胞子を作る世代を指す．胞子から受精するまでが配偶体であり，核相は単相（n）である．本実験で観察する前葉体はこの配偶体の世代ということになる．受精から胞子嚢中で減数分裂が起こるまでの個体が胞子体であり，野外でわれわれが通常見かける個体はこの胞子体と呼ばれる世代にあたる．胞子体の核相は複相（2n）である．

　本実験では，配偶体世代のうち前葉体の観察を主に行う．図2にカニクサにおける前葉体および造精器の発達した配偶体を示す．前葉体の中央部から伸びる細長い器官は仮根と呼ばれ，1本の仮根は1つの細胞からなる．仮根は個体の支持と水や養分の吸収にはたらいている．ハート形をした前葉体のほぼ中央にあるのが造卵器である．一般に造卵器は前葉体の裏（下）面に発達する．また多くの場合，丸い細胞中に精子の入った造精器が見られるであろう．造卵器・造精器の有無やその存在場所は種によって異なっている．

　1つの配偶体が非常にたくさんの造精器を持つ，いわば雄機能に特化した前葉体も自然界には見られる．大きく成長した前葉体は拡散性の化学物質である造精器誘導物質を放出し，周囲の若い前葉体に造精器の形成を誘導することが知られている（図3）．周囲の配偶体に造精器を誘導することで，この大きく成長した前葉体は同一個体における卵と精子による自家受精を行う可能性を引き下げ，子孫の遺伝的多様性が維持されることになる．

　造精器誘導物質はシダ植物の種によって異なり，いくつかの種では同定がなされている．カニクサの場合，造精器誘導物質は高等植物の植物ホルモンとして発見されたジベレリンの関連

実験8
植物の多様性と生殖（Ⅱ）

図2

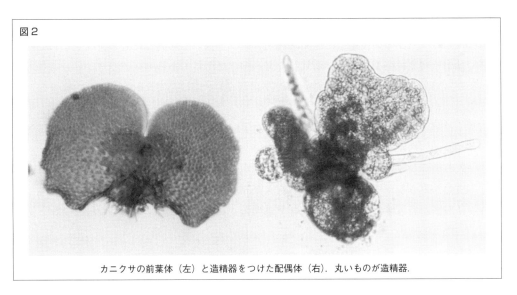

カニクサの前葉体（左）と造精器をつけた配偶体（右）. 丸いものが造精器.

図3　カニクサ前葉体の性分化

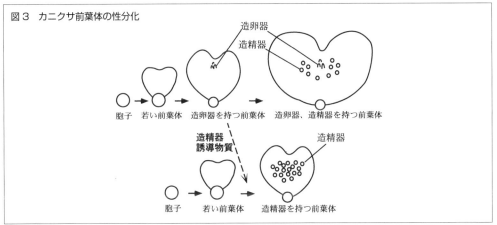

物質であることがわかっている. 実際, カニクサでは若い前葉体をジベレリン処理することにより造精器を誘導し, 雄機能に特化した前葉体を観察することができる.

3　実験材料および試薬, 器具

(1)　観察材料

①前葉体

　カニクサ（*Lygodium japonicum*）の前葉体を観察材料に用いる. 実習の都合によっては, リチャードミズワラビ（*Ceratopteris richardii*）の前葉体を用いることもある.

　カニクサは葉が細長くつる状にのびるシダ植物である. カニクサの胞子体では一見つるが茎のように見えるが, これは細長くなった葉であり, 茎は地下茎として土中に存在する. 切片を作製すれば, 維管束の配向からこれが葉であることがわかるはずである（実験10参照）. 茎は地下茎として土中に存在するか, あるいは土の表面を這い, そこから葉柄が伸び出して先端にたくさん

の小葉をつける.

　前葉体はシャーレ中の滅菌した寒天培地上に胞子を播いて培養したものが用意されている．顕微鏡で観察を行えば前葉体の全体が観察でき，細胞小器官である葉緑体は上から見ると細胞平面上に広がって見えるであろう．通常の光量のとき，葉緑体は光の入射方向に直角な平面上に広がり光を受けやすくしている.

　実験では培養期間の違いや培地に添加した物質の差異を利用して，以下の前葉体を用意する.

- ・カニクサ（*Lygodium japonicum*）

　　若い前葉体（約2週間培養したもの）

　　成熟が進み造卵器を持つ前葉体（約3週間培養したもの）

　　造精器を誘導した前葉体（造精器誘導物質（ジベレリン）を添加した培地で約2週間培養したもの）

- ・リチャードミズワラビ（*Ceratopteris richardii*）

　　若い前葉体（約2週間培養），または成熟の進んだ前葉体（3週間以上培養）

②胞子体

　自生している（イヌ）ケホシダ（*Thelypteris parasitica*）あるいはタマシダ（*Nephrolepsis cordifolia*）の胞子体を材料に用いる.

(2) 器具，試薬

①透過型光学顕微鏡

②実体顕微鏡

③ピンセット

④スポイト

⑤スライドガラス

⑥カバーガラス

4　実験および観察の手順

(1) 前葉体の観察

①若い前葉体の観察

　寒天培地上で生育した若い前葉体をピンセットで拾い，スライドガラス上にのせ水を1滴加えてプレパラートを作製し，検鏡する.

　まず低い倍率で前葉体全体の形状をスケッチする．仮根や胞子の殻はどのような場所に位置しているか．前葉体を構成する細胞の大きさや形状が位置によってどう異なるかに注意して描写する．後の観察で使う成熟した造卵器や造精器をつけた前葉体との違いに注目すること.

　次に倍率を上げて1つの細胞中の葉緑体の配置を観察する．後の光定位運動の実験（実験B）における強光下または暗黒下においた前葉体細胞との違いに注目すること.

> **注意▶** 前葉体は小さくかつ柔らかいのでつまもうとすると潰れやすい．ピンセットの先で引っ掛けるようにすくって拾うとよい．シャーレは前葉体を拾ったらすぐにふたをすること．前葉体の入ったままのシャーレのふたを開けたまま放置すると，前葉体がひからびてしまう．
> 前葉体全体のスケッチではすべての細胞の1つ1つを描写する必要はない．特徴ある部分についてそれぞれ数細胞をピックアップしその部分をできるだけ正確に描くこと．全細胞を大まかに描くことではなく，注目した部分の細胞の大きさや形，細胞小器官などに留意してほしい．

②造精器および精子の観察

　造精器，造卵器など立体的な構造を持つ柔らかい器官は，プレパラートを作ったとき押しつぶされて見にくくなることがある．そこでまずはじめに，造精器を誘導した前葉体（カニクサ）をシャーレごと実体顕微鏡で観察する．前葉体の中央付近に丸い器官が観察されるであろう．三次元的な配置に注意して実体顕微鏡で観察したら，次にプレパラートを作製する．若い前葉体のときと同様にプレパラートを作製し，造精器の詳しい形状や構造を観察する．また，精子が泳ぎ出てきたならば，その形状や運動を観察する．精子の鞭毛運動は位相差装置を使うと観察しやすい．

　リチャードミズワラビにおける観察では，成熟の進んだ前葉体用のシャーレで観察する．大きく成長しわかりやすい形態を持つ前葉体の近くに，一見未熟な（または異常な）前葉体個体が観察できる．このような小さな前葉体を拡大すると丸い造精器が集合してできていることがわかるであろう．

③造卵器の観察

　成熟した前葉体をシャーレごと実体顕微鏡で観察する．シャーレの中の一部の前葉体では，中央部に細長い造卵器が見られるであろう．成熟した前葉体用のシャーレでは造精器しかつけていない前葉体も数多く存在していると考えられるので注意すること．形状や構造のさらに詳しい観察には通常の透過型光学顕微鏡を用いる．造卵器は前葉体の決まった面についているのでプレパラートを作製するときには前葉体の表裏に注意する．カバーガラスをかけた場合，造卵器は前葉体の他の細胞より飛び出した位置にあり葉緑体も少ないので見落としやすい．低倍率の対物レンズで位置の見当をつけた後，40-60倍の対物レンズを用い焦点を変えながら注意深く観察する．

(2) 胞子嚢の観察

　胞子体（通常見かけるシダ植物の個体）は教卓上に用意しておく．小葉の裏に胞子嚢群が形成されていることを位置や数に注意しながら確認する．胞子嚢群の1つをピンセットで小葉からむしり取るようにしてつまみとり，プレパラートを作製しスケッチする．胞子嚢および散布し損なった胞子が観察できるはずである．

（特にリチャードミズワラビでは）造精器しかつけていない前葉体と造卵器を持つ前葉体では多くの違いが観察される．たとえば前葉体の平均的な大きさはどちらの方が大きいであろうか．大きさ（表面積）あたりの生殖器の数の違いはどうか．

成熟した前葉体では1個体の中に造卵器以外にも造精器の存在が確認できるものが見受けられる．このような前葉体における造精器，造卵器の配置や数はどのようになっているだろうか．

造精器誘導物質の生態的な役割はどのようなものであると考えられるか．

精子を作る植物，花粉を作る植物にはどのようなものが知られているか．それぞれの植物の環境への適応にはどのようなものがあるであろうか．

シダ植物は核相交代を行うことにより胞子体（2n）と配偶体（n）の様式を交互にくり返す．両世代ともゲノムはひと揃いそろっており，体を作るために必要な材料としての遺伝子群をすべて持っていることに変わりはない．それにもかかわらずまったく異なった形態を示すのはなぜだろうか．現代の科学でも謎の部分が残っている問題であるが，想像力をはたらかせて考えてみてほしい．

実験B　葉緑体の光定位運動

1　目　的

運動性を持つ一部の藻類を除く大部分の植物は，よりよい環境の場所に移ることができないため，外界からの光や温度，湿度などの刺激に対し的確に反応し，自らを変化させることによって置かれた環境に適応しようと努める．シダ植物の前葉体などでは，外界の光の強弱に応じて細胞内における葉緑体の位置が変わる．これを葉緑体の光定位運動と呼ぶ．シダ植物の葉緑体の光定位運動を観察し光刺激に対する反応の仕組みとその適応性について考察する．

2　解　説

藻類，コケ植物，シダ植物から種子植物のいくつかなど，多くの植物の細胞では光の強弱に応じて細胞内での葉緑体の位置が変わる．弱い光刺激では葉緑体に多くの光が当たるような配置に，強光下では光が当たりにくい配置になる（図4）．これを光定位運動と呼ぶ．この現象は環境中の光条件に適応して光合成を行う機構の1つと考えられている．運動性のある藻類や，体制が高度に発達し葉の配置により光条件に適応できる植物では，葉緑体の光定位運動が観察されないか，不明瞭な場合も見受けられる．

ところで外界の光の明るさは，どのようにして細胞に認識されているのであろうか．一般に環境からの情報は細胞のどこかにある受容体によって感知されている．本実験のように光が外界の情報として細胞に認識されるためには，特別な受容体に光が吸収されることが第一歩とな

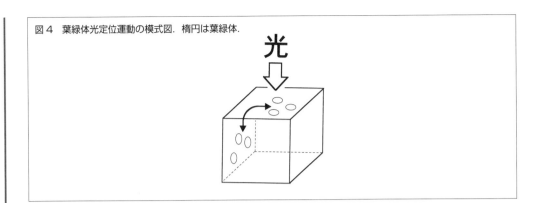

図4 葉緑体光定位運動の模式図. 楕円は葉緑体.

光

る．光を吸収する受容体は光受容体と呼ばれている．生物の持つ色素のすべてが外界の光の情報の受容のためにはたらいているわけではないが，生物の多くは様々な光受容体を保持している．動物の目の網膜にある視覚に関わるロドプシンはこの一例である．

　葉緑体の光定位運動は光合成の制御のためにはたらいている現象と考えられているが，定位運動を制御する光受容体となっているのはクロロフィルなどを結合した光合成色素タンパク質ではない．植物は光合成色素タンパク質のほかに，光受容体としての色素タンパク質を数種類持つ．現在知られている光受容体としては，赤色‒遠赤色光を吸収するフィトクロム，青色光を吸収するクリプトクロム，フォトトロピンなどがあり，本実験の葉緑体の光定位運動のほかに，光屈性，茎の伸長制御，花成反応，種子発芽など多くの光反応に関与している．

　このように，光によって植物の形あるいはより微細な構造的，生化学的変化が引き起こされる反応は，総称して光形態形成と呼ばれている．葉緑体の光定位運動の場合，光受容体は青い光を吸収するフォトトロピンが知られている．ある種の植物では赤色光を吸収するフィトクロムもこのための光受容体として機能している．これらの受容体は，タンパク質を構成するポリペプチド鎖に発色団と呼ばれる光を吸収する色素分子が結合した化学構造をとっている．たとえば，フィトクロムはポリペプチド鎖にフィトクロモビリン，フォトトロピンはフラビンという色素をそれぞれ結合している．

3　実験材料および試薬，器具

(1) 材料

　カニクサ（*Lygodium japonicum*）またはリチャードミズワラビ（*Ceratopteris richardii*）の若い前葉体を用いる．詳しくは本実験についての付録3「実験材料の入手および調製」を参照．

(2) 器具，試薬

①透過型光学顕微鏡

②実体顕微鏡

③蛍光灯とアルミホイル

4　実験および観察の手順

　若い前葉体のプレパラートを様々な光条件下に置き，細胞内の葉緑体の配置がどのように変化するか観察する．細胞上面，細胞側面に存在する葉緑体の数が変わるはずである．

　上からの強い光は教卓上の蛍光灯（昼光色）を用いる．教卓にあるシールで各自のプレパラートに名札をつけ，光源源直下の位置に20分程度プレパラートを置く．強光処理後すぐに葉緑体の配置を観察し，さらに弱い光条件下に置いたときの経時的な変化を観察すること．弱い光条件下での経時的変化の観察には実験台上の照明を利用する．顕微鏡ステージ上に置いて強い光を入射させたままにすると経時的な変化が見えないことがあるので注意すること．

　暗黒処理はプレパラートをアルミホイルでくるんで遮光することにより行う．完全な遮光のために二重三重にくるむこと．この変化には数時間以上かかると考えられる．暗黒下に置いた葉緑体は光に対して非常に敏感であり，アルミホイルを外し光が当たるとすぐに葉緑体の配置が変化をはじめるので，ひとたび光に当たった前葉体は素早く観察すること．

> **注意▶**強光下での観察には，蛍光灯を接近させて，大きな光量を与える必要があるので留意したい．加熱を防ぐために扇風機で空気を循環させるとよい．また乾燥を防ぐため5分に1回程度カバーガラスの横からスポイトで適宜水を与えること．

課　題　3

　強光処理や暗黒処理による葉緑体の光定位運動とその後の経時的な葉緑体の位置変化は，どのようにしてそしてなぜ起こるのであろうか．

［実験9］

植物の多様性と生殖（Ⅲ）——テッポウユリの花粉管伸長

1 目 的

　被子植物は地球上において 20 万種以上に多様化しているにもかかわらず 1 つの系統に属していると考えられている．その根拠の 1 つは，重複受精という特殊な受精様式が一様に認められることである．

　被子植物で重複受精を行う雄側の配偶体は花粉，雌側は胚嚢（のう）と呼ばれている（図 1）．花粉は雄蕊の花粉囊中の花粉母細胞に由来し，1 個の花粉母細胞から 2 回の減数分裂で 4 個の半数体の細胞（花粉四分子）が作られる．成熟した花粉は栄養核（花粉管核）（n）と雄原核（n）を持つ．一方，胚嚢は胚嚢母細胞が 3 回の核分裂を行ってできる 1 個の卵細胞（n）と，その両側にある助細胞（n），中央細胞（n + n），3 つの反足細胞（n）の細胞集団からなり，胚珠の中央に埋め込まれた構造となっている．実験 8 で観察したように，シダにおける受精では造精器から生まれた精子は，水中を泳いで造卵器の卵細胞まで到着する必要があったが，被子植物の受精では雌蕊（しずい）に運ばれた花粉は柱頭上で自発的に吸水・発芽し，花粉管を花柱に向けて伸ばすことにより，雌の配偶体に接近する．花粉管では，1 個の栄養核が先頭になって花粉管が伸び，この後雄原細胞が分裂してできた 2 個の精細胞が続く．花粉管が胚珠に達すると 2 個の精細胞が胚珠に入り込み，1 個は卵細胞と，もう 1 つは中央細胞の 2 個の極核と合体して 2n の受精卵と 3n の中央細胞となり，重複受精が完了する．この後受精卵は体細胞分裂を続けて「胚」を，中心核は「内胚乳」を形成する．

　本実験では，生きた花粉を用いて花粉管が伸びる様子を観察し，被子植物の獲得した陸上に適応した生殖様式について理解を深めることを目的とする．なお，実験 4 で行うテッポウユリの花粉母細胞の減数分裂の観察を本実験と同時に行えば，花粉の形成過程の総合的な理解を深めることに有効である．

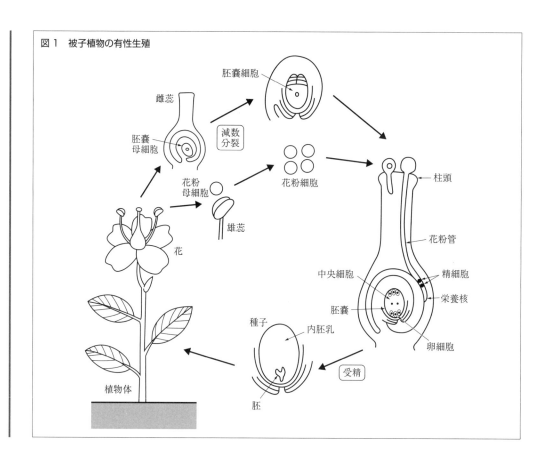

図1　被子植物の有性生殖

胚嚢細胞

雌蕊

胚嚢
母細胞

減数
分裂

花粉
母細胞

花粉細胞

雄蕊

花

柱頭

花粉管

中央細胞

精細胞

栄養核

胚嚢

卵細胞

種子

内胚乳

受精

植物体

胚

2　解　説

(1) 花粉

　自ら移動することのない植物は，自分の遺伝情報を乾燥した陸上において移動させるための様々な方法を発達させた．たとえば実験8で観察したシダ植物の胞子の飛散は，このような移動に成功した最たる例と考えられる．被子植物の場合，花粉と種子の散布という方法が知られている．被子植物の送粉様式は風や水で運ばれたり（風媒など），昆虫や鳥などに運ばれたり（虫媒など）するなど非常に多様化している．また花粉の形態や外膜表面の模様も植物によって多彩であることが知られている．たとえば，イネ科などの多くの風媒花花粉の外膜は表面が滑らかで模様に分化が見られないのに対し，動物媒花の花粉では模様にかなりの多様性が観察される．

　散布されて運良く植物の柱頭に達した花粉は，花粉管を発芽させる．それぞれの植物で花粉の発芽は外膜の決まった場所から起こる．花粉の外膜の一部が欠除していたり，薄くなった部分から花粉管が出て伸びるようになっており，この部分を発芽孔または発芽溝と呼んでいる（図2）．発芽溝の数や形，大きさ，位置などは植物の種類によって大きく異なることが知られており，たとえばホウセンカでは長方形型の花粉の四隅に1本ずつ計4本の発芽溝を持つ．複数の発芽溝を持つ花粉は，ほとんどの場合このうち1つの発芽溝から花粉管を伸長させるが，

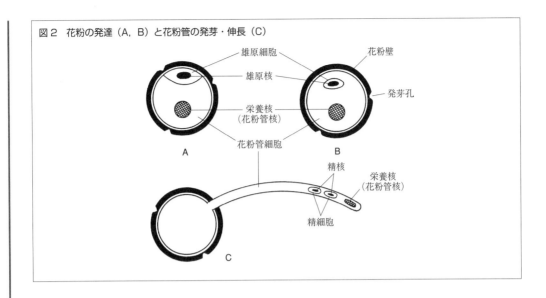

図2　花粉の発達（A, B）と花粉管の発芽・伸長（C）

まれに2つの溝からそれぞれ1本ずつ発芽する場合も見受けられる.

(2) 花粉管伸長

　柱頭に受粉した花粉は発芽し，花柱を通って胚珠に向かう．花粉管の伸長は普通の細胞の伸長のように全体が引き延ばされるのではなく，管の最先端部で管壁が押し広げられながら膜物質や壁を補填していく，付加的な伸長である．したがって実験4で見てきたような植物の根の伸長とは異なり，先端部だけが次々に伸びていくことになる．このことは，花粉管に木炭の粉など粒子の細かい粉末を播き，都合よく花粉管の上にのった粉末粒子を目印にして伸長の様子を観察すると，確かめることができる.

　ところで，花粉の大きさから考えてみると柱頭表面から卵細胞までは大変遠い道のりであり，正しい方向へ進むための機構（花粉管ガイダンス）は長い間謎とされてきた．このメカニズムとしては，接触モデルと走化性モデルの2つの可能性が提唱されている．花粉管の通り道としては，花柱の中央部にある通導組織や中空になった花柱の表面内側が知られているが，接触モデルはこのような通り道に沿って進むというものである．一方の走化性モデルは，雌性配偶体に向かって化学物質の濃度勾配が作られていて花粉管はその勾配に従って伸長していくという考え方である．人工的に雌蕊の一部を切り取って花粉の近くに置くと，花粉管はしばしばその切片の方向へ伸長することから，走化性モデルのいうように何らかの花粉管誘引物質が存在すると考えられた．ところが，その後の研究にもかかわらずこの物質の特定は杳として進まず，また，葉などほかの植物器官切片やショ糖の方向に伸長する例も観察されることから，果たして本当にこのような誘引物質が存在するのかどうかに疑いの声も絶えなかった.

　このような中，花粉管の伸長とその誘引にとって重要な2つの研究が発表された．1つはユリに発見されたケモシアニンという物質に関する研究である．ケモシアニンは柱頭が分泌する物質であり，人工的に作った培地上の実験では，花粉管はその伸長に際しケモシアニンに対して正の化学屈性を示す（Kim *et al*., 2003）．また，精製の結果，ケモシアニンはタンパク質の一

種だということが示されている．ただし，この研究で示されたのは人工培地におけるケモシアニンの化学屈性の効果までであり，この物質が実際に生きている柱頭で花粉管をガイドする因子なのかどうかはまだ不明である．

　これとは別に，ゴマノハグサ科のトレニアによる研究により，胚嚢の特定の細胞が何らかの拡散性の花粉管誘導物質を放出していることが確かめられた（図3．東山，2002；東山・黒岩，2002）．花柱を通って胚嚢近くにまで到着した花粉管の先端が卵へと到達する際のガイダンスに，この物質が重要な役割を果たしていると考えられている（柱頭における受粉のはじめから卵細胞との重複受精までのすべてが化学物質で誘導されているというわけではなく，花柱における長い組織を通り抜ける際などの花粉管の伸長には，接触モデルが提唱するように，その中の構造体に従って伸びていく場合もあると考えられている）．近年，花粉管伸長を誘引する物質として，真正双子葉植物のトレニアとシロイヌナズナでは，LURE という分泌タンパク質が同定され（Okuda *et al*., 2009），これを受容する受容体様キナーゼとして PRK6 が同定された（Takeuchi & Higashiyama, 2016）．さらに，単子葉植物のトウモロコシでは，花粉管誘引活性を持つ分泌性ペプチドの ZmEA1 が同定されている（Marton *et al*., 2012）．これらの研究により花粉管ガイダンスの分子メカニズムは解き明かされつつあるが，多様性に富む植物のすべてが同様な機構によって誘導されているのかについては，未だ不明な点が多い．

図3　花柱における花粉管伸長の様子（左と中央）とトレニアの体外受精系（右）

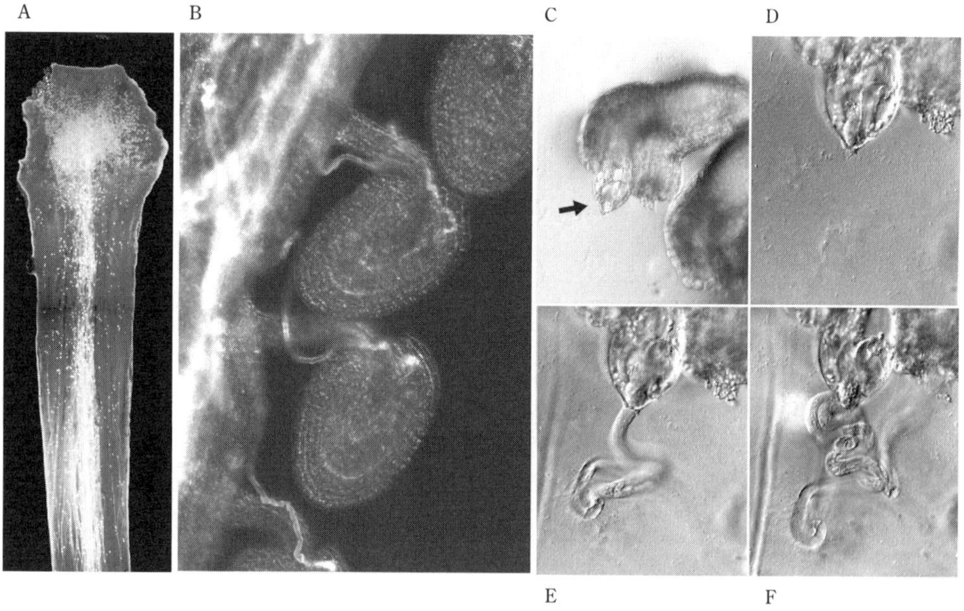

A　花柱内で伸長する花粉管群．B　花柱を抜け胚嚢まで到着した花粉管．1つの胚珠には1本の花粉管だけがたどり着く現象（多精拒否）に注意．C　トレニアの胚嚢（矢印）．トレニアの胚嚢は胚珠の外に半分ほど突出しているため，卵細胞を生きたまま顕微鏡で観察できる．D　胚嚢部分の拡大．E　突出した胚嚢に引き寄せられる花粉管．F　花粉管先端が到達し重複受精を行う．（名古屋大学理学部／東京大学理学部　東山哲也博士提供）

3　実験材料および試薬，器具

①テッポウユリ（*Lilium longiflorum*）の花（8人に1つ）

②透過型光学顕微鏡

③スライドガラス

④カバーガラス

⑤湿室用のタッパーウェア（プレパラート入り）

⑥カミソリ

⑦シャーレ

⑧ピンセット

4　実験および観察の手順

(1)　実験の手順

①培地の準備

　　4人1組あたり以下の8種類のプレパラートを用意し，実験に使用する．スライドガラスの上に寒天培地を広げて作製したプレパラート（図4A）は，乾燥を防ぐために湿室（タッパーウェアに水道水で湿らせたキムワイプを数枚敷き，その上に割り箸を数センチメートル幅にして平行に並べたもの）中に保管する．

　　多くの寒天培地にはショ糖が入っているが，ショ糖は培地の浸透圧を高めるとともに花粉の栄養としても使われる．ホウセンカ，ツバキ，サザンカなどの花粉は10%のショ糖濃度でよく発芽するが，花粉によっては25%（サトウキビ），35%（オランダイチゴ）のような高濃度のショ糖を必要とするものもある．ここでは細胞壁の代謝阻害剤である D(+)-glucono-1, 5-lactone を加えたプレパラートも用意し，花粉管の発芽と伸長への影響を観察する．

　　　プレパラート1と2…1%寒天培地

　　　プレパラート3と4…7%ショ糖，1%寒天培地

　　　プレパラート5…300 mg/L 硝酸カルシウム，100 mg/L のホウ酸，7%ショ糖，1%寒天培地

　　　プレパラート6…0.5 mmol/L D(+)-glucono-1, 5-lactone，7%ショ糖，1%寒天培地

　　　プレパラート7…1.0 mmol/L D(+)-glucono-1, 5-lactone，7%ショ糖，1%寒天培地

　　　プレパラート8…1.5 mmol/L D(+)-glucono-1, 5-lactone，7%ショ糖，1%寒天培地

$$\downarrow$$

②花粉の散布

　　図4B のようにテッポウユリの花から，花粉のついた葯を（葯を支えている）花糸ごとピンセットでちぎりとる．葯で寒天培地を2カ所程たたいて花粉を付着させる．（またはピンセットで葯から花粉の小さな塊を拾って寒天培地の上に置く.）

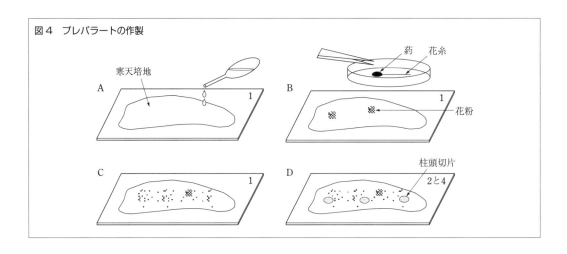

図4 プレパラートの作製

次にピンセットの背（またはキムワイプ）を用いて花粉塊を崩し，寒天培地の全体に花粉を行き渡らせるようにする（図4C）．花粉密度が濃すぎると寒天培地の成分の影響が観察しにくくなるので，花粉を播き過ぎないように注意すること．また，ピンセットの背で寒天培地に傷が付き観察しにくくなることがあるので注意を要する．花粉塊がある程度寒天培地上に残ることは避けられないが，できるだけ個々の花粉が均等に散らばるように工夫すること．

↓

③柱頭切片の設置

図4Dのように柱頭の先端をカミソリで薄くスライスして2と4の花粉散布済みプレパラートの上にのせる（2，3カ所）．柱頭切片による花粉管発芽やその伸長への影響を調べたいので，寒天培地上に個々の花粉が上手く散らばった場所の上にのせ，しっかりと寒天に貼りつけること．このとき，数個の花粉の上に柱頭切片がのってしまってもよしとする．

(2) 花粉管の発芽と伸長の観察

15分に1回それぞれのプレパラートの花粉を観察する．観察していないプレパラートは常に湿室の中に置き乾燥を防ぐこと．

課題 1

何番のプレパラートからどの順番で花粉管の発芽がはじまるであろうか．さらに伸長方向はどのように見受けられるか．（花粉が密集しているときは集合している内側あるいは外側のどちらに進みやすいであろうか．柱頭切片の影響はどうか．また寒天平面方向だけでなく上下立体的な方向への伸長の可能性についても注意すること．）

花粉本体とそこから伸びた花粉管のスケッチを行う．発芽からある程度時間が経ったら倍率を上げて花粉管先端を観察する．活発な原形質流動が観察できるであろう．さらにそのまま顕微鏡観察を続けると，数分もたてば花粉管先端の伸長が確認できるはずである．

プレパラートによっては吸水が起こって花粉が膨らんで破裂し，中の原形質を外に出してしま

う様子が観察される．花粉と培地の浸透圧が大きく異なるときに膜が破裂して起こるこの現象は原形質吐出と呼ばれている．

課 題 2

　原形質流動の方向や速さおよび花粉管伸長の速度を観察，測定せよ．経時的（数分おき）に花粉管の伸長を観察し，伸長速度を求めるとよい．

　あるいは低倍率で観察を行った際，早い時期に花粉管が発芽した花粉の位置を（近辺に油性ペンで記しておいたりピンセットの先で寒天に傷をつけてマークするなどして）覚えておき，同じ花粉個体を観察することで花粉管伸長の速度を求めるという方法も考えられる．またテッポウユリの雌蕊を観察して花柱全体のおよその長さを測り，柱頭に受粉後どれくらいの時間で花粉管先端が胚珠に到達できるのかについて推測してほしい．

　教卓には半日 − 数時間前に作ったプレパラートも用意されているので時間の経過した後の様子も参考にするとよい．

課 題 3

　原形質吐出が頻出するのはどのプレパラートであろうか．柱頭切片の近くに位置する花粉と遠くにある花粉ではどちらが早く花粉管を発芽するであろうか．原形質吐出への柱頭切片の影響はどうか．

課 題 4

　細胞壁の代謝阻害剤 D(+)-glucono-1,5-lactone を加えたプレパラートではどのような花粉管の発芽と伸長への影響が観察されるであろうか．花粉管の発芽と伸長におけるショ糖，柱頭切片そして D(+)-glucono-1,5-lactone の影響を観察し，これらが花粉管伸長におけるどのような機能や反応に関与しているのかを考察せよ．

参 考

　植物の卵細胞は普通，未熟な胚珠の中に包み込まれている．このため花粉管が伸長して受精する様子を直接観察することは大変難しい．しかしながら，前述のトレニアでは胚嚢が胚珠の外に半分ほど突出しているため，卵細胞を生きたまま観察することができる．この性質を生かし，体外受精の実験系がこの植物で開発されて花粉管誘導物質の存在を確認する研究が行われた．さらにこの実験系を用い，胚嚢を構成する細胞群（卵細胞，助細胞，中央細胞）のうちどの細胞が花粉管誘導物質を放出しているのかについて研究がなされた．この研究における実験では，まず非常に細いレーザー光を胚嚢の一部の細胞にのみ当てることにより，周りの細胞は生かしたまま狙った細胞だけを破壊する方法がとられた．そしていろいろな細胞群を破壊した胚嚢を用意し，花粉管誘導への影響が比較された（図5）．この結果から胚嚢にあるどの細胞が花粉管誘導物質を放出しているのかを考察してほしい．

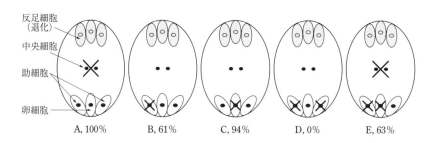

図5 胚嚢の各細胞を破壊した際の花粉管の誘導率

反足細胞
（退化）
中央細胞
助細胞
卵細胞

A, 100%　　B, 61%　　C, 94%　　D, 0%　　E, 63%

トレニアの裸出胚嚢では反足細胞は成熟に伴い退化している。レーザー光で各細胞を狙って破壊した後の胚嚢を用いた時どの程度花粉管が誘因されたかを％で示している。

実験B　染色による花粉管中の核の観察

3　実験材料および試薬，器具

①テッポウユリ（*Lilium longiflorum*）
②透過型光学顕微鏡
③スライドガラス
④カバーガラス
⑤酢酸オルセイン溶液
⑥スポイト（4人1組に2本）
⑦プラスチック試験管（4人1組に1本）

4　実験および観察の手順

(1) 実験の手順

①花粉管の準備

　　三角フラスコにはDickinson液体培地で振とう培養した花粉を入れておく。花粉は数時間から1日培養して，花粉管を十分に伸長させておく。スポイトで三角フラスコから花粉管の伸びた花粉を吸い上げ10滴程度プラスチック試験管に移す。このとき酢酸オルセインをフラスコに入れないように注意すること。また，花粉管が数センチメートルにもわたって伸長している場合，三角フラスコ内で絡みあい玉状に固まってしまう状態がしばしば見受けられる。三角フラスコをやさしく振るか，あるいはスポイトによる溶液の出し入れで撹拌するなどしてばらばらにして使用すること。

実験
9

植物の多様性と生殖（Ⅲ）

②染色

　　酢酸オルセインを，花粉入りの Dickinson 液体培地の 1/10-1/4 量だけ，プラスチック試験管に滴下して混ぜる．

⬇

③プレパラートの準備

　　5分以上静置したのち，スライドガラスに数滴染色した花粉をのせ，カバーガラスをかけてプレパラートとする．細胞質が強く染まって核が見えにくい場合，スライドガラスの下からアルコールランプで熱を加えてやると（熱しすぎによる突沸に注意），細胞質の染色が弱くなって，核が見えやすくなる．

(2) 観察

　　明視野顕微鏡にて観察すると，まず花粉管の中の細胞質全体が赤く染まっているのが見受けられるであろう．さらに詳しく観察して，染色された核を探してほしい．

　　雌蕊の中における花粉管の先端では1個の栄養核が先頭になって，これに雄原核あるいは分裂してできた2個の精細胞が続く．多くの被子植物では花粉管伸長中に雄原細胞から精細胞への分裂が生じる．発芽前の花粉粒は花粉管細胞と雄原細胞の2つの細胞で構成されるため，「2細胞性花粉」と呼ばれる．一方，花粉がまだ葯の中にある時期に雄原細胞が分裂する場合は，「3細胞性花粉」と呼ばれる．また，栄養核は形が不定で，内在する染色体もゆるんだ構造をしているため濃くは染まらず，透過型光学顕微鏡では観察できないことが多い．

[参考文献]

東山哲也『遺伝』56，20-21（2002）

東山哲也・黒岩晴子『植物細胞工学』17，150-154（2002）

Kim, S., Mollet, J.-C., Dong, J., Zhang, K., Park, S.-Y., Lord, E. M. *Proceedings of the National Academy of Sciences of the United States of America*, 100, 16125-16130（2003）

Marton, M. L., Fastner, A., Uebler, S. *et al.* Overcoming hybridization barriers by the secretion of the maize pollen tube attractant ZmEA1 from *Arabidopsis* ovules. *Curr. Biol.*, 22, 1194-1198（2012）

Okuda, S., Tsutsui, H., Shiina, K. *et al.* Defensin-like polypeptide LUREs are pollen tube attractants secreted from synergid cells. *Nature*, 458, 357-361（2009）

Takeuchi, H. & Higashiyama, T. Tip-localized receptors control pollen tube growth and LURE sensing in *Arabidopsis*. *Nature*, 531, 245-248（2016）

実験9

植物の多様性と生殖（Ⅲ）

［実験10］
被子植物の維管束構造

1 目 的

　コケ植物を除く陸上植物は，水分や養分の通導組織である維管束（vascular bundle）を持つことから，維管束植物（vascular plant）と呼ばれる．維管束植物の組織は，それぞれの器官でどのように構成されているのだろうか．またどのようにして形成されるのだろうか．本実験では被子植物の代表的な器官の解剖学的特徴を観察し，植物組織の成り立ちを理解することを目的とする．

　維管束植物はデボン紀に生まれ，進化の過程で様々な性質を発達させた．器官レベルでは，
　　①光合成を効率よく行う葉
　　②支持器官である茎
　　③水分や養分の吸収器官である根
がある．
　また組織レベルでは，以下のものがある．
　　④水分の蒸発を防ぎ，二酸化炭素や酸素を選択的に出入りさせるための表皮系
　　⑤水分や養分の通導組織である維管束

　本実験では，植物の組織切片を作製し，種々の組織の構造，配置などを観察する．本実験の目的は，以下の2つである．

> ① 茎と根の組織構造について学ぶ．
> ② 芽生えの光形態形成における組織の発達の違いを理解する．

2 解 説

(1) 組織の区分

　茎や根の組織は，表皮系（epidermal system），維管束系（vascular system），およびそれ以外の基本組織系（fundamental tissue system）に区分される（Sachs の組織系．図1，図2）．また，表皮，皮層，中心柱に分ける区分方法もある（Van Tieghem の組織系．図2）．組織系は，さらに個々の組織に分けられる．これらの組織によって，細胞の形態が様々に分化している．以下にそれぞれの組織系における組織，細胞の特徴を示す．

> **注意▶** 2つの異なる分類体系で使われている用語を1つの図中で混用すると，説明の重複や矛盾が起きる場合が多い．1つの図中に2つの分類体系の用語を入れてはならない．

図1　Sachs の組織系

組織系 tissue system	組織 tissue	細胞 cell

表皮系 dermal system

表皮 epidermis ─────── ┬ 表皮細胞 epidermal cell
　　　　　　　　　　　　├ 孔辺細胞 guard cell
　　　　　　　　　　　　└ 毛状突起（毛，根毛）
　　　　　　　　　　　　　trichome（hair, root hair）

基本組織系 fundamental tissue system

　　柔組織 parenchyma ─────── 柔細胞 parenchyma cell
　　　柵状組織 palisade parenchyma
　　　海綿状組織 spongy parenchyma
　　厚角組織 collenchyma ─────── 厚角細胞 collenchyma cell
　　厚壁組織 sclerenchyma ─────── 厚壁細胞 sclerenchyma cell

　　　　　　　　　　　　　　　　木部要素 xylem elements
　　　　　　　　　　　　　　　　管状要素 tracheary elements
維管束系 vascular system
　木部 xylem
　　道管 vessel ───────────── − 道管要素 vessel element
　　仮道管組織 tracheid tissue（tracheids）─────── − 仮道管 tracheid
　　木部柔組織 xylem parenchyma ─────── 木部柔細胞 xylem parenchyma cell
　　木部繊維組織
　　　tissue of xylem fibers（xylem fibers）─────── 木部繊維 xylem fibers

　　　　　　　　　　　　　　　　篩部要素 phloem elements
　　　　　　　　　　　　　　　　篩要素 sieve elements
　篩部 phloem
　　篩管 sieve tube ───────────── − 篩管要素 sieve tube element
　　篩細胞組織 tissue of sieve cells（sieve cells）─── − 篩細胞 sieve cell
　　篩部柔組織 phloem parenchyma ─────── 篩部柔細胞 phloem parenchyma cell
　　篩部繊維組織
　　　tissue of phloem fiber（phloem fibers）─────── 篩部繊維 phloem fiber

（原　襄，日本植物生理学会通信，55：15, 1992 より）

図2　組織系の模式図

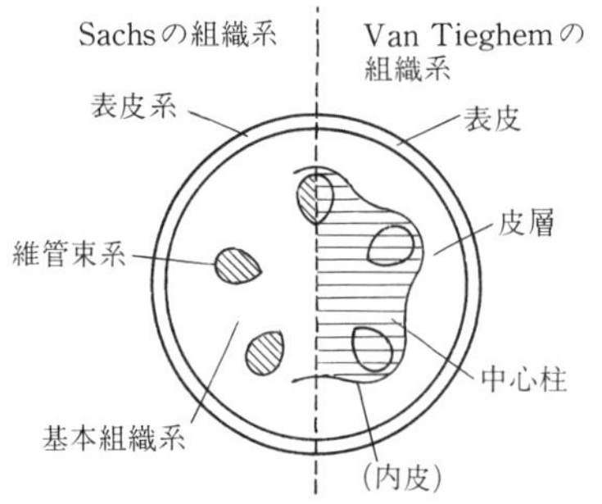

Sachsの組織系　　　Van Tieghemの組織系

表皮系

維管束系

基本組織系

表皮

皮層

中心柱

(内皮)

(生物学資料集編集委員会編，生物学資料集，p. 191，
東京大学出版会，2005 より)

a）表皮系

　表皮系は乾燥から組織を守ると同時に，動物や菌などの外敵から組織を守る役割を担っている．普通は1層だが，2層から数層のものもある．表皮の外表面にはクチクラ層が発達し，水の蒸発防止に役立っている．通常表皮には細胞間隙 [注1] はない．ただし，水蒸気や気体の出入りを調節するための気孔が地上部では分化している．毛は表皮細胞が特殊化したもので，様々な形態のものがある．

　　[注1] 細胞間隙とは細胞と細胞の間のすき間で，細胞の「外」になる．細胞中の空洞化した部分ではないので注
　　　　 意すること．葉では光合成のためのガス交換をするのに役立っている．

図3　細胞壁の構造の形成と発達

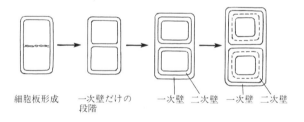

細胞板形成　　　一次壁だけの　　　一次壁　二次壁　　　一次壁　二次壁
　　　　　　　　　段階

参考1　細胞壁の形態の多様性

　細胞の形態の多様性をもたらしているのは，細胞壁である．
　図3は，細胞壁の構造を模式的に描いたものである．細胞分裂のときの細胞板形成にはじまって，まず一次壁が完成し，さらにその上に何層かの二次壁が積み重ねられて厚い細胞壁が作られる．
　若い未分化な細胞は一次壁だけで包まれている．一次壁は，ペクチン質を主成分とする中葉を，セルロースを主成分とする層が両側からはさんだ構造をしている．中葉がゆるんで離れると細胞間隙が生じる．細胞間隙を通って酸素・二酸化炭素が拡散する．また細胞間隙において光の散乱が起きる．オオカナダモなどの水草では細胞間隙がないため，光が散乱せず，葉が透きとおって見える．
　二次壁は主成分であるセルロースに加えてリグニンを蓄積し，木質化しているため，サフラニンという色素で濃く染まる．二次壁が一様に発達した細胞は厚壁細胞と呼ばれる．道管や仮道管の細胞では，二次壁がらせん状や網目状に発達している．

b）維管束系

　維管束系は水分や養分を運ぶ役割をしており，篩部（師部），木部に分けられる．一部の組

織では機械的に強度を上げ，植物体を支えるのに役立っている．

・木部（xylem）は，道管，木部繊維組織，木部柔組織などからなる．

①道管

茎の横断切片を観察するとき，最も際だって見える穴型の構造が道管の断面である．道管は，根から地上部への水の輸送に働く．道管は，縦に並んだ細胞（道管要素）の上下の細胞壁が消失する過程を経て形成される．同時に側壁には様々なパターンで二次壁の肥厚が起こり，特徴ある紋様を示す．細胞壁にはリグニンが蓄積し，サフラニンで濃く染まる．直径の非常に大きな管に発達することがある（図4）．

②木部繊維組織

茎は植物体の支持器官でもあるため，個体を支えるための骨組みとなる細胞がある．木部繊維組織，および篩部繊維組織（後述）の細胞（繊維と呼ばれ，一種の厚壁細胞である）は，二次壁を発達させて機械的強度を上げることに役立っている．サフラニンでよく染まる．

③木部柔組織

繊維組織，道管などの間を埋めている，通常の一次壁だけを持つ細胞（柔細胞）の集まり．サフラニンで染まらない．

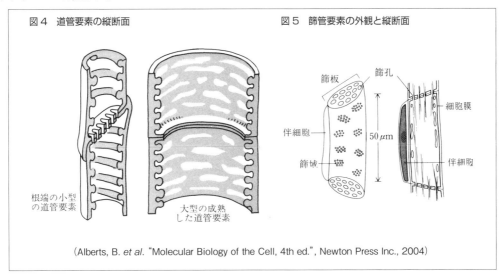

図4　道管要素の縦断面

図5　篩管要素の外観と縦断面

根端の小型の道管要素

大型の成熟した道管要素

篩板　篩孔

伴細胞

50 μm

篩域

細胞膜

伴細胞

(Alberts, B. *et al.* "Molecular Biology of the Cell, 4th ed.", Newton Press Inc., 2004)

・篩部（phloem）は，篩管，篩部繊維組織，篩部柔組織などからなる．

④篩管（師管）

篩管は，光合成で作られた糖類を運ぶのに役立っている．上下の細胞壁に，篩状に多数の孔があいた篩板（横断切片では見えるチャンスは少ない）を形成する特殊な細胞からなる．細胞壁は生の切片では光をよく透過して，しばしば明るい細胞壁として観察される．サフラニンで染まりにくい．篩管の細胞（篩管要素という）は，分化の過程で核は崩壊するがリボソームなど他の細胞小器官は残っている．被子植物の篩管には伴細胞という一種の柔細胞が接していて，これは篩管要素と共通の前駆細胞から生まれたもので，篩管の機能および生命活動を補助して

いると考えられている（図5）.

⑤篩部繊維組織

篩部にも，木部と同様に繊維からなる繊維組織が発達し，機械的強度を上げるのに役立っている.

⑥篩部柔組織

篩部にある一次壁だけを持つ細胞（篩部柔細胞）からなる.

c）基本組織系

表皮系でも維管束系でもない組織はすべて基本組織系に属する．基本組織系の細胞は以下の3種類に分けられる.

①柔細胞

分化した後も一次壁だけを持つ細胞である．成熟しても分裂能力を保持している．柔細胞は基本組織系の大部分を占めるほか，維管束系内にも分布し，篩部柔組織および木部柔組織を構成する．葉では葉肉組織を構成し，光合成を行う同化組織となっている.

②厚角細胞

角の部分の一次壁が顕著に厚くなった細胞である．柔細胞と同様に生きている細胞である．茎の皮層や葉柄，葉脈などによく見られ，機械的に植物体を支持する機能を果たす.

③厚壁細胞

発達した二次壁を持つ細胞である．成熟すると原形質が失われ，死んだ細胞として機能を果たす．繊維と厚壁異形細胞の2種類がある．繊維では，二次壁が大変厚くなり，細胞内腔がほとんど残らないほどになることもある.

Van Tieghem の分類方法では，組織を表皮，皮層，中心柱に分ける（図2）．中心柱は維管束系とその周囲の基本組織系を含めた領域である．根の組織や一部の茎の組織では皮層と中心柱の境に内皮と呼ばれる一層の細胞が存在する．内皮は中心柱の外から中への物質の透過を制御している.

中心柱は，維管束の配列の様式によっていくつかのタイプに分けられている．図6に本実験で見られる中心柱の様式を示す.

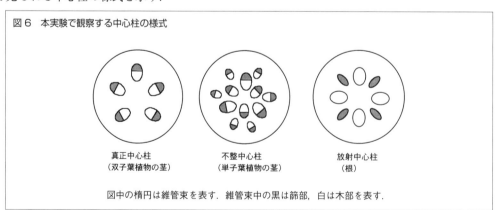

図6　本実験で観察する中心柱の様式

真正中心柱
（双子葉植物の茎）

不整中心柱
（単子葉植物の茎）

放射中心柱
（根）

図中の楕円は維管束を表す．維管束中の黒は篩部，白は木部を表す.

(2) 細胞分裂と組織の形成

　植物が成長するとき，植物体を構成する細胞は分裂もしくは伸長する．細胞分裂は植物体の比較的決まった場所で起こり，特にシュート（茎と葉からなる地上部全体）の先端（シュート頂分裂組織）と根の先端（根端分裂組織）で活発である（実験4を参照）．ここで分裂した細胞は，やがて後方に細長く伸長し，結果として茎や根が細長くなる．

　分裂により増えた細胞は，様々な組織に分化していく．シュート頂あるいは根端で分裂した細胞のうち，将来維管束系に分化する一群の細胞は前形成層と呼ばれる．茎の前形成層は細胞分裂を続けながら茎の外側に篩部，内側に木部を作り出す．そのため，茎の先端付近の断面を観察すると，維管束の予定形成部位や，あるいは維管束の篩部と木部の間に前形成層が見られる．前形成層の細胞は，次に述べる形成層の細胞によく似ているが，その機能が違うことに注意してほしい．

　伸長した茎は，次第にその直径を増す場合が多い．単子葉植物を除く被子植物や裸子植物において，茎や根が太くなるときに細胞分裂を起こす場所が形成層である．発達した組織として観察される木本に対して，あまり太くならない草本の茎では，形成層は不明瞭な場合が多い．形成層の細胞は，木部と篩部の間にあり，リング状に配列している．形成層は理論上，一層の細胞からなると考えられているが，現実にはどの細胞層が形成層であるか特定できない場合が多い．その場合，形成層を含む領域を形成層帯と呼ぶ．

(3) 芽生えの光形態形成

　植物の生存にとって重要な時期の1つは，種子（または胞子）の発芽から発芽直後の芽生えの時期であるといえよう．どんなに巨大な植物も，種子（または胞子）の時点では小さな個体に過ぎない．発芽直後の植物では器官や内部組織は未発達であり，芽生えが子葉や胚乳に蓄えられた養分を使って成長していく[注2]．一度根を張った場所から移動することができない（移動しない）植物は，常に環境からの刺激にさらされるが，芽生えの時期はその影響を受けやすい．

　光は植物の生長に重要な因子である．光の有無によって芽生えの形態は著しく異なり，多くの植物では，発芽直後に光を照射すると緑化し短い胚軸を持つ芽生えとなるが，暗黒下ではいわゆるもやし状態になる（図7）．この場合，光は器官の発達や形態を制御するシグナルとして機能している．光シグナルを

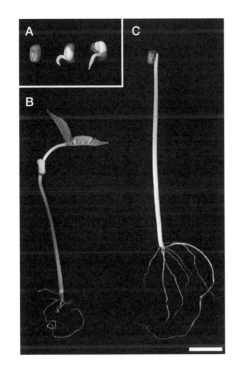

図7　芽生えの光形態形成

A：緑豆の発芽過程（発芽誘導後1日）.
B：明所での芽生え（白色光照射下で6日間生育）.
C：暗所での芽生え（発芽後暗黒下で6日間生育）.
　　バーは2 cm.

受容するのは，植物の細胞内に存在する光受容体であり（実験8を参照），芽生えの光形態形成には，赤色-近赤外光を吸収するフィトクロムと青色光を吸収するクリプトクロムが関わっている．たとえば，これらの光受容体を欠損した植物変異体では，明所で育てた場合でも暗所の植物のように徒長した胚軸を持つなどの特徴が見られる．身近な例でも，ヒマワリの花の転頭運動やアサガオの午前開花は光に関連した現象として広く知られている．一般に，光による生物の分化，発生の制御反応を，光形態形成（photomorphogenesis）という．

芽生えの光形態形成は，植物の環境適応の1つである．地中で発芽した芽生えは光を受容することができない．そのような植物は分裂組織を保護しながら，重力に逆らって地上まで伸長を続ける．地上に達して十分な光量を受けるようになると，胚軸の徒長は止まり光合成組織の分化（葉緑体の発達）が起こる．植物は葉を展開してさらに光を受容するとともに，シュート頂分裂組織から新たな器官の形成を促進する．

[注2] 胚乳に栄養を蓄えている種子を有胚乳種子，胚乳ではなく子葉に栄養を蓄えている種子を無胚乳種子と呼ぶ．

3 実験材料および試薬，器具

(1) 材料

〈真正双子葉植物〉	ハルジオン	*Erigeron philadelphicus*
	ヒメジョオン	*Erigeron annuus*
	リョクトウ	*Phaseolus radiatus*
〈単子葉植物〉	オリヅルラン	*Chlorophytum comosum*
	トウモロコシ	*Zea mays*

これらの植物は，採集するか，もしくはすでに栽培されているものを用いる．教員の指示に従うこと．

(2) 器具

① 透過型光学顕微鏡

② スライドガラス

③ カバーガラス

④ ピンセット

⑤ 小シャーレ

⑥ スポイト

> **注意▶** ガラス類は洗浄して再利用する．床に落としたスライドガラス，カバーガラスはすぐに拾い，踏んでさらに破損させないようにする．

⑦ 両刃の安全カミソリ

薄い切片を作ったり，細かい切れ込みを入れたりするために，工作用に売られているもの．

両刃の安全カミソリの刃には，ステンレス製（刃の色が銀色）とスチール製（刃の色が黒色）の二種類がある．ステンレス製は，はじめの切れ味はスチール製に劣るが，切れ味が悪くなりにくい．スチール製は，切れ味が非常によいが，切れ味がすぐに悪くなる欠点がある．

⑧サフラニン溶液

維管束を観察しやすくするための染色液．サフラニンは木化した部分（細胞壁にリグニンが蓄積した部分）を顕著に染める性質がある．

⑨ファストグリーン溶液

細胞質を観察しやすくするための染色液．ファストグリーンはタンパク質をよく染める性質がある．

4 実験および観察の手順

実験A 茎と根の組織構造

植物の体は大きく分けて，シュートと根の2つに分けられる．両者の組織構造を観察し，それぞれの特徴を理解する．観察対象は，

・茎の横断切片
・根の横断切片

であり，組織の観察を容易にするため，染色色素を用いる．観察ポイントは，横断面の外形と組織の配置．また維管束系の詳細な構造も明らかにする．

実験B 芽生えの光形態形成における組織の発達

1つの個体の発達段階で組織構造がどのように変化するかを理解する．観察対象は，

・明所で育てた植物の胚軸の横断面
・暗所で育てた植物の胚軸の横断面

であり，実験Aと同様に横断切片を作製，染色した後，顕微鏡観察を行う．また，両植物の特徴的違いの1つとして，胚軸の伸長差に着目する．胚軸の縦断切片を作製し，伸長差を生む要因を組織レベルで明らかにする．

(1) 実験の手順

以下に手順を示す（実験A・実験B共通）．

①切片の作り方

新しい両刃の安全カミソリの刃で，茎と根の横断切片を作る．太すぎるものや細すぎるもの，堅すぎるものは使いにくいので，切りやすい程度の根や茎を選び，一度，軸に直角に切り，この断面に平行にできるだけ薄い切片を作る．刃は，茎の向こう側から手前側へ向けて

使う．手前から向こう側に向けて切ると，切りにくいばかりでなく危険である．また，茎を実験台上において，カミソリをあたかも包丁を使うようにして切るのもよくない．全円にわたって切ろうとすると厚くなるので，中央に縦の切れ目をあらかじめ入れておいて半円か，それより小さい切片を作る方がよい．

> **注意▶** 使用する植物は，皮膚にかぶれを起こさないものを選んでいるが，それでもごくまれに茎の切り汁で皮膚にかぶれを起こす場合がある．植物の切り汁でかぶれを起こす体質の者は，教員に申し出ること．

参考3

　葉のように薄いものや，細い根や茎のような材料は，横断切片を作ることは難しい．その場合，ピス（pith：これ自体，死んだ柔組織である）にはさんで，これとともに切る方法がある．ピスの木口から中央に切れ目を入れ，ここに切ろうとする材料をはさんで，ピスに水をつけ湿らせて，カミソリの刃で切るのである．

　刃の使用した部分は次第に切れ味が鈍るので，刃の幅を有効に活かして常に新しい部分を使うようにする．作った切片は小シャーレの水中に浮かし，薄く切れた切片をピンセットでスライドガラス上の水滴に移し，カバーガラスをかけた後観察する．カバーガラスが持ち上がってしまうような切片は厚すぎて観察に不適当である．軸に対して斜めに切れた切片は観察しにくい．直角に切るよう心がける．

> **注意▶** 切れ味の悪くなった刃を用いて無理に力を入れて切ると怪我をする．また，木化して堅くなった茎を力を入れて切る場合も，同様に怪我をする可能性が高まる．切れ味のよい刃を用いて通常の材料を切る場合には，力はいらないはずである．逆に，力を入れないと切れない場合は，刃，材料のいずれかに問題がある．

↓

②染色

　切片を水で封じて観察する際に，色素で染めるとわかりやすくなる場合がある．ここでは，サフラニンとファストグリーンを使った二重染色を行う．サフラニンでは細胞壁にリグニンを蓄積した繊維が赤色に染まり，ファストグリーンでは細胞質が豊富な篩部の伴細胞が緑色に染まりやすい．まずはスライドガラス上の切片にサフラニン溶液を1滴添加し，1分程度染色した後で色素液をキムワイプで吸い取る．次にファストグリーン溶液を1滴添加し，同じく1分程度染色してから色素液をキムワイプで吸い取る．この状態では全体が染色されて観察できないため，切片をシャーレの水に浸し，時折シャーレを揺すりながら1分程度脱色をする．その後，切片をスライドガラスに移し，改めて水滴を与えてからカバーをかけて観察する．染色と脱色の時間は植物の種類や観察する部位によって異なるため，染まり具合を見ながら適宜調整する．

(2) 観察

　作製したプレパラートを観察し，スケッチを行う．おのおのの組織の分布を観察した後，組織

による細胞の形態の多様性を調べること．茎，根の外形と組織の配置を示す全体図と各組織の細胞の配列，細胞の形，細胞壁の厚さなどを示す拡大図に分けてスケッチする．また組織間で比較をする場合，組織を構成する細胞の数や大きさなどを数値化して表すとよいだろう．必要に応じて，詳細な拡大図を書いてもよい．観察結果をスケッチする際には，図上で示したい内容を考えた上で必要な部分以外は適宜省略すること．たとえば，組織の分布を示す際には個々の細胞を書くことは不要である．

第Ⅳ編
動物組織の構造と機能

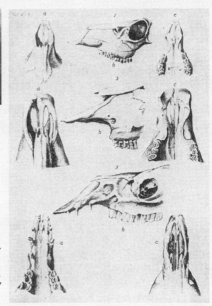

ゲーテの肖像と彼の自筆の解剖図（シカ・ウシ・ラクダの上顎）
正確に比較解剖学的に研究していることがわかる.（ゲーテ全集, 14 巻 167頁, 別巻口絵, 潮出版社より）

　　地球上には数百万種におよぶ生物種（species）が存在するといわれている. 大腸菌やゾウリムシなどのような単細胞生物をはじめ, 陸上植物, 昆虫, カエル, ヒトなどの多細胞生物と, 様々な生き物がいる. これらの種が持つ特徴は実に多様である. 生物学の研究において重要なポイントの 1 つは, それぞれの生物がどのような「かたち」であるかをまず知ることである.

　　では, 生物のかたちを知るためにはどうすればよいか？ その答えは, 生物の形態や構造の緻密かつ正確な「観察」である. かの有名なドイツの詩人ゲーテ（1749-1832）も様々な生物の形態をスケッチし, その構造を理解しようとした（図）. 彼のスケッチは多岐にわたり, その中には, ヒトと他の哺乳動物の頭蓋骨の比較など, 比較解剖学的な観点から非常に意義深いものもある.

　　本編で扱う生物は「動物」である. 数種類の動物を実験材料に用い, 観察を通じて「実物」からその構造を学ぶことを目的としている. まず, 受精卵から個体ができあがる最初の過程である初期発生を観察するための材料として, ウニ（実験 11）とアフリカツメガエル（実験 12）の初

期胚を用いる．次に，できあがったからだの構造を観察する目的で，フサカ幼虫（実験 13），ザリガニ（実験 14），ウシガエル（実験 15・16）を用いる．

　ウニとアフリカツメガエルは，ともに初期発生の材料として世界中で広く用いられる生物種である．また，受精卵を比較的容易に得ることができ，細胞分裂の同調性がよいことから，細胞分裂や細胞周期の研究にもよく用いられる．1 つの細胞が細胞分裂を繰り返し，様々に分化して，複雑な形を持つ成体へと成長する過程を観察してほしい．

　フサカは東京大学教養学部で開発した生物教材の 1 つである．透明であるため，充分に注意して見ると，筋肉や神経，生殖巣など体内の様子を外から容易に観察することができる．フサカ幼虫の観察によって，節足動物のからだの成り立ちと基本的な動的構造を理解する．ザリガニも，比較的解剖が容易な節足動物の 1 つである．外形観察・解剖を通して，脊椎動物の諸器官との相違点だけでなく類似点についても学びたい．

　ゲーテは，「人間にとって最も興味あることは人間のことである」と言った．われわれが自分たち自身をよりよく理解するには，己のからだの成り立ちと構成と構造を知ると同時に，われわれ以外の生物を理解することがきわめて大切である．動物の外形や内部の構造は種類によって異なっているが，本質的には共通する部分も多く存在する．本編ではヒトを含む脊椎動物の代表としてウシガエルの内部構造を観察する．その過程でカエルの器官の構成と成り立ちは驚くほどヒトと類似していることに気づくだろう．脳や体内にはりめぐらされた神経の配置，消化器のつながりや仕組みなど，1 つ 1 つを丁寧に観察し，生き物の共通性とその見事な構成を理解してほしい．

　近年の生物学では，技術的発展を背景に「分子レベル」での解析が重んじられる傾向があった．逆に言えば，その困難さも相まって「個体・集団レベル」の解析が疎かになっている傾向が見られなくもない．しかし，生物学の対象はあくまで「生物」であり，分子レベルの現象は，個体・集団レベルの生命現象に必ず帰結することを忘れてはならない．本編で行う動物の発生・解剖実習は，動物学を学ぶ上での最も基本的な学習の 1 つであり，教養として初期にきちんと身につけておくべきである．実験動物を大切に注意深く扱い，解剖を通していろいろな器官や組織を学ぶことによって，現代生物学の中での様々な課題，たとえばがんや筋ジストロフィーなどの疾患，神経や脳などのはたらきを解明する手がかりを得るための基礎を養うことができるだろう．繰り返すが，生物学の基本は生物そのものをよく観察することである．さらに，ただ「見る」だけにとどまるのではなく，「なぜ」そうなのか，「どのようにして」そうなのか，についてよく考察することが必要である．自分の手で，テキストと照らし合わせながら，実物をよく観て，考えながら解剖し，生き物のからだの構造と機能について学んでほしい．

［実験11］

動物の受精と初期発生（Ⅰ）——ウニ

1 目 的

　ウニの配偶子は容易に入手することができ，受精は体外で起こるため，人工受精を手軽に行うことができる．受精のタイミングがそろえられることに加えて，以後の分裂・発生の同調性（卵や細胞の分裂周期がそろうこと）がきわめてよいため，受精や細胞分裂，初期発生の研究に古くから用いられてきた．卵は等黄卵（卵黄が卵内に均等に分布する）で，第3卵割までは全等割を行う．種類によっては透明で，内部の観察にも有利である．また精子も鞭毛運動を研究する上でよい材料となっている．

　ここではウニの卵を用いて，受精，卵割，初期発生を観察する．

2 解 説

(1) 受精（図1）

　卵の細胞膜のすぐ外側にはタンパク質でできた卵膜（vitelline coat）があり，その外側に糖タンパク質でできたゼリー層がある．細胞膜の内側には直径1 μmほどの表層顆粒が細胞膜に接してびっしり敷き詰められている．

　精子がゼリー層に到達すると，先体反応と呼ばれる一連の過程が起こる．まず，精子先端の先体（acrosome）から加水分解酵素を放出し，ゼリー層の一部を分解するとともに，先体突起を伸長させてこれらの層をつき進む．次に，精子と卵の細胞膜同士が融合すると，卵細胞膜直下に存在する表層顆粒の膜が卵細胞膜と融合する．このとき，表層顆粒の内容物が外部に放出され，卵膜が卵から離れ，卵膜が硬くなった結果，受精膜となる（図3上段の図）．また表層顆粒中の物質によって透明層も形成される．この反応を表層反応と呼ぶ．この反応は1分以内に卵の全域におよび，受精膜が完成する．

　精子の進入した部位の卵表層では，アクチン繊維が重合して盛り上がる．これを受精丘と呼ぶ．次いでこの部分を起点としてアクチンの重合が表層に波のように起こり，1-2分のうちに

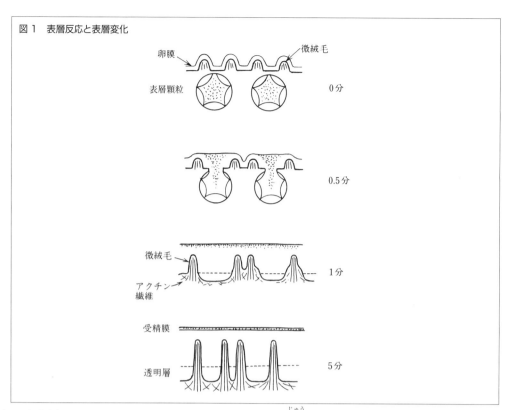

図1　表層反応と表層変化

卵膜　　微絨毛
表層顆粒　　0分
0.5分
微絨毛
アクチン繊維　　1分
受精膜
透明層　　5分

卵の全表層におよぶ．また数分のうちに表層全域で微 絨 毛の伸長が起こる．微絨毛の中には
アクチン繊維の束が見られる．

　進入した精子核のまわりには中心体（centrosome）を中心として微小管が重合し，星状体
（aster）が作られる．精子核と卵核は微小管のはたらきによって引き合い，受精後15分位で近
接し合体する（この時期を受精と呼ぶ場合もある）．

（2）細胞分裂（図2）

　細胞分裂は核分裂（染色分体の分離）と細胞質分裂の連続した2つの過程からなる．精子核
と卵核の融合の後にDNA合成が起こり，染色体数が倍加する．また，中心体の複製が起こっ
て，2つの中心体がそれぞれ星状体を形成し，核の両側へ移動して分裂の極となる．これが第
1分裂の前期（prophase）である．前中期（prometaphase）には核膜が崩壊し，星状体微小管が
染色体の動原体部位に結合する．次の中期（metaphase）には染色体が細胞赤道面[注1]に整列
する．この過程では，染色体を微小管に沿って動かすモータータンパク質がはたらいている．

　　　[注1] 細胞分裂においては2つの星状体の中心，すなわち2つの分裂極を結ぶ線の中央で直交する面を「赤道」
　　　　　　と呼ぶ．後述の割球における「赤道」とは異なるので注意する．

　後期（anaphase）にはすべての染色体が2つに離れ，両極へ移動する．移動した染色体は両
極に到着すると，それぞれが娘核を形成する．これが終期（telophase）である．
　またこの時期には，赤道面の卵表層にアクチン繊維が集積しはじめ，次第に細胞をとりまく

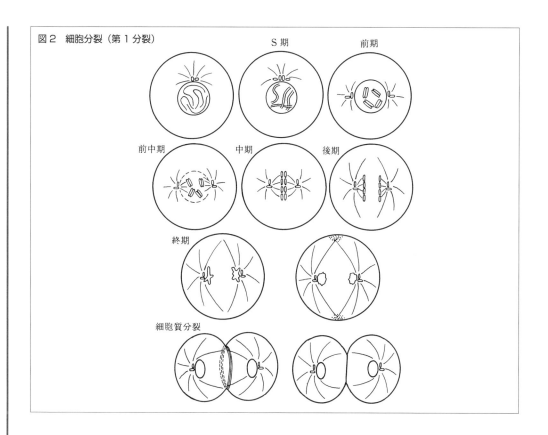

図2　細胞分裂（第1分裂）

S期　　　前期

前中期　　中期　　後期

終期

細胞質分裂

リングになっていく．このリングは「収縮環（contractile ring）」と呼ばれ，動物細胞の細胞質分裂の際に一般的に見られる構造である（第Ⅱ編の冒頭の挿入図を参照）．収縮環にはアクチン繊維とともにミオシンⅡも含まれ，これがATPを加水分解することによって放出されるエネルギーで収縮が起こる．これが細胞質分裂（卵の場合は卵割とも呼ぶ）である．収縮環は分裂後には消失する．

(3) 初期発生（図3）

　第1分裂は等しい大きさの2細胞に分かれる等割である．第2分裂もやはり等割で，第1分裂面に垂直な面で起こる．卵を地球にたとえたとき，第1，第2卵割の分裂面は北極と南極を結ぶ線と見なせるので経割と呼ばれる．この時期の細胞分裂のことを特に卵割と呼び，分裂の終わった細胞を割球と呼ぶ．第2分裂までの時間は，第1分裂までの時間に比べると短くなる．第3分裂はやはり等割であるが，前の2回の分裂に対して垂直な面で割れる．この分裂面は地球にたとえたときの緯線と見なせるので緯割と呼ばれる．このときくびれの入った面を初期胚の赤道面と呼ぶ．

　第4分裂は赤道面をはさんで，等割である経割と不等割である緯割に分かれる．等割の生じた側の極を動物極と呼び，生じた8個の細胞を中割球と呼ぶ．反対側の極を植物極と呼び，植物極半球の極付近の小さい4個の細胞を小割球，赤道側の4個の大きい細胞を大割球と呼ぶ．

　この時期以後では，分裂していく個々の細胞を追跡することは困難になる．この後数時間が

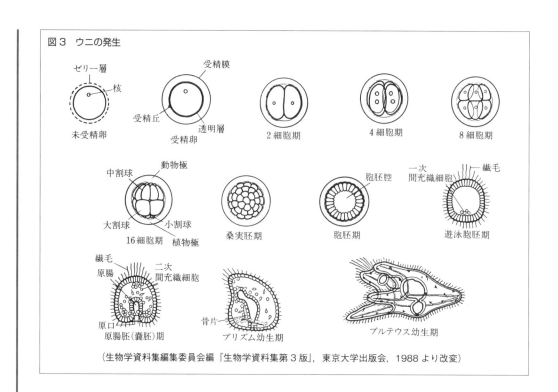

図3　ウニの発生

（生物学資料集編集委員会編『生物学資料集第3版』，東京大学出版会，1988より改変）

経過し，まだ表面の凹凸がわかる程度（いくらか不規則な割球の集合した状態）の胚を桑実胚と呼ぶ．

　桑実胚はさらに分裂を続け，表面が比較的滑らかに見える胚となるが，これを胞胚と呼ぶ．この時期，細胞は胚の表面に1層に配列し内部に割腔を生じている．やがて繊毛が生え，受精膜内で回転運動をする様子が見られるようになる．続いて孵化酵素が分泌され，受精膜が溶けて胚が泳ぎ出てくる．これを孵化と呼ぶ．出てきた胚は回転しながら活発に泳ぎまわるが，これを遊泳胞胚と呼ぶ．

　遊泳胞胚は少しずつ形をおむすび型に変える．この時期，進行方向先端部はやや尖っており，ここに生えている繊毛は長く，あまり運動しないので観察しやすい．この長い繊毛のある側が動物極である．一方，後部（植物極側）では注意深く観察すると，細胞が細長く，細胞の層が厚くなっており，さらに割腔内に入り込んでいる細胞があることがわかる．この腔内に落ち込んだ細胞群を，一次間充織細胞（あるいは単に一次間充織）と呼ぶ．この一次間充織細胞は16細胞期の小割球由来のものであり，後に骨片を形成する．やがて植物極側の表層の細胞はさらに割腔の中に陥入していく．このときできた管状のくぼみの開口部を原口と呼び，管の部分を原腸と呼ぶ．原腸は陥入を続け，やがて動物極側の天井に達する．そして原腸の先端部を構成している細胞の一部が，また腔内に落ち込む．これは二次間充織細胞と呼ばれ，後に中胚葉となる．なお原腸は内胚葉となる．原腸の陥入が起こっているこの時期の胚を原腸胚（嚢胚）と呼ぶ．

　やがて原腸胚はおむすび型から円錐型に変わり，原腸は少し曲がって側面に達しそこに新たに開口部を作る．さらに全体の形は四面体に変わっていく．この時期をプリズム幼生と呼ぶ．

ここで新たにできた開口部が口であり，原口は肛門となる．このように原口が肛門となる動物は，新口（後口）動物と呼ばれる．原腸はのちに食道，胃，腸へと分化する．

　一方，新たに作られた口を含む面の3つの頂点は，内側に骨片の形成を伴いつつ，さらに伸びて腕を形成する．こうしてプルテウス幼生が誕生する．プルテウス幼生になるまで，3-4日を要する．その後消化器側面にウニ原基が形成され，そこに形成される管足，棘がやがて体外に飛び出る変態が行われ，成体となる．

3　実験材料および試薬，器具

(1) 材料

バフンウニ（*Hemicentrotus pulcherrimus*）

　分類上は棘皮動物門（Echinodermata）ウニ綱（Echinoidea）ホンウニ目（Echinida）に属し，産卵期は1月から4月である．

参考1　　ほかのウニの産卵期（東京近辺）

ムラサキウニ（*Heliocidaris crassispina*）6-8月
アカウニ（*Pseudocentrotus depressus*）10-11月
スカシカシパン（*Astriclypeus manni*）6-8月
タコノマクラ（*Clypeaster japonicus*）6-8月

(2) 器具，試薬

①透過型光学顕微鏡

②フラットシャーレ

③スペーサー付スライドガラス（スライドガラスに幅2mm程度の帯状に切ったビニールテープをカバーガラスの幅に合わせて貼ったもの．図4参照）

④ピンセット

各テーブル（8名）に，以下のものを準備もしくは確認する．

⑤スライドガラス

⑥カバーガラス

⑦ピペット

⑧試験管（卵用には赤ラベル，精子用には黄ラベルというように色分けしておき，各1本用いる）

⑨海水（洗浄瓶入り）

⑩キムワイプ

⑪保冷剤

⑫濾紙

⑬アイスボックス

なお，教卓上には以下のものを準備しておき，必要に応じて用いる.

⑭純水

⑮ 10 mmol/L アセチルコリン / 海水溶液

⑯ 0.5 mol/L KCl 溶液

⑰ビニールテープ

⑱ラップ

⑲シリコンリング（顕微鏡対物レンズ保護用）

⑳注射器（1 mL）

㉑注射針（25 か 26 ゲージ）

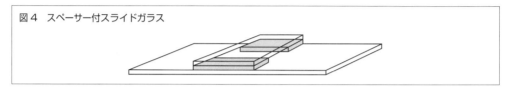

図4　スペーサー付スライドガラス

4　実験および観察の手順

（1）採卵と採精

バフンウニはある程度雌雄を見分けることができる. 雌は咀嚼器（アリストテレスの提灯，Aristotle's lantern ともいう）の周辺が黄色っぽく，雄は白っぽい.

　放卵および放精を引き起こさせるには様々な方法がある. ここではアセチルコリンの溶液を用いる. 咀嚼器の横の皮膚に注射針を 1-2 mm 差し込み，10 mmol/L アセチルコリン溶液を 0.05-0.1 mL 注入する. すると口の反対側にある 5 つの放卵口，もしくは放精口から，放卵もしくは放精がはじまる. この方法によりウニを生かしたまま採卵，採精できる.

　卵や精子の量が少なければ咀嚼器をピンセットもしくは解剖バサミで切り取って除去し，体腔液も除去したのち，体腔に 0.5 mol/L KCl 溶液をピペットで適量注ぎ込む. 雄は放精口を下にしてシャーレ上におく. しばらくして溜った精液の濃い部分をピペットで吸い取り，氷冷して保存する.

　雌は，海水を満たした小口のビーカーもしくは広口試験管の上に放卵口を下にして置き，放卵された卵が底にたまるのを待つ（図5）. 上澄みの海水を捨て，新たに海水を加える. 卵が沈んだら希釈して以下の実験に用いる. KCl で放卵させた場合は，卵の洗浄をもう 2 度繰り返す. このとき注意してみると，沈んだ卵の体積が洗浄後では増えていることに気づくであろう. これは卵を包んでいるゼリー層が膨潤するためである.

　卵および精子の準備は，ウニの数が少ないときは教員が教卓で行う. この場合，洗浄した卵，精液を海水で数百倍に希釈したものを教卓上に準備しておく. これらを，卵は 1 人あたり 2 mL 程度，精子は 1 人あたり 0.5 mL 程度，試験管に入れておのおののテーブルに持ち帰り，以後の観察を行う.

　未受精卵を含む海水はスペーサー付スライドガラスにとる. 精子のみの観察にはスペーサーを用いない方がよい. カバーガラスをかけた後，余分の海水を小さく切った濾紙で吸い取る. まず10 倍，続いて高倍率の対物レンズで観察する. このとき，実験 3「顕微鏡の操作と細胞の観察」

図5　放卵の様子

で学んだように，対物レンズをカバーガラス上1 mm程度まで下げ，その後ゆっくりと対物レンズを上げていくこと．なお，今後も高倍率で観察する場合には，直接シャーレからではなく，必ずスライドガラスを用いること．

> **注意▶** 精子には黄色，卵には赤色のビニールテープを貼ってあるピペットおよび試験管を区別して用いること．特に精子を扱ったピペットでは，けっして未受精卵を扱ってはならない．さもないと知らぬ間に受精が起こり，未受精卵のつもりで受精卵を観察してしまうことになる．

課　題　1

未受精卵と精子：未受精卵と精子を観察し，それらの大きさを測定せよ．

---

(2)　観察

①受精とそれに伴う変化

　　両端のあいたスペーサー付スライドガラス上に卵を含む海水を1滴とり，カバーガラスをのせる．対物レンズを10倍にして卵にピントを合わせる．卵の密度は，視野内に10個以上が見られるのが望ましい．次にカバーガラスの片端に精子を含んだ海水を少量加え，必要に応じて反対側から濾紙で海水を吸い取る．精子は泳いでやがて卵とぶつかり受精する．

課　題　2

受精：卵に精子が接近してくるのを確認したら，卵に起こる変化を注意深く観察する．次にフラットシャーレに深さが5 mm程に海水を入れ，卵を含む海水を数滴加える．これに希釈した精子液を1滴加えよく混ぜる．1–2分後に1滴をスライドガラス上にとり，受精膜の上がったもの上がらないものの数を数え（50以上）受精率を調べよ．

> **注意▶** 放精されたままの濃い状態の精子は，長時間保存できるが，いったん薄めるとせいぜい20分ほどしかもたない．したがって，受精にはなるべく直前に薄めた精子を用いること．

参考2

　1つの精子が卵表面に到達し，進入すると卵のその部分がふっくらと盛り上がる．これを受精丘という．精子の進入点がちょうど卵の真横だと，これを観察できる場合がある．この部分から透明な受精膜が膨らみはじめ，卵全体を包む．バフンウニの受精膜はよく膨らむので観察しやすい．

参考3

　このように人工的に精子を与えることを媒精という．媒精の最適濃度は卵近傍において1つの卵子あたり精子数匹である．卵あたりの精子の数が多すぎると多精（1つの卵に多数の精子が進入し多核となる）となり，発生が正常に進まないことがある．また逆に少なすぎると受精率が悪くなる．

②第1分裂まで

　　受精率が50%以上であったら培養を続ける．水温は15-20℃程度が最適である．気温が高いとき（20℃を越えるようなとき）は，フラットシャーレにふたをし，保冷剤を入れたアイスボックスの中に置くなどの工夫をするとよい（ただし水が混入しないように注意すること．また，顕微鏡にのせるときにはよく底を拭き，ステージを濡らさないこと）．

　　水温によるが，受精後1時間ぐらいで第1分裂がはじまる．細胞分裂は核膜の消失にはじまり，分裂装置の形成，染色体の分離，その移動，そして娘核の形成と進むが，これらの過程はバフンウニでは卵黄粒が多く細胞質が不透明であるため，この実習で使用する顕微鏡でははっきりとは見えない場合が多い．ただ細胞質中の変化が細胞質中の顆粒の分布の変化としてぼんやりとではあるがとらえられるであろう．この細胞質内の変化は，顕微鏡の絞りを絞り込むことで多少は観察しやすくなるので試みてみるとよい．特に後期の分裂装置は顆粒がぬけた眼鏡状の形状として観察される．また前期の核膜の消失は，スペーサーを用いないスライドガラス上で海水を濾紙で吸い取ることによって減らし，卵をカバーガラスで若干押しつぶしてやると観察可能である．

　　受精後70-80分位で分裂溝が形成され2つにくびれていく．

課　題　3

　第1分裂：細胞分裂の起こる前後の細胞の様子を注意深く観察する．また，細胞質分裂においてくびれの形成の様子を観察するとともに，くびれきるまでにかかった時間も測定する．

　分裂周期：第1分裂までの時間はどのくらいであったか．また第2，第3，第4分裂までにかかる時間も調べ比較せよ．

③初期卵割

　　第 2 分裂，第 3 分裂は等割であるが，それらの分裂面は第 1 分裂面によって決まってしまう．第 4 分裂により 16 細胞が生じるが，このうち 8 細胞を生じる分裂は不等割である．この結果，解説で述べたように 3 種の大きさの割球を生じ，また胚の動物極，植物極がはじめて明瞭になる．これらの割球は，それぞれ異なる分化をしていくことがわかっている．

課 題 4

桑実胚期まで：桑実胚期までの初期卵割の様子を観察せよ．

注意▶ フラットシャーレのまま観察するときには，対物レンズを海水につけないように注意すること．もし誤ってつけてしまったら，海水の付着したレンズまわりを蒸留水で洗い，キムワイプで軽く水分を拭った後，レンズをレンズクリーニングペーパーでよく拭くこと．蒸留水，レンズクリーニングペーパーは教卓に備えてある．もしレンズの洗浄に自信がなかったら担当教員に申し出ること．

④胞胚期以後の発生

　　胞胚期以後の発生を観察するには，時間的に無理がある．そこで，教員がいくつかの発生段階にある胚をあらかじめ用意しておく．

課 題 5

胞胚—プルテウス胚：それぞれの発生段階にある胚を観察し，時間経過に伴う発生を確認せよ．

課 題 6

　洗剤の影響：初期発生において生物は外部環境の影響を受けやすい．ここでは，合成洗剤の成分として一般的なラウリルベンゼンスルホン酸ナトリウムが，発生にどのような影響を与えるかも観察する．この洗剤（数 ppm）中で飼育した胚は骨片形成ができないことが知られている．同時に受精させた正常の胚と比較して，環境汚染の重大さを認識してもらいたい．

［実験12］

動物の受精と初期発生（Ⅱ）——アフリカツメガエル

1 目 的

　ヒトを含む多くの脊椎動物は，たった1個の細胞である受精卵から分裂を繰り返し，細胞同士で互いに相互作用しながら，様々な組織や器官を形成する.

　本実験で扱う両生類のアフリカツメガエルは，ヒトと同じ脊椎動物に属する. そのため，発生様式はヒトと共通する部分が多いが，ヒトとは異なり受精とその後の形態形成が体外で行われるため，受精から初期発生までの各過程を容易に観察できる. そのことから，アフリカツメガエルはモデル生物の一種として，生物学研究分野で広く用いられている. そこで実験12では，アフリカツメガエル胚を題材とし，受精卵から個体に至るまでの発生過程を観察することと，その過程で起こる細胞間のコミュニケーションについて考察することを目的とする.

2 解 説

アフリカツメガエルの初期発生

　アフリカツメガエルの卵は受精前から卵黄密度に偏りがあり，密度の高い方を**植物極**（vegetal pole），密度の低い方を**動物極**（animal pole）と呼ぶ. 受精すると動物極が上を向くようになる. 動物極側は色素に富んでおり，反対に植物極は色素が少ない. 色素自体はその後の胚発生に影響を及ぼすわけではないが，動物 – 植物半球を見極める有用なマーカーとなる.

・背腹軸の形成

　未受精卵の時点では，動物 – 植物極以外の極性は無く，相称（放射型）であるが，受精をきっかけとして背腹軸が形成されはじめる.

　受精は，両生類卵の場合，動物半球のどこででも起こる. 受精により，表層の細胞質と内側の高密度の細胞質との結びつきが弱まり，それぞれが独立して動くことが可能になる. 1細胞期の間に表層の細胞質は内側の細胞質に対して約30°回転する（図1）. これを**表層回転**（cortical rotation）と呼ぶ．ある種の卵では，この回転により灰色の内側の細胞質が精子陥入点の反対側に露出する（図 1）．この領域を一般に**灰色三日月環**と呼ぶが，ツメガエル卵ではこの色を観察することはできない．この過程で背側決定因子が精子陥入点の 180°反対側に移動することで，**背腹の運命**が決定する．

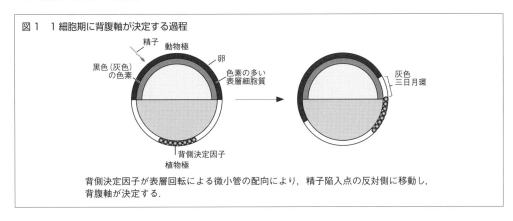

図1　1細胞期に背腹軸が決定する過程

背側決定因子が表層回転による微小管の配向により，精子陥入点の反対側に移動し，背腹軸が決定する．

実験12

動物の受精と初期発生（II）

背側の形成過程で特に重要なのは，Wnt（ウィント）経路の転写活性化因子である「β カテニン（β-catenin）」タンパク質の分解制御である．この過程の概要を，図 2 に示した．

図2　背側決定の分子機構

四角で囲まれているものはいずれもタンパク質を示す．

β カテニンは，胚の全体に広がっている卵由来（母由来）の mRNA から翻訳されるため，はじめは胚全体に存在する．β カテニンはグリコーゲン合成酵素キナーゼ 3（glycogen synthase kinase 3; GSK3）を介したタンパク質分解の標的になる．GSK3 は胚に広く分布するが，この GSK3 を阻害する因子（背側決定因子）が前述の表層回転による微小管の配向によって精子陥入点の反対側で集積するため，この場所で特異的に β カテニンが蓄積する．その結果，この部分での遺伝子発現が変化し，将来「背」となる．このときに微小管の重合を阻害すると，（後述する）オーガナイザーが形成されない．

この過程における微小管の役割を確かめるには，たとえば受精直後の卵に微小管の重合を阻害する目的で紫外線照射を行えばよい．また GSK3 の役割を確認するためには，GSK3 の阻害剤である塩化リチウム（LiCl）で処理すればよい．

このようにして β カテニンが精子陥入点の逆の領域に局所的に蓄積することで，その転写制御因子としての働きにより，領域特異的な遺伝子発現が誘導され，その領域の一部が**オーガナイザー**（原口背唇部）に分化する．

・誘導—オーガナイザーによる神経管誘導と眼胞による水晶体の誘導

その後卵割期を終了し，原腸胚期に至ると，植物極側から細胞層の一部が陥入する．この最

初の陥入点（原口）の動物極側の一帯を**原口背唇部**と呼ぶ（図3）．この組織を他の原腸胚に移植すると，この組織は原口背唇部（将来脊索になる）であり続けるだけでなく，周囲の組織の運命を変え，神経管と背側中胚葉（たとえば体節など）の形成を誘導し，もう1つ別の胚（二次胚）を作る（図3）．シュペーマンとマンゴールドは，原口背唇部がこのように組織を"オーガナイズ"することを発見し，この領域を**オーガナイザー**と呼んだ．

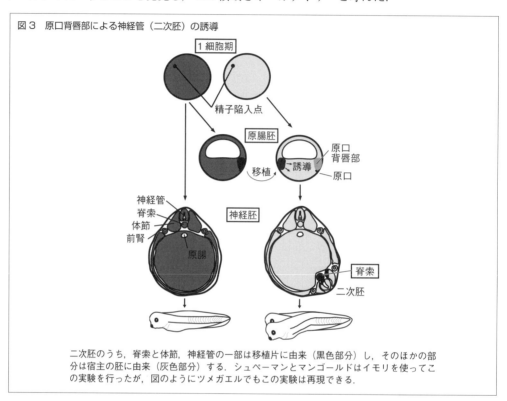

図3　原口背唇部による神経管（二次胚）の誘導

二次胚のうち，脊索と体節，神経管の一部は移植片に由来（黒色部分）し，そのほかの部分は宿主の胚に由来（灰色部分）する．シュペーマンとマンゴールドはイモリを使ってこの実験を行ったが，図のようにツメガエルでもこの実験は再現できる．

この他にも，種々の組織が引き起こす誘導現象が発見されている．たとえば眼胞は表皮からレンズ（水晶体）を誘導する．さらにその水晶体は表皮から角膜を誘導することが知られている（図4）．

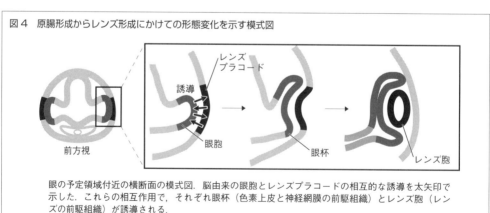

図4　原腸形成からレンズ形成にかけての形態変化を示す模式図

眼の予定領域付近の横断面の模式図．脳由来の眼胞とレンズプラコードの相互的な誘導を太矢印で示した．これらの相互作用で，それぞれ眼杯（色素上皮と神経網膜の前駆組織）とレンズ胞（レンズの前駆組織）が誘導される．

その後の研究から，これらの現象の分子基盤として，**細胞外を拡散する分泌性因子（モルフォゲンなど）の濃度勾配形成**が重要であることがわかってきた．細胞はこれら分泌性因子の濃度に応じて分化する．

　たとえばオーガナイザー領域周辺部からは Chordin（コーディン）などの分泌性因子が分泌され，外胚葉から神経管を分化させる．その後，オーガナイザー領域は脊索となる．その脊索からは，Sonic hedgehog（ソニックヘッジホッグ）が分泌され，その濃度に応じて神経管の細胞は感覚神経や運動神経など種々の神経に分化していく．

・前後軸の形成

　原腸形成の後には，後方から前方への Wnt（ウィント），FGF（Fibroblast growth factor），**レチノイン酸**（Retinoic acid; RA）**の濃度勾配**に従って，**前後軸に沿った細胞の運命決定**がなされる（図5）．

図5　神経胚における種々の分泌性因子の濃度勾配

頭側

尾側

Wnt
FGF
RA

胚の後方から Wnt, FGF, RA が分泌され，濃度勾配を形成する．
（Nieuwkoop and Faber, 1994 を改変）

　Wnt と FGF はタンパク質であるのに対し，レチノイン酸はビタミン A の代謝物質であり，比較的小さな分子であるため，胚内に浸透しやすく，実験操作が容易である．

3　実験材料および試薬，器具

(1) 材料

　アフリカツメガエル（*Xenopus laevis*）

　分類上は脊索動物門（Chordata）脊椎動物亜門（Vertebrata）四肢動物上綱（Tetrapoda）両生綱（Amphibia）跳躍亜綱（Salientia）無尾目（Anura）無舌亜目（Aglossa）に属する．

　アフリカツメガエルは（名前の通り）アフリカ原産で，後肢の3本の指に爪があり，ペットショップなどで幼生を見かけることもある．体は扁平で，舌を持たず，耳の鼓膜は明らかではない．アフリカツメガエルは一生を水中で過ごすため，飼育も比較的容易であり，幼生は皮膚が透明で体内の様子を観察できるなどの利点があり，初期発生研究などの分野のモデル生物としてよく利用されている．

　図6の右が雄，左が雌である．雄は雌に比べ小型で，前足の内側にたこがある．これは雌に抱接する際に滑り止めとして使用される．また，雌では総排泄腔の背側に赤い突起（矢尻）が存在するので，容易に見分けることができる．

図6　アフリカツメガエルの雌雄

(2) 器具，試薬

①観察器具：実体顕微鏡（図8を参照），フラットシャーレ

②胚操作器具：スポイト，ピンセット，カミソリ（フェザー FA-10）

③汲み置き水

④キムワイプ

⑤1× スタインバーグ氏液（初期胚の培養に用いる）

⑥デボア液

⑦先をあぶって塞いだパスツールピペット

⑧L- システイン酸塩酸塩

⑨ MEM 液

⑩ DAPI 染色液

⑪生殖腺刺激ホルモン（ゴナドトロピン）

4　実験および観察の手順

（1）採卵方法

1）自然採卵の場合

①ホルモン注射

　　生殖腺刺激ホルモン（ゴナドトロピン）を 3000 ユニット（U）/mL の濃度になるよう，生理食塩水で溶かす．これを 0.1 mL（300 ユニット）雌雄双方に注射する．

　　注射は腹部皮下または大腿部の筋肉に行い，内臓を針で傷つけないように注意する．アフリカツメガエルは皮膚が粘膜質で覆われていて滑るため，エンボス加工のあるビニール手袋や軍手などを使用するとよい．

②雄と雌を産卵用の水槽に一緒に入れる

　　注射後のカエルを，産卵用の水槽に一緒に入れる（雌雄 1 匹ずつのペア）．しばらくすると雄は雌の後背部に前足で抱接する（図7（a））．

図7　アフリカツメガエルの受精卵を得る方法

（b）人工授精のための採卵

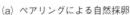

（a）ペアリングによる自然採卵

③受精卵が得られるのは10時間後

　　約10時間後に雌のツメガエルは排卵を開始する．このとき，抱接している雄は排卵された未受精卵に精子をかけ，受精が行われる．アフリカツメガエルはこの状態で数時間にわたって産卵を続けるので，**いろいろな発生段階の胚**を得ることができる．

2）人工授精の場合

①ホルモン注射

　　ここでは雌のみ，1）の①と同様に注射する．

②精巣の摘出

　　成熟した雄を麻酔し，開腹して精巣を取り出す（※精巣は乳白色をしており，大きさは幅0.5 cm，長さ1 cmほどで左右一対，脂肪体の付け根のあたりに存在する）．取り出した精巣は，デボア液に浸し，血液や脂肪体などを取り除き（ピンセットやハサミを使う他，キムワイプなどの上で転がすとよく取り除ける），新しいデボア液に移して，4℃で保存する（この状態で少なくとも1週間程度は受精能が保持される）．

③精子懸濁液の作成

　　精巣を約1/4の大きさに切った一片をシャーレに移して，眼科ばさみでよく細切し，これを約5 mLのデボア液で懸濁する．

④採卵

　　手袋をし，（ホルモン処理後約10時間経過した）雌の腹部を上から下にやさしくしごいて排卵させる（図7（b））．このとき，カエルの眼を覆うと落ち着くことが多い．

⑤媒精

　採卵したシャーレに③で作成した精子懸濁液を数滴加え，先を丸めたガラス棒でシャーレの底にほぼ一層になるように広げる．およそ3分後に汲み置き水を加える．このときに卵は受精する．

　このように受精のタイミングがそろうため，人工授精は発生時期のそろった胚を得たい場合や非常に初期の卵割を観察する際に利用される．

> **注目▶** 受精後には受精膜の上昇や精子陥入点が黒い斑として観察できる．また受精膜の上昇に伴い，受精約15分後には，採卵時にはバラバラな方向を向いていた卵が，上から見るとすべて黒い動物半球が見えるようになる．これを定位運動と呼ぶ．これは起き上がりこぼしと同様の原理で，植物極側で卵黄顆粒の密度が高いことによる．

⑥脱ゼリー

　定位運動を確認した後，4.6% L-システイン酸塩酸塩を含む1×スタインバーグ氏液（pH 7.8）でゼリー層を溶かし，1×スタインバーグ氏液で3回程度洗浄する．

コラム　ゼリー層の役割

　アフリカツメガエルを含む両生類の卵は一般に寒天様のゼリー層に包まれて排卵される．このゼリー層は排卵時に輸卵管から分泌されたものであり，卵を保護するためにはたらく．ゼリー層を除去した未受精卵は受精能を失うことから，ゼリー層は受精にも重要な役割を持つことがわかっている．

（2）実体顕微鏡の使い方

　実体顕微鏡（図8）の特徴は3つある．第1は，落射照明を用いることにより透けていない対象物の観察ができる点である．透過照明ユニットを使用すれば透過光による観察も可能である．第2は，左右で独立に光路を持っているため，対象物が立体的に見える点である．第3は，光学顕微鏡と違い観察像が左右逆転しない点である．以上の理由から，顕微鏡下で解剖などの作業をする場合，実体顕微鏡を用いると都合がよい．

①両方の接眼レンズを持ち，左右に動かして目の幅を合わせる．

②次に，左右の接眼レンズのピントを合わせる（視度調整）．字の書かれた紙などピントを合わせやすい対象物をステージに置き，まず右目だけで対象物を見て焦準ハンドルでピントを合わせる．続いて左目のみで対象物を見る．ピントがずれている場合は視度調整環を回し，ピントを合わせる．最後に両眼で対象をのぞき，ピントが両眼とも合っていることを確認する．視度調整環が両接眼レンズに装備されている場合は，両方の視度調整環を0の位置に合わせ，どちらかを基準にして同様の視度調整を行う．

図8　実体顕微鏡

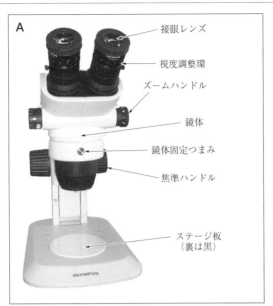

接眼レンズ

視度調整環

ズームハンドル

鏡体

鏡体固定つまみ

焦準ハンドル

ステージ板
（裏は黒）

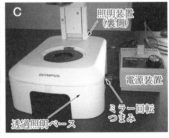

照明装置
（裏側）

電源装置

ミラー回転
つまみ

透過照明ベース

（A）　各部位の名称.
（B）　落射照明の例. 簡易光源
　　　（白色光ライトなど）を利用
　　　するとよい.
（C）　透過照明ユニット. 実体
　　　顕微鏡の下に取り付ける.

③実体顕微鏡には，対物レンズの代わりに倍率を変える装置としてズームが装備されている.
対象物の大きさに応じて適宜ズームハンドルを回し，観察しやすい倍率に調節する.

〈落射照明を用いて観察を行う場合〉

④ステージ板は取り外しが可能である. 色は裏表で異なっている（黒と白など）. サンプルに
応じて観察しやすい色を選択する.

⑤光量が足りない場合は，落射照明（白色光ライトなど. 図8（B））を実体顕微鏡の横に置き，
対象物を照らして観察する. ただし，連続して点灯しているとステージ上の温度が上昇しサ
ンプルに影響を与えるので注意する.

〈透過照明を用いて観察を行う場合（実験8で使用）〉

⑥透過光ユニット（図8（C））が取り付けられた実体顕微鏡を用意する. まず，透過照明ベー
スを実体顕微鏡の下にセットし，次に照明装置をベースの後に取り付け，電源装置にコード
をつなぐ.

⑦実体顕微鏡のステージ板を外し，ガラス製ステージをセットする．

⑧電源をオンにし，ミラー回転つまみで光量を調節し，観察を行う．

(3) 観察の準備

①シャーレに汲み置き水をいれる．

②胚をスポイトでシャーレに移す．

③実体顕微鏡で観察する．

　実際のアフリカツメガエルの発生は数日にわたり進行するため，原腸胚期以降の観察は，固定標本を用いる場合がある．内部を観察するときは，胚をカミソリやメスで切断する．以下に観察の要点をあげるので，これらに注意しながらスケッチを行うこと．

> **注意▶**白濁している卵は死んでいるので，なるべくきれいなものを観察する．胚は非常にもろいのでピンセットで押しつぶしたりしないよう，取り扱いに注意する．

(4) 観察

①受精卵（fertilized egg）から胞胚期（blastula）（図9（a）～（f））

　受精の約90分後に，卵の動物極，植物極，精子陥入点を結ぶ線を卵割面として最初の細胞分裂，第1卵割が起きる（2細胞期）．第1卵割は経割である．第2卵割は第1卵割と両極で直交して起きる経割である（4細胞期）．第3卵割は緯割であり，卵の赤道よりやや動物極側にかたよって起こる（8細胞期）．このため，一般に両生類の卵は不等割卵と呼ばれる．このとき，動物極側から卵を見ると色素の薄い割球と濃い割球があることがわかる（4細胞期がわかりやすい）．薄い方が背側で，将来こちら側から原腸陥入が起きる．

　16細胞期から64細胞期を桑実胚，それ以降，原口形成直前までを胞胚と呼ぶ．胞胚は内部に胞胚腔と呼ばれる空所をつくる（図10（a））．胚は胞胚腔により，植物極細胞と動物極細胞が分離されるが，これは，後の胚葉形成のための重要なステップとなる．また，胞胚期の胚は局所生体染色法により，胚のどの領域が将来どういった組織になるかが調べられている（原基分布図）．

②原腸胚期（gastrula）（図9（g）～（i））

　その後，精子陥入点のほぼ反対側の背側植物極に色素の沈着が見られ，ここが原口となる（図10（b））．この時期より胚は原腸胚（囊胚）と呼ばれる．原口より，植物極側の細胞の巻き込みが起こり，原腸陥入がはじまる．原口はまず三日月型のくぼみとしてはじまり，左右に伸びて馬蹄型となり，さらに伸びて両端が腹面で接して卵黄栓（yolk plug）を形成する．卵黄栓の直径は最初胚の1/3程度であるが，原腸陥入が進むにつれ小さくなる．胚内部にで

図9　アフリカツメガエルの初期発生

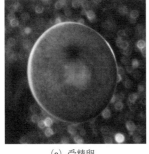

(a) 受精卵

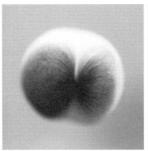

(b) 2細胞期

(c) 4細胞期

(d) 8細胞期

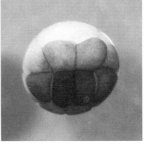

(e) 16細胞期

(f) 胞胚期

(g) 初期原腸胚を
植物極側から見た図

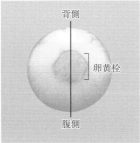

(h) 陥入中の原腸胚を
卵黄栓側から見た図

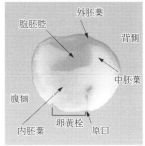

(i) 図hの線に沿って
メスで切断したもの

(j) 初期神経胚を背側から
見た図

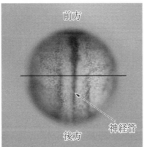

(k) 後期神経胚を背側から
見た図

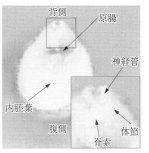

(l) 図kの線に沿って
メスで切断したもの

図9（続き）

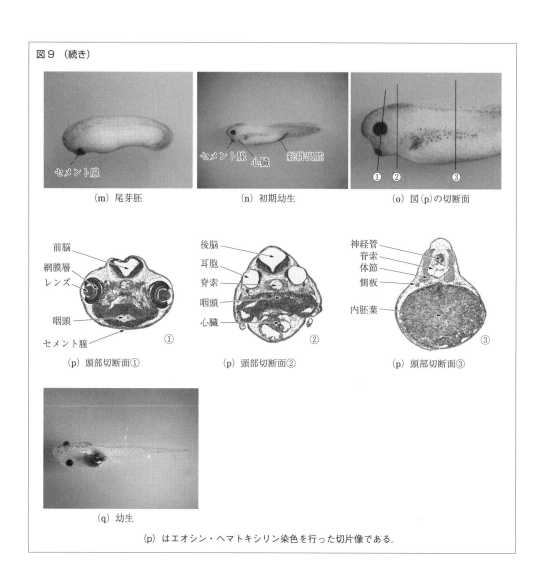

（m）尾芽胚　　　セメント腺

（n）初期幼生　　　セメント腺　心臓　総排出腔

（o）図（p）の切断面　　①　②　③

（p）頭部切断面①
前脳
網膜層
レンズ
咽頭
セメント腺

（p）頭部切断面②
後脳
耳胞
脊索
咽頭
心臓

（p）頭部切断面③
神経管
脊索
体節
側板
内胚葉

（q）幼生

（p）はエオシン・ヘマトキシリン染色を行った切片像である．

きた原腸は胞胚腔を押し込みながら背面内部に広がり，背面内部を覆う．この運動により，それまで胚の表面にあった予定中胚葉，予定内胚葉細胞が原口より胚の中へと巻き込まれ，将来神経や筋肉，内臓など特定の器官へと分化する位置へ移動する（図10（c）〜（f））．その結果として胚は前後（頭尾），背腹，左右の3つの軸が決定され，動物の体制を確立する．

3つの胚葉はおおまかには，内胚葉は消化器官へ，中胚葉は体を動かすための器官へ，外胚葉は体を覆う表皮や神経系へと分化していく．

また，固定標本を用い，卵黄栓を横切って背腹方向に切断し，原口周辺，原腸，外胚葉，中胚葉，内胚葉の位置を観察すること．

③神経胚期（neurula）（図9（j）〜（l））

神経胚前期では背側にテニスラケットのようなかたちをした神経板（neural plate），その中央に神経溝（neural groove），神経板の周囲に少し盛り上がってみえる神経褶（しゅう）（neural fold）

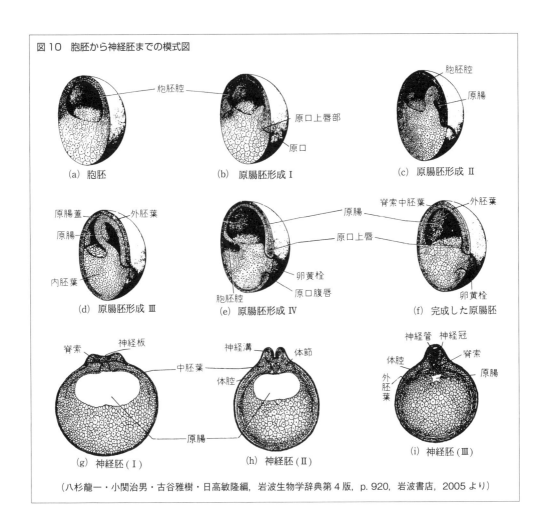

図10　胞胚から神経胚までの模式図

(a) 胞胚
胞胚腔

(b) 原腸胚形成Ⅰ
原口上唇部
原口

(c) 原腸胚形成Ⅱ
胞胚腔
原腸

(d) 原腸胚形成Ⅲ
原腸蓋
外胚葉
原腸
内胚葉

(e) 原腸胚形成Ⅳ
原腸
原口上唇
卵黄栓
原口腹唇
胞胚腔

(f) 完成した原腸胚
脊索中胚葉
外胚葉
卵黄栓

(g) 神経胚（Ⅰ）
脊索
神経板
中胚葉
原腸

(h) 神経胚（Ⅱ）
神経溝
体節
体腔
原腸

(i) 神経胚（Ⅲ）
神経管　神経冠
脊索
体腔
外胚葉
原腸

（八杉龍一・小関治男・古谷雅樹・日高敏隆編，岩波生物学辞典第4版，p. 920，岩波書店，2005 より）

が観察される．卵黄栓は閉じるか，きわめて小さくなる．胚の内部では背側中胚葉より脊索
が分離し，胚全体を覆う外胚葉，卵黄を多く含み胚体の中央に位置する内胚葉，外胚葉と内
胚葉の間に層状に存在する中胚葉の区別が明らかとなる．さらに発生が進むと，セメント腺
原基が黒い色素の集合として頭部腹側に識別できるようになる．やがて後端からはじまった
神経褶の融合が前方の頭部まで進み，ほぼ完全に閉じて神経管（neural tube）を形成する．

④尾芽胚（tailbud stage）（図9（m））

　　胚の最後部より尾芽が発達してくる時期を尾芽胚期と呼ぶ．名称の通り，尾芽が伸長をは
じめ，頭部のセメント腺は黒くなる．その後，頭部には眼胞（optic vesicle）や鰓域が出現
する．やがて心臓が拍動をはじめ，眼胞や鰓域が顕著に隆起する．この時期に卵膜を破り，
孵化する．左右の背側側方に節化した体節が見られる．体内では器官形成がはじまっている．

⑤初期幼生から幼生（larva）（図9（n）〜（q））

　　外観的には頭部にレンズを持つ眼，前端にある嗅覚器，口部のセメント腺，腸管の腹側前

方にある心臓，総排出腔（p.155［注2］参照）が観察できる（図9（n））．胚内部では，すでに中枢神経の分化がはじまっており，耳胞，甲状腺原基，心臓，前腎が形成されている．この時期の胚を眼の部分（図9（p）-①）で切断すると，全体が表皮で覆われており，前脳，網膜層やレンズからなる眼，咽頭，セメント腺などが観察できる．そのすぐ後ろ（図9（p）-②）で切断すると，後脳とその背側に大きな空所として将来の脳室が観察される．そのすぐ腹側に脊索，脊索の左右に耳胞，脊索の腹側に咽頭が観察され，最も腹側には心臓がある．さらに2 mmほど後方，総排出腔より前側を切断（図9（p）-③）すると，背側より腹側に向かって，神経管，脊索，内胚葉が並び，神経管および脊索の左右に体節があることが観察できる．さらに発生が進むと，腸などの消化器官の分化が進み，胚体の透明度が上昇してくる（図9（q））．

コラム　卵割と体細胞分裂の速さの違い

　受精卵の初期の分裂では，分裂ごとに細胞が小さくなる．この時期の分裂を卵割と呼ぶ．卵割期の細胞分裂は，S期（DNA合成期）とM期（有糸分裂期）からなる．G_1期とG_2期は基本的にスキップされ，新しいタンパク質合成はほとんど起こらない．アフリカツメガエル胚の場合には第12卵割後にG_1期とG_2期が出現するため，新しいタンパク質合成が盛んになり，1回の細胞分裂にかかる時間も長くなる．

（5）固定胚の半切片の作成法

①カミソリを割る：大きいままだと操作性が低いため，袋に包んだまま，適当な大きさに割って使う（このとき手指等を切らないように注意すること）

②固定胚の輪切り

1　固定胚をシャーレに移す

2　キムワイプでこよりを作り，水分を取る

3　実体顕微鏡下に置き，①で作ったカミソリで切る

③DAPI染色

1　細胞の核を染める蛍光色素 DAPI（4′,6-diamidino-2-phenylindole）を 1×MEM 液で希釈する

2　②-3で輪切りにした胚を入れ，30分程度染色する

④観察

1　胚を 0.1×スタインバーグ氏液で希釈した 2%メチルセルロースに移す

2　蛍光実体顕微鏡で観察

（※バックグラウンドの蛍光（核以外の部分の蛍光）が強い場合には，③-2の後に 0.1×スタインバーグ氏液で数回洗浄する）

参　考　アフリカツメガエル胚の切片像は，Xenbase のサイトで確認することができる（http://www. xenbase.org/entry/doNewsRead.do?id=613）.

［後片付け］
　　胚はシンクには流さず，所定の入れ物に回収すること．シャーレなどは水洗いし，キムワイプなどでよく拭いて，所定の位置に返却すること.

参考文献

Barresi, G. *Developmental biology, Eleventh edition*, Sinauer Associates（2016）

武田洋幸・田村宏治監訳『ウォルパート発生生物学 第 4 版』，メディカルサイエンスインターナショナル（2012）

Hausen, P. and Riebsell, M. *The Early Development of Xenopus laevis: An Atlas of the Histology*, Verlag der Zeitschrift für Naturforschung（1991）（なお，この本の内容は Xenbase のサイトで参照可能である；http:// www.xenbase.org/entry/doNewsRead.do?id=613）

動物の諸器官の構造と機能（I）——フサカ幼虫の観察

1 目　的

　昆虫は約 100 万種 [注1] の多数の種を含む生物群である．昆虫の発生過程を見ると，卵の原口（原腸陥入点）が将来，口になることから，旧口（前口）動物と呼ばれる動物群に属する．対して，原口が将来肛門になる動物群は，新口（後口）動物と呼ばれ，ここには私たちヒトを含む哺乳類が含まれる．

> [注1] これは現在までに分類学的に記載された種数である．これだけでも全生物の種数の半分を超えることになるが，未記載種はおそらくこの 10 倍はいるであろうと見積もられており，種数の上では昆虫は圧倒的多数を誇る．

　昆虫は一般に，頭部，胸部，腹部の 3 つの部分から成り立つ．また，各部分が体節と呼ばれる構造を持っており，各体節に，固有の構造（たとえば脚，翅など）と共通の構造が存在する．ここでは，フサカの幼虫を材料として昆虫の体制を理解してほしい．フサカの幼虫は全体が透明であるため，解剖を行わなくても内部の構造が観察できる利点を持つ．フサカの幼虫の構造を観察し，カエルの解剖で得た結果と比較してみよう．

本実験の目的は以下の通りである．

> ① フサカの幼虫の全体像を把握する．
> ② 各器官を観察し，その構造を理解する．
> ③ 昆虫の持つ特徴的な開放血管系を観察し，その構造を理解する．
> ④ 昆虫の神経系を観察し，その構造を理解する．

2 解　説

昆虫類の循環器系と呼吸器系

　昆虫類を特徴付けている大きな内部要因は循環器系と呼吸器系である．これらの器官は解剖学的には互いに独立に存在しているが，生体機能の維持には協調して寄与しており，動物の活発な運動を支えている．

a）循環器系

　循環器系の役割は，栄養物，老廃物，ホルモン，ガス等の物質の運搬と，生体防御である．脊椎動物哺乳網の循環器系は血管系とリンパ系に区別される．このように循環器系が脊椎動物で明瞭に2つに区別されるのは，血管系において，その末端が毛細血管となってつながり，閉じた系を構成しているからである．これを閉鎖血管系という．一方，リンパ系は組織液，リンパ液やリンパ球を含んだ系であり，静脈で血管系とつながっている．リンパ系の末端は体腔に開いており，弁を持ったリンパ管によって逆流することなく体を循環している．これに対して，フサカやザリガニの循環器系は，開放血管系と呼ばれ，毛細血管同士の連絡が無く，血管が体腔に開放されている．いわば，血管系とリンパ系が混ざり合った状態である．フサカ（節足動物昆虫網）の背部をじっくりと観察することでその様子がよくわかる．

b）呼吸器系

　昆虫の呼吸器系は気管系と呼ばれる．気管は，読んで字のごとくガスを通すための管であり，脊椎動物哺乳網の口から肺に至る管と同義である．気管の入り口は気門と呼ばれ，各体節の側面に開口している．気管は体の隅々まで細い管となって入り込んでおり，末端でのガス交換は脊椎動物と同様，組織を満たしている液体の循環によっている．フサカの幼虫の場合は，ほかの蚊の仲間と違ってこのような気管系が観察できないが，体の前後に存在する浮嚢とそれをつなぐ細い管が観察される．この浮嚢は気管系の一部が肥大したもので，その中の気体量を調節することで，餌のプランクトンや魚類などが活動する時間に応じて，水中で鉛直方向に移動し，捕食や被食回避を行うと考えられる．ほかの蚊の仲間の幼虫（ボウフラ）は，気管系を用いてガス交換するため，尻尾を水面に向けている様子がよく観察できる．

3　実験材料および試薬，器具

（1）材料

　フサカ（*Chaoborus crystallinus*）の幼虫

　フサカは節足動物門（Arthropoda）昆虫綱（Insecta）双翅目（Dipterra）フサカ科（Chaoboridae）に属し，幼虫（図1）は湖沼，池などの止水に棲息する．水中では水平に位置しており，いわば潜水艦のような格好をしている点で，ほかの蚊の仲間の幼虫（いわゆるボウフラ）とは異なる．昼間は水底に下降し，夜間，上層に浮かんでくるといわれている．ただし，いままで捕獲してきた経験では太陽光の届くところ，日当たりのよいところに比較的多くいるように思われる．ボウ

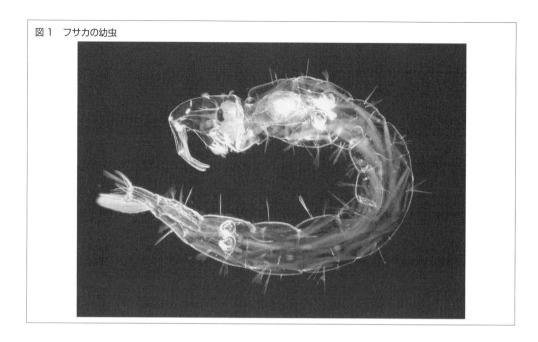

図1　フサカの幼虫

フラとは異なり，体表で皮膚呼吸しているため，酸素を取り込みに水面に浮いてくることはない．その種小名（*crystallinus*）が示すように体全体が透明であり，ただ眼と前後2対の浮嚢のみが黒色を示す．

　成虫はほかの蚊とは異なり，口器が蝶のようにゼンマイ型をしている．動物の血を吸うことはできず，草の露などを吸っている．

　実験にあたっては教卓の上にバットを置いておき，その中にフサカを入れておく．

(2) 器具

①スライドガラス，カバーガラス

②透過型光学顕微鏡

③ピペット

　先の口径の大きなピペットが教卓の上に置いてあるので，それを用いてフサカを吸いとり，スライドガラスの上にのせてプレパラートを作製すること．

④ガラスコップ

　フサカの幼虫が観察中に乾いて死んでしまわないように，適宜水を補給するのに用いる．使用する水は水道水でかまわない．

4　実験および観察の手順

　フサカの幼虫をスライドガラスの上にのせ，ピペットで水を数滴落としてそのままカバーガラスをかけて観察する．フサカの幼虫の全長は顕微鏡の視野内には収まりきらない．そのため，昆虫の体制の全体像を理解するためには，視野をずらしながら，各体節が全体の中でどのような位

置にあるのかを観察しなければならない．各部分を単独に抜き出して観察するのではなく，全体像をしっかり把握して欲しい．

　下記の各器官に特に注目して観察する．

①口器：成虫とは異なり，がっしりとした口を持っている．ミジンコなどのプランクトンを捕食している．

②眼：よく観察すると大きな複眼以外にも小さな単眼があることに気がつく．

③消化器官：咽頭 - 食道 - 中腸 - 後腸とつながっている．咽頭 - 食道は太く，中腸との境目には噴門と呼ばれる構造がある．

④浮嚢：前部に 1 対，後部に 1 対，計 2 対のマガタマ様の構造が見られる．浮嚢中には，環境水と平衡状態にある気体が含まれる．水中での姿勢制御に機能している．浮嚢の大きさはある程度変化することが知られている．おそらく，幼虫の水中での浮き沈みを調節しているのであろうといわれている．

⑤心臓（背脈管）：昆虫の血管系は哺乳類の心臓とはまったく異なる．焦点を上下させながら中背部を注意深く観察してみると，透明なチューブ様の構造が動いているのが見える．これがフサカの心臓である．心臓は土管のように前後軸に沿って走っている．どこからはじまり，どこへいっているのかよく観察してみよう．また，この構造を支えているかのようなフィラメント状の構造が体壁との間に観察される．このような構造体と体節との関係はどうなっているだろうか？

⑥マルピーギ管：哺乳類でいえば腎臓のような働きをする器官．クモ，ムカデ，昆虫などに特有の排出器官である．どの体節に存在しているか？

⑦筋肉：体壁の下によく発達した筋肉組織が見られる．この部分を高倍率で観察すると，縞模様が観察されることから，横紋筋であることがわかる．

⑧肛門鰓：尾端に角のように突き出している構造．ほかの蚊の幼虫などでは水面での呼吸に機能しているが，フサカの場合は体表面での皮膚呼吸によって酸素を得ており，肛門鰓には鰓としての機能はないとされている．

⑨刷毛：尾節に大きな扇の骨だけを開いたような刷毛が見られる．水中で泳いでいるフサカを見ていると，あたかも舵の役割をしているような感がある．感覚毛としての役割があるのかもしれない．

⑩はしご状神経系：腹側には 1 つの体節に 1 つの神経節とそれをつなぐ 2 本の神経索から成る

はしご状神経系が存在する.

⑪成虫原基：蛹に近くなった終齢幼虫では，成虫の翅や脚を形成する成虫原基が見られる．胸部に存在する翅原基や脚原基は観察しやすい．

（参考文献）

Teraguchi, S. Correction of negative buoyancy in the phantom larva, *Chaoborus americanus*. *Journal of Insect Physiology*, 21, 1659–1670（1975）

実験13 動物の諸器官の構造と機能 （Ⅰ）

動物の諸器官の構造と機能（Ⅱ）
──ザリガニの解剖

1 目　的

　動物の系統樹は大きく分けて旧口（前口）動物と新口（後口）動物の2つの系統があり，脊椎動物は新口動物に属する．一方，節足動物は，旧口動物に属し，その中で最も複雑な体制を得たとされるグループの1つである．

　本実験ではこの節足動物の中でも比較的観察が容易な「アメリカザリガニ」もしくは「ウチダザリガニ」の解剖を通じ，生物の多様性を学ぶ．解剖を行うと，循環器系，消化器系，神経系，排出系，生殖器系などについて，私たち脊椎動物とは異なった形態デザインを持ちながら，同様の機能を持つ諸器官を独立に進化させたことが理解できるであろう．

　脊椎動物との共通点，相違点を特に意識しながら実習に臨んでもらいたい．

2 解　説

　節足動物は動物界中で最も属数・種数に富み，分布も広い．共通する特徴は，硬い外骨格に包まれた体節を持つこと，関節のある付属肢を持つこと，である．各体節に1対の足（付属肢）があるのが基本だが，体節が融合していたり，付属肢が退化していることも多い．節足動物の口器や交尾器はこの付属肢が変形したものである．付属肢の基本構造は内肢・外肢からなる二叉構造であるが，単肢類（昆虫・ムカデなど）のように外肢が退化し，内肢のみを持つものも多い．また，循環器系は開放血管系が基本であり，心臓は背側に位置する．神経系は各体節ごとに神経節を持つはしご状神経が腹面に沿って走っている．

　現生の節足動物は鋏角亜門，多足亜門，甲殻亜門，六脚亜門の4つに分類されている．

3　実験材料および試薬，器具

(1) 材料

アメリカザリガニ（*Procambarus clarkii*）

アメリカザリガニ（図1）は，節足動物門（Arthropoda）甲殻亜門（Crustacea）軟甲綱（Mala-costraca）十脚目（Decapoda）ザリガニ下目（Astacidea）アメリカザリガニ科（Cambaridae）に属する．北米南部原産であり，日本にはウシガエル養殖のための餌として1926年頃に輸入された．現在では北海道から沖縄までの全国各地に定着している．寿命は最大で4年程度と推定され，生後1-2年ほどで繁殖可能である．抱卵数（体のサイズに依存する）は，最大600個程度で，年複数回の産卵が可能．2023年6月より「条件付特定外来生物」に指定された．これにより，捕獲・飼育・無償譲渡は可能であるが，放出・販売・頒布・購入は許可なくできない．

図1　アメリカザリガニ

ウチダザリガニ（*Pacifastacus leniusculus*）

ウチダザリガニは，節足動物門（Arthropoda）甲殻亜門（Crustacea）軟甲綱（Malacostraca）十脚目（Decapoda）ザリガニ下目（Astacidea）ザリガニ科（Astacidae）に属する．「ウチダ」は，標本を提供した内田亨博士に因んで三宅貞祥博士によって付けられた．北米西部原産であり，日本には1926年に当時の農林省によって優良水族移植（食料）の名目で最初に輸入された．現在では北海道，福島県，千葉県，福井県，長野県，滋賀県で繁殖が確認されている．ヨーロッパでも20カ国以上に導入されており，世界で最も広く定着した移入種と言われる．5℃以下でも30℃程度でも活動し，幅広い温度帯で生存可能である．寿命は最大で8年程度と推定され，生後1-3年ほどで繁殖可能である．抱卵数は，最大500個程度で，年1回の産卵が可能．2020年現在，特定外来生物に指定されている．したがって，許可なく飼養等することは禁止されている．

(2) 器具

①ピンセット

②小解剖ばさみ

③解剖皿（ステンレス製の小型のもの）

④氷

4　実験および観察の手順

　以下は，アメリカザリガニを材料とする場合を想定しているが，ウチダザリガニを取り扱う場合でも手順を特別変える必要はない．

(1)　麻酔

　ザリガニを観察しやすくするため氷で冷やすか，炭酸水に入れ動かなくさせる．このとき，過剰に行うと心臓が停止するので注意する．解剖皿にも氷を入れておき，観察中に動きはじめた場合は再度冷却する．外形の観察の後なら，小解剖ばさみを使って脚（いわゆるはさみも含めて）を切り落としてもよい．なお，アメリカザリガニには見られないが，ウチダザリガニの鉗脚（はさみのこと）には白い斑点がある（この特徴をもとに英名はシグナル・クレイフィッシュとなった）．

(2)　外形の観察

　節足動物の体はムカデやゴカイのように多数の体節と付属肢（脚）からなっているのが原型である．ザリガニの場合，頭部と胸部は融合して体節があるようには見えないが，付属肢の観察からいくつかの体節が融合したものであることがわかる．外骨格は，クチクラ層が炭酸カルシウムを主成分とするカルシウム塩で石灰化され，外敵から身を守るのに役立っている．また，体外に突出した眼柄の先に1対の複眼（角膜レンズ，ガラス体，視細胞で構成される個眼が多数集合している）を持ち，眼柄内の動眼筋によって眼柄が動くことで広い視野を確保している．

> **注意▶**内部の観察との時間配分を考え，外部の観察にあまり時間を割きすぎないように注意すること．顎の構造を観察したい場合は，内部の観察の後，動かなくなってからの方がやりやすい．

　ザリガニの体は大きく分けて，頭部と胸部が融合した頭胸部と，後半の7つの体節からなる腹部（俗にいうエビの尻尾）に分かれる．頭胸部は頭胸甲（背甲）という固い甲羅で背中側が覆われている．アメリカザリガニでは，この部分が正中線に沿って左右に分割しているように見えるだろう．両眼の間には三角形の額角が前に突き出ている．腹部の背側は各節ごとに背板と呼ばれる甲羅に覆われている．

> **注意▶**「腹部」とは上記のようにザリガニの後半部分のことであるが，「腹側」とはザリガニが通常の姿勢をとったときの下の方を指し，逆に「背側」とは上の方を指す．したがって「腹部の背側」といった表現で混乱しないように．

　腹側を見ると脚や顎が多数生えていて複雑な構造になっている．甲殻類では，触角も顎も脚も，途中からの内肢と外肢の二叉に分かれるY字形の付属肢（脚）が原型と考えられている．

最前部にある第1触角（短い触角）は二叉構造をしている．第2触角は内肢が特に長くなった
ものである．この第2触角の基部に小さな丸い孔が1対開いている．これが緑腺（触角腺）の開
口部である（後述の（3）③神経系とその周辺の観察の項を参照）．口の周囲には，前から大顎，第1
小顎，第2小顎が並んでいるが，大顎以外は複雑化していて構造はわかりづらい．以上，頭部の
付属肢は触角が2対と顎が3対の全部で5対ある．

　次に第1–第3顎肢が並ぶ．特に第3顎肢の内肢は大きく発達している．その後ろから5対の
歩脚が並んでおり，これが十脚目の名の由来になっている．歩脚は内肢が大きく発達したもので，
外肢は退化してなくなっている．第1歩脚は特に大きく発達していて，いわゆるはさみである．
第2，第3歩脚も先のほうにはさみを持つが小さい．第4，第5歩脚の先端ははさみにならずカ
ギ状になっている．以上の胸部の付属肢は顎肢が3対と歩脚が5対のあわせて8対である．

　雌では第3歩脚のつけ根に1対の丸い孔が開いており，これが雌性生殖口である．雄では第5
歩脚のつけ根に内側に突出した雄性生殖口があるが，後述する第1–第2腹肢に隠れて見えにくい．

　腹部は7つの体節からなっている．第7腹節（尾節）を除く各体節からは1対の腹肢が出てい
る．腹肢は6対あり，第1，第2腹肢が雌雄で形が異なる．雄の第1，第2腹肢は交接器として
発達しており，前方の歩脚のつけ根を覆うように伸びている．第3–第5腹肢は二叉構造を持つ
形をしている．雌では第1腹肢は退化して小さな棒状になっており，第2–第5腹肢は二叉構造
をしている．第6腹肢（尾肢）は内肢外肢ともにヒレ状になっており，やはりヒレ状になった第
7腹節（尾節）と一緒に尾扇と呼ばれる「尾ビレ」を形成している．

（3）内部の観察

①心臓付近の観察

　頭胸甲と腹部の間にあるすき間にはさみを入れ，まず頭胸甲と腹部の間の関節膜を切る．
次に頭胸甲にはさみを入れて前方に切っていく．頭胸甲は固く，また内側が皮膚や筋肉とつ
ながっているので，頭胸甲の内側の筋肉をていねいに切り離しながら，少しずつ切り崩すよ
うに切っていく．こうして頭胸甲をすべて除去し，ザリガニの頭胸部の内部がすべて見える
ようにする（図2）．

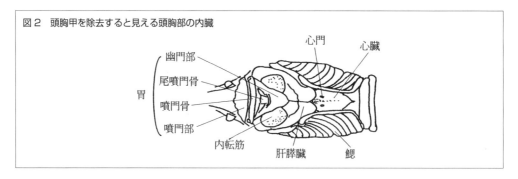

図2　頭胸甲を除去すると見える頭胸部の内臓

　両眼の間の前方に突き出た額角の下には大きな胃があり，後方には黄褐色（あるいは黄
色）の肝膵臓（後述）の一部が見える．頭胸甲の後方，甲の直下には紅色の膜（皮膚）があ
り，この膜をピンセットでつまみ上げ切り開くと，その下に囲心腔といわれる空間が広がっ

ており，その中に心臓（heart）が拍動している．膜は頭胸甲の除去の際に一緒に除去されている場合も多く，その場合は頭胸甲を除去するとすぐに囲心腔の中に心臓が見える．心臓はだいたい菱形で透明感のある淡黄色がかった白色をしている．

心臓を左右から囲むように白色のやや柔らかい肢上部の骨格があり，囲心腔を取り囲んでいる．肢上部の外側には房状の鰓（gill）が並んでおり，付属肢のつけ根から上方に向かって，肢上部にそって伸びている．肢上部と頭胸甲とに挟まれた空間＝鰓室は体外とつながっていて，水が出入りして鰓呼吸ができるようになっている．

心臓からは数本の動脈（artery）が伸びているが，静脈はない．開放血管系であるため，動脈の末端で体腔中に出た血液は，体腔や鰓を経て，心門と呼ばれる心臓の流入口に流入する．心門は3対あり，背側からは，背壁の1対の心門が観察しやすいであろう．この背壁の心門は心臓の背壁の前部よりに左右2個並んでおり，1対の点状の模様のように見えることもある．

心臓からは前方には5本の動脈が出ているが，背側からでは中央背中側を前方に走る1本の眼動脈と，左右前方に出ている1対の触角動脈が見やすいであろう．他に前下方に1対出る肝動脈が肝膵臓へ伸びている．また後方にも背側中央を後ろにまっすぐ腹部まで走る上部腹動脈が伸び，後下方には生殖腺動脈が伸びている．心臓の後方からは腹側に胸動脈が下りていき，腹側動脈につながっている．これらの動脈は透明で細く肉眼では見えにくいので，ピンセットで心臓をつまみ上げて各種動脈が伸びているはずの方向に細い透明なつながりが見えるのを確認するとよい（見えやすくするためには，生理食塩水に溶かした1 mg/mL程度のエバンスブルー色素を囲心腔に垂らす，または注入するのもよい）．なお，ザリガニは血中を流れる呼吸色素タンパク質としてヘモシアニンを持つことから，酸素と結合した場合には無色から青色に変わることも念頭に置いておくべきであろう．

心臓の前方は黄褐色（または鮮やかな黄色）で不定形な臓器にとり囲まれている．これが肝膵臓（中腸腺：いわゆる「味噌」とされる部分）（hepatopancreas）と呼ばれる消化腺である．この肝膵臓は左右1対あり，広くひろがっており，心臓の前方から心臓の下を経て，心臓の後ろ側にまで伸びている．

ザリガニの頭部には大きく丸い胃（stomach）が詰まっている．かなり前方まで胃があるので，壊さないように気をつけて頭胸甲や額角を取り去り，胃が露出するようにする．個体によっては，胃の側面にオクリ・カンクリ（oculi cancri，ラテン語で「カニの目」の意），と呼ばれる結石が見られる．カルシウム塩が主成分で，脱皮直後に体内に溶解・吸収し，軟化した外骨格を速やかに硬化させるために必要である．

なお注意してほしいのは，ザリガニの胃には「骨」があるということである．胃の上部には噴門骨などがあるが，これを胃に付着している外の骨であると勘違いして無理に除去してしまうと，胃を破壊してしまうことがある（図2）．胃は前部の大きな噴門部と後ろに突き出た小さな幽門部からなっている．幽門部から下に向かって腸が伸びている．腸は腹部でまた背側に上がってきて後方へと伸びる．

続いて腹部の背板と呼ばれる甲を除去する．腹部の背板は筋肉としっかりつながっているので，甲羅の下にはさみを慎重に入れ，筋肉を切り離しながらはがしていくこと．中央を上

部腹動脈が走り，そのすぐ下を平行して腸が走る．腸は腹部の後端，尾節の腹側で肛門につながって終わる．腸の上に付いている透明な部分をピンセットでつまみ上げると，上部腹動脈を確認することができる．

②消化器系とその付近の観察

　次に心臓の下の様子が側面から見えるように鰓と骨格を除去し，続いて肝膵臓を取り去る．

　この過程で，雌では肝膵臓の内側に平行するように位置する淡黄色（黄色い斑点のある黒褐色の場合もある）で球形のつぶつぶが集まったような不定形の卵巣（ovary）が目につくはずである．輸卵管は太く短く第3歩脚の底節に開口している．雄では肝膵臓を除去するときに，白い楕円形の小さな精巣（testis）が心臓の前下方付近に2個，その後方に1個見つかるはずである．精巣からは細くカールした白い輸精管が後方に伸びて第5歩脚の底節に開口している．輸精管はアメリカザリガニよりウチダザリガニの方が顕著に長い．生殖巣は適当な時点で位置やつながり方がわかるように観察して，その後に除去する．

　肝膵臓をあらかた除去すると，胃を側面から見ることができ，胃の後端に突き出た幽門部から腸が下方に伸びて心臓の下を迂回して腹部に伸び，最後に尾節（第7腹節）の腹側にある肛門へと伸びているのがわかるようになる．胃の真下には短い食道があり，口とつながっている．これら食道，胃，腸を取り出し，観察する（図3）．

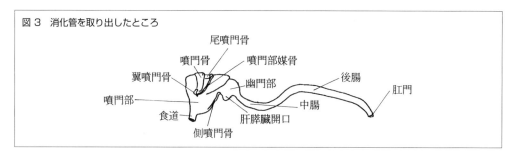

図3　消化管を取り出したところ

　胃は前部の大きく丸い噴門部と，後部の小さな幽門部からなり，幽門部から腸が出ている．噴門部の背側の壁にあって左右に長く伸びているのが噴門骨で，その後ろには小さな尾噴門骨がある．噴門骨と尾噴門骨とでT字型をなしている．胃内腔にはバクテリアが生息している．

　噴門骨の左右両側，すなわち噴門部の両側の壁面の上方には小さな翼噴門骨とその後方に噴門部媒骨がある．この噴門部媒骨は比較的大きな骨で，胃を切って内部を見ると，胃の内側に突き出していて，歯列（茶色のことが多い）が並んでいるのがわかる．これを「側歯」といい咀嚼の際に重要な器官である．ザリガニは胃の中に歯があり，左右に噛み合わさるようになっている．背側の尾噴門骨が胃の内側に出っ張っていて，やはり固い突起＝中歯をなしている．これも咀嚼の際に重要な器官である．また幽門部の後部下側に肝膵臓の開口があり，ここで肝膵臓とつながっている．

③神経系とその周辺の観察

　節足動物の場合，神経は腹側を走っている．特にザリガニは腹側の皮一枚内側を走っていて，腹側から皮をはぐと神経を損じやすいので，必ず背側から筋肉をはがしていく．その際，頭部には，食道の両脇と前方に食道側神経が走っており，その付近には緑腺もあるので，壊さないように気をつけること（図4）．

　生の神経は透明で筋肉との区別がつきにくい（サイズが大きいウチダザリガニだと比較的区別しやすい）．そこで神経の観察に先立って解剖途中の材料を99％エタノールに約5分間浸ける．この処理によって神経が固定され白くなり見分けがつきやすくなる．処理後，筋肉や外骨格を慎重にはがしていく．腹部の腹側にある神経から胸部の方へたどっていくと比較的わかりやすい．

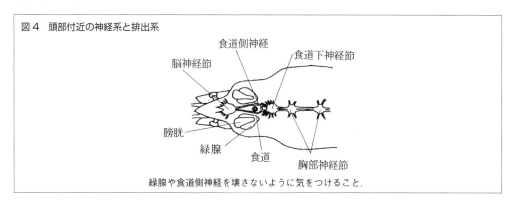

図4　頭部付近の神経系と排出系

食道側神経
脳神経節
食道下神経節
膀胱
緑腺
食道
胸部神経節

緑腺や食道側神経を壊さないように気をつけること．

　神経は頭部から尾部まで2本の神経が平行に並びはしご状になっているが，場所によっては2本がくっついて1本のように見えるところもある．腹部には体節に対応した6つの神経節（ganglion）がある．腹部から前へ神経をたどっていくと，胸部で薄い骨板のトンネル状の構造の中に神経が入っていくのがわかる．神経を壊さないように注意しながら，この骨板を壊して神経を露出させると，胸部には6つの神経節があることがわかる．そのうち，後ろの5つの神経節は5つの歩脚に対応しており，一番前，食道（のつけ根）のすぐ後ろ側にあるよく発達した神経節が食道下神経節である．食道下神経節から前方に出た2本の神経は食道を挟むようにして前方に伸びる．これが食道側神経である．食道側神経は最前方の脳神経節（頭部神経節）で合流している．

　各神経節に注意しながら観察すること．この際に，実体顕微鏡やルーペを用いるとはしご状の構造や神経節での枝分かれがわかりやすくなる．

　同時に排出系も観察しやすくなっているはずである．食道の前方の左右両側に，1対の緑色の袋状の腺がある．これが緑腺（触角腺）と呼ばれ，腎臓の役割をしている．この緑腺の上に淡黄色の単層の細胞でできた袋があり，これが膀胱である．緑腺は膀胱につながり，膀胱は緑腺開口につながっている．外敵に襲われた際には，口器の上にある1対の腎管排出孔から尿を勢いよく噴射し逃避する．

［後片づけ］

　解剖皿とはさみは洗剤でよく洗い，純水ですすいでから，所定の位置に戻すこと．ザリガニの死骸は専用の容器に入れること．

参考文献

石田寿老・佐藤重平編『生物の実験法』，裳華房（1984）

日本動物学会編『動物解剖図』，丸善（1990）

川井唯史・高畑雅一編『ザリガニの生物学』，北海道大学出版会（2010）

環境省自然環境局『日本の外来種対策』https://www.env.go.jp/nature/intro/index.html

三宅貞祥『輸入種アメリカザリガニ・ウチダザリガニ（新称）2種の学名』，動物分類学会会務報告，16（0），1-2（1957）

実験
14

動物の諸器官の構造と機能（Ⅱ）

[実験15]

動物の諸器官の構造と機能（Ⅲ）
——ウシガエルの解剖（内臓）

1 目 的

　カエルは昔から身近な生物であるが，ヒトと同じく四肢を持つ動物（四肢動物）として，多くの点で私たちと共通の体制を持っている．ヒトに見られる重要な器官のほとんどがカエルにも存在することから，カエルは発生学，神経生理学，行動科学など，脊椎動物の生物学的基盤を研究する様々な分野で広く使われている．

　本実験では，ウシガエルを用いて脊椎動物の体の中の内臓の形態，諸器官の連関の仕方などを理解する．私たちの祖先は3億年以上昔に陸上に出現した両生類であると考えられている．カエルをはじめとする現生の両生類の体制は当時のままではないが，四肢動物の祖型に近いと思われる点が多く見られる．カエルの形態を解析することは，私たちの体内を理解する基礎となる．

　両生類の最古の化石は3億6000万年前の地層から発見されており，その出現はデボン紀（3億4500万 − 3億9500万年前）と考えられている（カエル類の出現はもっと遅く，ジュラ紀初期（約1億8000万年前）と考えられている）．両生類は，脊椎動物ではじめて陸上に上がった生物である．魚類で浮袋として使われている器官は呼吸器官として利用され，肺呼吸をするようになった．また，肺を回る血管系とそのほかの体内を回る血管系との分離も見られるが，哺乳類，鳥類で見られる完全な分離ではなく，2心房1心室の心臓である．こうした違いにも着目しながら，観察を行ってほしい．

　本実験では特にスケッチを重視している．実際に解剖してみると，見慣れた解剖図などとは似ても似つかない，どこからどこまでがどの臓器なのか判然としない，混沌とした状態に戸惑うかもしれない．実物に触れながら苦労してスケッチする中で，様々に連関しながらはたらいている臓器を，機能や形態によって人為的に分別して解釈し命名する，という行為が科学的理解のためには必要であったということが理解できるはずである．単にカエルを切り開いて見るだけではなく，スケッチして各臓器に名前を入れることで科学の先人が行ったことを経験し，生き物を見る目を養ってほしい．

本実験では，以下の 2 つを主な目的とする．

① カエルの腹部を切開して，臓器の自然な位置を観察する．
② カエルの各臓器を取り出して詳細に観察する．

2 解 説

ウシガエル

ウシガエル（*Rana*（*Aquarana*）*catesbeiana*）は，Yuan ら（2016）によると，脊索動物門（Chordata）脊椎動物亜門（Vertebrata）両生綱（Amphibia）無尾目（Anura）アカガエル科（Ranidae）アカガエル属（Rana）Aquarana 亜属に属する．種小名の *catesbeiana* は米大陸を探検した 英国人の博物学者 Catesby に由来している．従来は *Lithobates catesbeianus* という学名があてられていたが，Yuan ら（2016）によるとその分類法は適切ではないとされ，上記の分類が提唱されている．ちなみに日本にカエルは外来種を合わせて 7 科 18 属 44 種 4 亜種がいるとされている（松井・前田，2018）．

原産地はカナダ南部からメキシコ中部までの北米大陸の東部であり，後肢が食用になることから食用などの利用のため世界各地に移入され，人為的に分布が広がった．日本には 1918 年に東京大学の渡瀬庄三郎が移入したのを皮切りに何度か輸入され養殖された．かつては缶詰肉として輸出されていた．現在は北は北海道から南は石垣島までの広い範囲の草のしげった水辺に分布している．

体長 20 cm に達する日本最大のカエルで，繁殖期は 5 月から 9 月上旬と長く，雌を待ちながら鳴く雄の声が牛に似た太い声に聞こえるため，ウシガエル（bullfrog）と呼ばれる．1 腹の卵数は 6 千－4 万個である．幼生（オタマジャクシ）は成長すると全長 120-150 mm にもなり，幼生も大きいことで有名である．多くの場合は幼生で越冬し，翌年変態して成体になる．幼生は草食性であるが，変態とともに食性が変わり，成体は動物食性となる．大型で貪欲なため，日本の在来種も多く捕食する．そのため，2005 年 12 月に特定外来生物に指定され，飼養・保管・運搬・放出・輸入などが規制されている．

雌雄の区別は顎と鼓膜で判断できる．雄は大きな鼓膜（眼径の 1.3-1.7 倍）を持ち，喉の皮膚が黄色くなるものが多い．雌の鼓膜は小さく（眼径の 0.9-1.2 倍），喉は黄色くならない（カラー口絵 1）．

3 実験材料および試薬，器具

（1）材料

①ウシガエル

本実験で使用するウシガエルは関東地方の水田などで採集されたものである．

②解剖器具

はさみ2種類（解剖ばさみ，眼科ばさみ：その違いは付録1を参照のこと），ピンセット（2本），メス，解剖皿2種類（大型と小型），コルク板，マチ針，コルク板固定用金具

解剖ばさみは筋肉，骨，皮膚など，硬い組織を切るのに用いる．眼科ばさみは内臓や腸間膜など柔らかい組織を切る際に使う．以上の使い分けを間違えると，刃が傷んではさみが切れなくなったりするので，注意すること．解剖ばさみの刃は先端が丸い刃と尖っている刃からなっている．皮膚などを切る際に丸い方の刃が体内に入るようにして，内臓を傷つけないように気をつけて切ること（巻末の付録1「C 解剖器具の使い方」を参照）．

刃物を用いるので，自分の刃物にも，他者の刃物にも十分に注意すること．とくに刃物を持ったまま立ち上がったり，歩きまわることは避けること．

③透過型光学顕微鏡，実体顕微鏡

各自で必要と判断したとき使用する．透過型光学顕微鏡の使い方は実験3「顕微鏡の操作と細胞の観察」を参照する．また，実体顕微鏡の使い方は，実験12「動物の受精と初期発生（Ⅱ）アフリカツメガエル」を参照のこと．

4　実験および観察の手順

以下，解剖の手順と観察，スケッチすべき点の目安を順次説明する．できるだけ自分の興味のある箇所を発見し，解析するように努めてほしい．

本実験では各人に麻酔したカエルを配布する．麻酔にはトリカインやこれと異性体の関係にある Benzocaine hydrochloride（ベンゾカイン塩酸塩）などを用いる．麻酔が醒めないうちに手際よく解剖すること．

また，解剖の際には材料が乾燥しないように十分注意すること．

(1) 腹部の切開

①解剖皿にコルク板をのせる．ウシガエルの背を下にしてコルク板にのせ，必要に応じてマチ針で四肢を固定する．

②腹側の皮膚を体の正中線に沿って下腹部から下顎の前方 [注1] まで切開する．切開する際は，ピンセットで皮膚をつまみ上げ，解剖ばさみで前後方向に切ると切りやすい．さらに前肢と後肢の付近で横に切り，皮膚を左右に開き，皮膚を折り返す．折り返した皮膚は必要に応じてマチ針で固定する．皮膚を切り開くと下から全面を覆っている腹壁の筋肉が現れてくる（図1）．

> [注1] 前方・後方
> 　ここでいう前方・後方はカエルにとっての前方・後方である．前方はカエルの頭の方向，後方はカエルの後肢の方向である．特に解剖時には，カエルの腹側が観察者から見て手前側に向いているので，カエルの左側は右側に，右側は左側に見えるため，その表記などに注意すること．

図1　ウシガエルの開腹

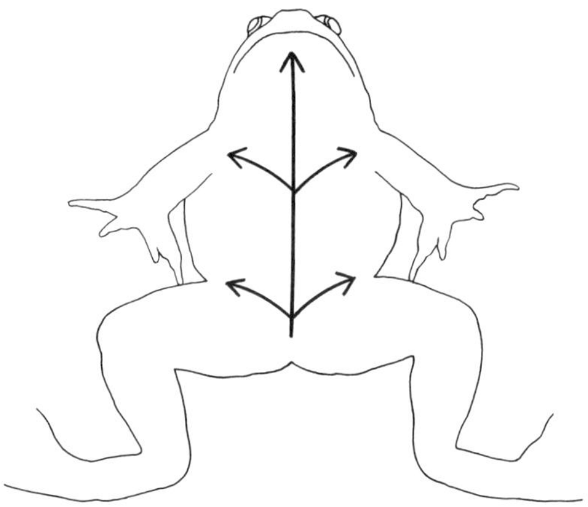

はじめに肛門に近い腹皮をつまみあげて正中線に沿って下顎まで切っていく．次に四肢の付け根のあたりで左右方向に切る．皮膚の下には腹部筋肉があるが，これも同様に切り開く．（必要に応じて，血管を筋肉から離してから左右に切る；詳細は本文を参照すること．）

③腹壁の筋肉も同様のやり方で切開する．なお，腹壁の筋肉を前後方向に切る際は，前腹静脈が正中線に沿って走っているため，正中線から若干ずらして切った方がよい．誤って切ると多量に出血し，観察が困難になることがあるが，その場合には水で洗うなどして解剖を続ける．以下，大量の出血で観察がしにくくなった場合には同様の対応をする．

④胸部は胸骨が覆っているため，胸骨を切らなくてはならない．胸骨を切る際には，心臓を傷つけないように注意しながら，正中線に沿って前方に向かって喉の前端近くまで切り開く．ついで胸骨の後端部から左右に骨の端に沿うように斜め前方に切っていく．切った腹壁の筋肉は，皮膚同様に左右に開いて，内臓を観察できるようにする．切った胸骨も，心臓の前部と咽喉部が見えるように左右に開いて，マチ針で固定する．

(2) 自然な配置での臓器の観察

おおまかな配置を理解するために，なるべく自然な位置のままでの各臓器を確認すること（カラー口絵2；※この時点ですべての臓器が見える必要は無い）．

①心臓（heart）は透明の膜状の組織に覆われており，拍動をしている．心臓を覆う透明な薄膜は，囲心嚢と呼ばれている．囲心嚢は必要に応じて除く．その方法は，囲心嚢をピンセットで持ち上げ，そこにハサミを入れて，切り開く．この時点で，1枚目のスケッチをすること．スケッチが終了次第，臓器を手で動かしながら，以下の手順に従って，それぞれの臓器を確認する．

②心臓の左右には暗褐色の大きな臓器が後方に向かって広がっている．これが肝臓（liver）である．右葉，左後葉，左前葉の三葉からなっている．

③肝臓の右葉と左後葉を持ち上げると中央部の，心臓のすぐ後方に見える暗藍色の球形の嚢が胆嚢（gallbladder）である．

④左の肝臓の背側に，やや膨れた消化管があるはずである．これが胃（stomach）である．胃から折れ曲がりながら十二指腸（duodenum）が続いている．肝臓の左後葉から十二指腸に沿って，胃にまでつながっている不規則な淡黄色の器官がある．これが膵臓（pancreas）である．十二指腸には小腸（small intestine）が曲がりくねりながら続いている．小腸は最後に太い大腸（large intestine）となって総排出腔（cloaca）[注2]へと続く．特に，消化器系を取り除く際に，膵臓を失いやすいため，これをよく確認しておくこと．

> [注2] 総排出腔
> 　脊椎動物の多くでは生殖輸管（卵管や輸精管）と輸尿管が消化管の終末部に開口しているので，肛門を総排出腔（総排泄腔）と呼ぶ．つまり糞の排出と排尿，生殖を同じ穴ですることになる．単孔類を除く哺乳類と硬骨魚類では，泌尿生殖系の開口は肛門とは別になっている．

⑤総排出腔の付近の，大腸の左右に薄い大きな半透明の袋がある．これが膀胱（urinary bladder）である．ただし，尿を貯めているか否かに応じて，その大きさは異なるので，注意すること．

⑥肝臓の前方，心臓の左右に肺（lung）がある．もし，肺が空気を充満させて膨らんだ状態であってほかの臓器の観察が困難な場合には，カエルの口を手で開け，咽頭付近にある声門をピンセットでこじ開けてやれば，空気が抜けてしぼむ．

⑦心臓はほぼ円錐型の筋肉質の心室（ventricle）とその背側前方にある心房（atrium），そして心室の腹側前方，心房の腹側にある心臓球と呼ばれる球状に膨らんだ動脈の分岐点からなる．心臓球からは動脈幹と呼ばれる2本の太い動脈が左右に伸びている．付着しているほかの組織を丁寧に除去しながら動脈を追跡すると，動脈がさらに3本に分岐することがわかる．いちばん前方の1本は頭部へと向かう頸動脈弓，次は背部大動脈へとつながる大動脈弓，いちばん後方の分岐は肺や皮膚へとつながる肺皮動脈弓である．心臓と付近の血管の様子を観察し，スケッチまたは模式図に表すこと．

　以上のように各臓器を確認したら，まず自然の位置のままでスケッチし，次に各器官の詳細な観察を行う．

(3) 消化管（digestive tract）とその周辺の臓器の観察

　カエルの消化器系はヒトと比べたとき，盲腸がないなどの違いはあるが，形態的にも機能的にも共通の点が多い．ここでは，消化器系をさらに詳しく観察するために体から切り離し，周辺の臓器とのつながり方を理解する．

①左右の肝臓を持ち上げると，左の肝臓の下に胃がある．胃は一方では十二指腸に続き，逆の前方では食道（esophagus）に続くことがわかるであろう．食道は心臓や肝臓の背側を前方に向かってまっすぐ伸びる．十二指腸は小腸に続くが，その境界ははっきりとしているわけではない．小腸は曲がりくねりながら大腸に続き，大腸は総排出腔へと続くのは前述の通りである（カラー口絵3）．

消化管は，血管の充満した透明な薄膜で連結され，ゆるやかに固定されている．これらの薄膜が腸間膜（mesentery）[注3]である．この膜は肝臓などの諸器官ともつながっており，同時に腹腔の背側ともつながる．腸間膜によって諸器官が腹腔内に吊り下げられていることがわかる．

［注3］腸間膜
　　腸間膜は，発生的には体の左右両側にできた腹膜が腸の背側で合体して，できたものである．そのため体腔を左右に分ける構造となっているが，腸の曲がりくねりに伴って形態は複雑化していてわかりづらくなっている（図2）．

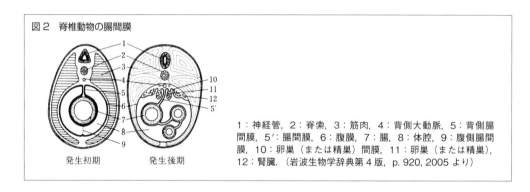

図2　脊椎動物の腸間膜

発生初期　　発生後期

1：神経管，2：脊索，3：筋肉，4：背側大動脈，5：背側腸間膜，5′：腸間膜，6：腹膜，7：腸，8：体腔，9：腹側腸間膜，10：卵巣（または精巣）間膜，11：卵巣（または精巣），12：腎臓．（岩波生物学辞典第4版，p. 920, 2005 より）

胃を持ち上げると，腸間膜上に暗赤色のアズキ状の脾臓（spleen）が見られる．

②以上の諸臓器を確認したら，肝臓，胆嚢，膵臓，脾臓，心臓をつけたままで食道から大腸に至る消化管全体を取り出す．このとき，腎臓や生殖巣等の泌尿生殖器系の臓器はカエルの背側に残しておくこと（（6）泌尿生殖器の観察を参照）．

膀胱を腎臓などとともに残すようにして，まず大腸を膀胱より前方（胃寄り）で切断する．ただし，大腸の内容物が漏れ出さないよう，なるべく膀胱に近い位置で切断するとよい．次に，泌尿生殖器系と消化管の間をつないでいる薄膜を前方に向かって丁寧に切断していく．この際，腸間膜をできるだけ残すように注意すること．特に胃や十二指腸につながっている膜は膵臓がついているため丁寧に扱うこと．食道は咽頭の部分でなるべく大きく切り取り，消化管および諸臓器を取り出す．心臓から出ている動脈幹は，できるだけ心臓から離れた位置で切断する．

③以上切りとった諸臓器を解剖皿に張った水の中に広げて観察する．自然な臓器のつながりを維持するため，腸間膜を切る頻度は最小限にし，すべての臓器がスケッチできるよう配置を

ウシガエルの解剖（内臓）　（実験15参照）

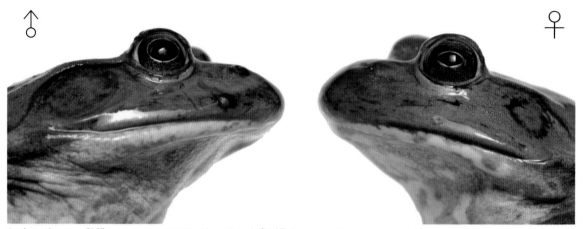

1：ウシガエルの雌雄　雄は大きな鼓膜を持ち，喉の皮膚が黄色いものが多い．雌は小さな鼓膜で，喉は黄色くならない．

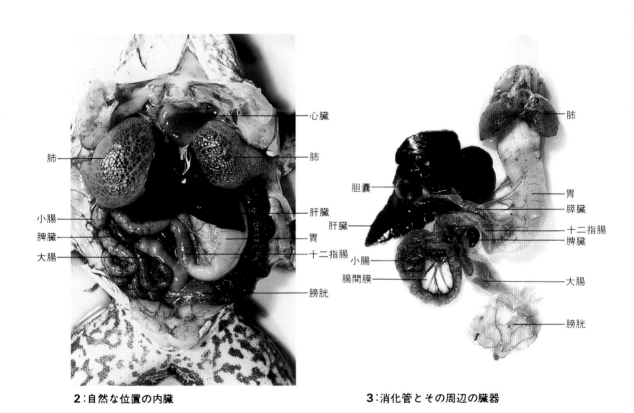

2：自然な位置の内臓

心臓
肺
肺
小腸
肝臓
脾臓
胃
大腸
十二指腸
膀胱

3：消化管とその周辺の臓器

肺
胆嚢
胃
膵臓
肝臓
十二指腸
脾臓
小腸
腸間膜
大腸
膀胱

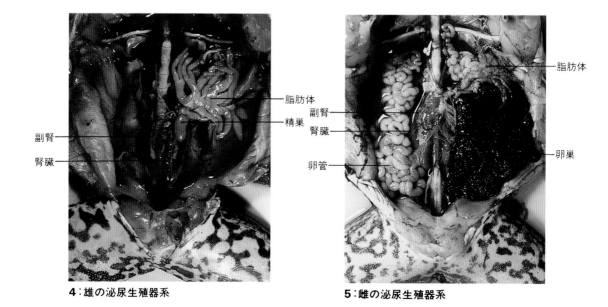

脂肪体
精巣
副腎
腎臓

4：雄の泌尿生殖器系

脂肪体
副腎
腎臓
卵巣
卵管

5：雌の泌尿生殖器系

ウシガエルの解剖（脳，神経）　（実験16参照）

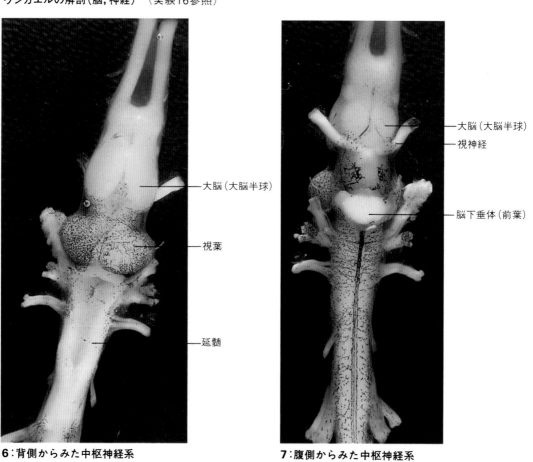

大脳（大脳半球）

視葉

延髄

6：背側からみた中枢神経系

大脳（大脳半球）
視神経

脳下垂体（前葉）

7：腹側からみた中枢神経系

工夫する．各臓器と消化管のつながり方がわかるようにスケッチする．

④次に消化管の内部を詳細に観察する．食道の切口からはさみを入れて，消化管を切開していく．胃を切り開くと食物が入っていることがある．ウシガエルの食性を反映して様々な動物が見出されるであろう[注4]．どのような動物が出てきたか記録する．興味があればほかの個体の胃から出てきたものから食性を考察するとよい．

> [注4] ウシガエルの食性
> 　ウシガエルの成体の食性は幅広く，昆虫，ミミズ，ザリガニ（アメリカザリガニは餌用に輸入されたといわれている），他種のカエル，小型鳥類，コウモリ，ネズミなど，動く物ならほとんど食べてしまうことで知られている．さらに餌をかんだりすりつぶしたりするような歯を持っておらず，餌を丸飲みする習性がある．

　十二指腸，小腸，大腸と切り開いていくと寄生虫がいることが多い．線虫やサナダムシなど様々な寄生虫が見られる．興味を持った者は，顕微鏡・実体顕微鏡などで観察し，スケッチしておくこと．

　消化管は位置によって厚みや中を走っているしわが異なっている．胃，十二指腸，小腸（前半と後半），大腸の厚みや内部の違いを観察し，スケッチする．

⑤肝臓，胆嚢，十二指腸，膵臓は総胆管（bile duct）でつながっている．十二指腸内の開口は，胆嚢を圧すと，胆汁がこの開口から出てくるので見つけることができ，そこから総胆管をたどることも可能である．総胆管は肝臓で分泌する胆液を十二指腸へ輸送する管で，途中，胆嚢から伸びてくる管（胆嚢管）が，膵臓から出ている管（膵管）と合流して十二指腸に開口する．

(4) 心臓（heart）の観察

　次に心臓とその周辺の血管の観察を行う．両生類の心臓は前述のように2心房1心室であり，1心房1心室の魚類の心臓よりはガス交換効率が高いが，2心房2心室の哺乳類・鳥類型の心臓ほどではない．

①心臓全体と動脈を一緒に丁寧に取り出す．心臓を他組織と切り離す際には，肺を傷つけないように注意すること．取り出した心臓の背側を見ると心房の背側を覆っている静脈洞と呼ばれる静脈の合流点があり，前方には左右から2本の前大静脈が，後方には1本の後大静脈が流れ込んでいる．

②次に心臓球の右壁から心室へ，右壁に沿って心臓の後端部のやや尖った部分（心尖）の近くまで切る．左側も同様に切り開いて心臓の内部を観察する．
　動脈幹・心臓球の中には，その長軸に沿ってゆるくらせん状に湾曲した弁があり，これをらせん弁と呼ぶ．左心房を見ると壁が薄く多くのひだがあり，真ん中に心房中隔があり，肺静脈からの血液と大静脈からの血液を分けている．この中隔をつまみ上げると，心室との境

に房室弁があることがわかる．房室弁は右心房心室間に3つ，左心房心室間に1つあるはずである．また，右心房には静脈洞の開口があるので，ピンセットを開口部と思われるところに慎重に差し込んでみて，その連絡を確認する．心房，心室の壁の厚さ，開口する血管，房室弁などに注意して心臓の断面図をスケッチすること．

(5) 肺（lung）の観察

　両生類は肺を使って空気呼吸をすることで陸上生活に適応した生物であるが，両生類の肺はヒトの肺のように複雑に分岐した肺胞構造はなく，表面にひだ状の凹凸があるだけの比較的単純な袋である．またヒトの肺は肋骨と横隔膜に覆われ，横隔膜の上げ下げによって肺のふくらみが調節されているが，カエルの肺にはこのような構造がない．このため酸素取り込みの効率はあまりよくない．呼吸は口腔内や体表の皮膚からの酸素の取り込みによって補助されている．ここでは，カエルの肺が血液に酸素を溶け込ませるためにある程度適応した構造を持っているものの，けっして哺乳類などに比べて機能の高い構造をしているわけではないという点も踏まえて観察して欲しい．

　まず，肺を切り開き，肺壁の内面を観察する．肺壁の場所による厚さの違いなどに注意して観察する．また余裕があれば顕微鏡や実体顕微鏡などで肺壁を観察すると無数の胞からなっていることがわかる．

(6) 泌尿生殖器（urogenital organ）の観察

　泌尿生殖器の観察は消化管などを除去した後に行う（カラー口絵4，5；雄も雌も右側の生殖器を除去してある）．

　［雄の場合］背側にある1対の黄色の豆状の器官が精巣（testis）である．精巣の前方にオレンジ色（あるいは黄色）のひらひらとした指状突起をなす脂肪体（fat body）があるのが目印となるだろう．その背側に1対ある暗赤色で前後に長い平たい器官が腎臓（kidney）である．精巣から数本の灰色の細管が出て腎臓につながる．これは輸精小管（small spermduct）である．時間に余裕があるときは精子の観察をするとよい．繁殖期であれば，精巣をスライドガラス上で切り刻み，顕微鏡で観察すると精子を観察できる（ただし精巣の切開は精巣のスケッチ後にすること）．精子の形状は両生類独特で，止まっているときは針状に見える．

　［雌の場合］卵巣（ovary）は腹腔部の左右にある不規則な器官で，白色（または黒色，灰色）の卵子が充満していることが多い．産卵直後などでしぼんでいることもある．未成熟な卵巣はしぼんでいて黄色い．卵巣の背側前方には，雄同様にひらひらとした脂肪体が見られる．卵巣の外背側には曲がりくねった白色の卵管（oviduct）が見られる．この卵管を前方にたどっていくと，次第に細く扁平になりながら肺の付近で開口して終わる．卵管を後方にたどっていくと急に細くなって曲がり，壁が急に薄くなり大きな袋をなす．これを子宮（uterus）と呼ぶが，ヒトの子宮のように受精卵が着床して成長するような場所ではない．子宮壁は非常に薄いので，腸間膜などと見間違えて，切らないように注意すること．

［雄雌共通］精巣または卵巣の背側に1対ある前後に長い暗赤色の平たい器官が腎臓である．腎臓の腹面中央に前後方向に長く腎臓に張りついている白〜クリーム色の器官が副腎（adrenal gland）である．腎臓の外側に沿って1本の管が走る．これが尿管（ureter）［注5］である．尿管は総排出腔に開口している．腹腔の後端の左右にある透明な大きな袋は膀胱である．2つに見えるが，基部でつながっており，総排出腔に開口する．腎臓の腹側からは数本の静脈が出て合流し，後大静脈となって前方へ走る．

［注5］雄では尿管を通じて精子が運ばれ，輸精管も兼ねることから，特に輸精尿管と呼ぶこともある．

以上の生殖器，泌尿器のつながり方に注意しながらこれらをスケッチする．
総排出腔付近の大腸を切開し，膀胱，尿管（雌の場合は子宮も）の開口を確認し，スケッチする．

［後片づけ］
①解剖器具は洗剤でよく洗い，ペーパータオルなどで水分を拭き取り，各自の机上で乾燥させる（このとき，血や肉片が残らないように，十分に注意すること）．

②解剖皿やコルク板もよく洗剤で洗い，水を切ってから，実験台の上で乾燥させる．

解剖し終えたカエルの死体を次回の中枢神経系の観察の項でも使用する場合には，以下のように処理をすること．

③カエルの死体の手足は切断し，ほかの体の部分も図3のように頭部と背骨が残るように切る．EDTA がしみこむように頭皮をはいで下あごを切り落としておく．下あごを切り落とすには，口を開けてはさみを入れるとやりやすい．以上の処理を終えたらホルマリンタンクに入れてホルマリン固定する．後日ホルマリンタンクからホルマリン固定された死体を EDTA タンクに移す必要がある．これに浸すと EDTA によって脱灰され，骨が柔らかくなる．固定と脱灰を効率よく行うため，あらかじめ余分な組織（特に皮膚など）をできるだけ除去した後にホルマリン溶液に浸すこと．カエルの頭骨は非常に硬いので，脱灰の状態が悪いと解剖時に苦労することになる．

④内臓や切り落とした部位は，水をよく切って処分する．

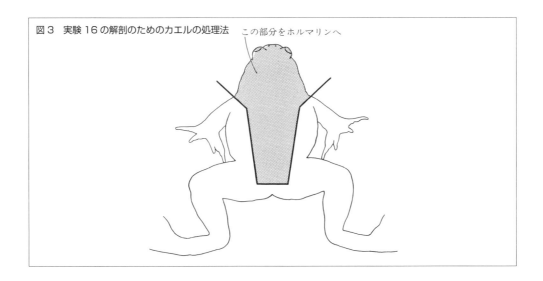

図3　実験16の解剖のためのカエルの処理法　この部分をホルマリンへ

参考文献

前田憲男・松井正文『日本カエル図鑑』，文一総合出版（1989）

松井正文・前田憲男『日本産カエル大鑑』，文一総合出版（2018）

木村雄吉『動物の解剖と観察』，成文堂（再改版 1984）

福田重夫・新津恒良・佐藤やす子・田口茂敏・渡辺宗孝『生物科学実験法』，東京教学社（1982）

日本動物学会編『動物解剖図』，丸善（1990）

Yuan, Z. Y., Zhou, W. W., Chen, X., Poyarkov, N. A. Jr., Chen, H. M., Jang-Liaw, N. H., Chou, W. H., Matzke, N. J., Iizuka, K., Min, M. S., Kuzmin, S. L., Zhang, Y. P., Cannatella, D. C., Hillis, D. M., Che, J. *Systematic Biology*, 65, 824-842（2016）

実験
15

動物の諸器官の構造と機能（Ⅲ）

動物の諸器官の構造と機能（Ⅳ）
──ウシガエルの解剖（脳・神経）

1 目 的

　われわれヒトの脳は約 1000 億個のニューロンからできている．ニューロンは多数の樹状突起と長い軸索を伸ばし，他のニューロンとつながり，神経回路を形成している．巨大なネットワークである神経回路で，どのようにして適切な情報処理が行われ，行動が制御されているのか，そのメカニズムは現在も多くが未解明である．

　神経系の構造は，動物種によって大きく異なる．たとえばヒトデでは中央の神経環からそれぞれの腕に放射神経が伸びている．また，フサカ（実験 13）やザリガニ（実験 14）は，はしご状神経系を持っている．本実験では，前回内臓諸器官の解剖を行ったウシガエルを材料に，その脳および中枢神経系の解剖と観察を行い，脊椎動物の中枢神経系の基本的構築を理解する．すでに観察した他の動物との神経系の構造の違いを実感してほしい．

　本実験では，以下の 4 つを主な課題とする．

---

① 頭蓋骨を除去し，脳および脳神経を露出させる．

② 実体顕微鏡を用いて，脳および脳神経を背面より観察する．

③ 脳を取り出し，脳および脳神経を側面，腹面より観察する．

④ 脳の内部を，特に脳室に注目して観察する．

注意▶各器官の役割については，各自で調べること．単に解剖して見るだけでなく，その器官の名称と役割を結びつけて理解することが重要である．また，中枢神経系の解剖は大変細かい作業であり，注意深く進めることが肝要である．神経は固定後の組織ということもあり非常に壊れやすく，力のかけ具合によってはすぐ切れてしまう．また，時々，脳と筋肉の区別がつかないまま大胆に作業を進めるあまり，「脳なしガエル」にしてしまう学生もいる（これではもちろん本実験での観察は不可能である）．丁寧に，根気よく，集中して解剖を行うこと．

2 解　説

脊椎動物の中枢神経系

　脊椎動物の中枢神経系は，神経管に由来する．神経管の前方部分は，発生の進行とともに3つの脳胞（前脳・中脳・後脳あるいは菱脳）として区別できるようになる．前脳からは，嗅球，終脳（大脳）および間脳が生ずる．中脳からはそれ以上分かれることなく中脳（視葉）が生じ，後脳（菱脳）からは小脳と延髄が生ずる．

　カエルなどの無尾両生類の脳神経は11対存在し，すなわち前方から嗅神経，視神経，動眼神経，滑車神経，三叉神経，外転神経，顔面神経，内耳神経，舌咽神経，迷走神経，副神経である．これらの脳および脳神経の基本的構築は，脊椎動物を通してほぼ共通であるが，それぞれの部分の発達度合は大きく異なる．両生類の脳は，脊椎動物の脳の基本型とされているので，本実験ではウシガエルの脳の解剖を行う．参考として，哺乳類（ラット）と硬骨魚類（マス）の脳を図で示しておくので，比較してみてほしい（図1）．

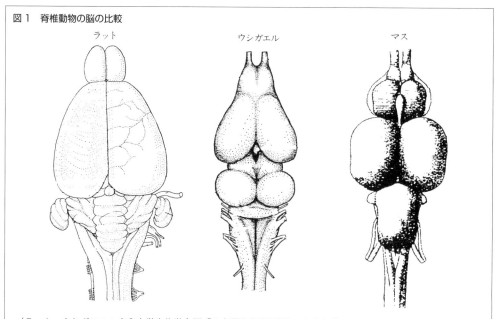

図1　脊椎動物の脳の比較

ラット　　　　　　　ウシガエル　　　　　　　マス

（ラット・ウシガエル：広島大学生物学会編『日本動物解剖図説』，森北出版，1971 より．マス：Harder, W. "Anatomy of Fishes", E. Schweizerbart'sche Verlagsbuchhandlung, 1975 より）

3　実験材料および試薬，器具

（1）材料

ウシガエル（Rana（Aquarana）catesbeiana）

　実験15で用いたカエルの頭部および脊髄部分のみを，ホルマリン固定，さらに10％エチレンジアミン四酢酸（EDTA）中で脱灰したものを用いる．詳しくは実験15を参照のこと．

(2) 器具

〈解剖器具〉

①小解剖ばさみ

②解剖皿（ステンレス製の小型のもの）

③コルク板

④ピンセット（2本）

⑤メス（先の尖ったもの：No. 14）

⑥実体顕微鏡

細かい作業や観察は，実体顕微鏡下で行う．

⑦白衣と手袋（必要に応じて使用）

ホルマリンや EDTA が衣服につくとしみになる恐れがある．また，薄着の時期は，皮膚を守ることにもなる．

4　実験および観察の手順

(1) 準備

①ロッカーから実体顕微鏡を持ってくる．

②顕微鏡を自分に合うように調整する（実験 12 を参照）．

③解剖皿とコルク板を準備する．

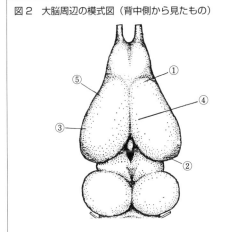

図2　大脳周辺の模式図（背中側から見たもの）

①–⑤は［注 1］を参照のこと．

（広島大学生物学会編『日本動物解剖図説』，森北出版，1971 より）

(2) 頭骨と脊椎骨の除去 [注 1, 2]

本実験の解剖がうまくいくかどうかは，骨を上手に外せるかどうかにかかっている．丁寧に，根気よく，焦らず作業を進めていくこと．特に，骨を切る際にはさみやメスを突き立てずに行う

ことが重要である.

［注1］本項目以降において，ある特定の場所を示す場合，「前・後・外・内・背・腹およびこれらを組み合わせた
　　　言葉」をよく用いている．図2を例にとると，領域①から④はそれぞれ，大脳の前部，後部，外側部，内側部
　　　に相当する．⑤は大脳の前外側部ということになる．背側は背中側である．これらのことをよく理解した後，作
　　　業を進めること.

［注2］本実験書では，解剖図は最低限のもののみ示してある．諸君には，実物と解剖図を見比べるのではなく，
　　　自分自身で「解剖」を行ってもらいたいからである．しかしながら，実験の時間的制約もあり，まったく図の補
　　　助なしで行うことは難しいかもしれない．そこで，カラー口絵6とカラー口絵7に背中側からと腹側からの写
　　　真を示した．名称については，解剖を行っていく上で基礎となる組織についてのみ示してある.

①脱灰後，水洗いした組織を解剖皿にとる.

②うつ伏せの状態に置き，まず，頭骨と脊椎骨の上および隣接した場所の筋肉（もし皮膚が残
　っていたならば皮膚も）をはさみとメスで取り除く.

③頭骨の背壁を取り除く．取り除き方の例を示す.
　方法1：脊椎骨の前端あるいは頭骨の後端からはじめる．メスを斜めに持ち（垂直でなく），
　　　　骨を両側から削るように少し切る（図3のaとb）．後ろ側も同じように切る（図3のc）.
　　　　切った部分をピンセットでつかみ，後ろから前に骨をはがしていくような感じで除去す
　　　　る（図3のd）．穴が開き，脳と脳神経が見えるまで繰り返す．穴が開いたら，内部を
　　　　傷つけないよう気をつけながら，メスとピンセットを用いて前後に向かって骨を外して
　　　　いく.

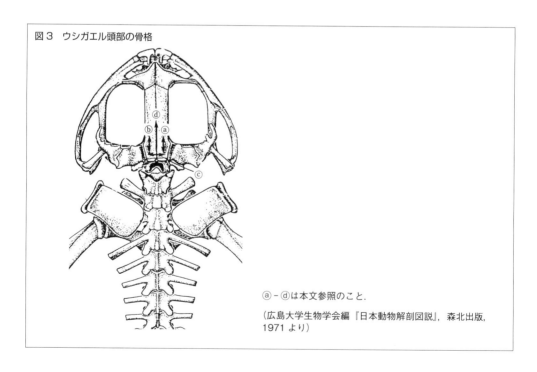

図3　ウシガエル頭部の骨格

ⓐ－ⓓは本文参照のこと.

（広島大学生物学会編『日本動物解剖図説』，森北出版，
1971 より）

方法2：またメスを使わず，はさみで切り進めることも可能である．はさみを水平に持ち，後ろ側（図3のc）に切り込みを入れ，そこから両側（図3のaとb）も切り，以下は同様にピンセットで骨を除去する．

④大脳（終脳）より後ろについては，骨切りばさみとメスで背側の骨をきれいに取り除く．側面の骨も上半分ほど取り除いても構わない．ただし，脳神経が脳の左右に伸びていることに注意し，くれぐれも神経を切らないよう確認しながら作業を進めること．

⑤嗅球から前については，嗅神経を切らないよう，さらに注意深く作業を進めていく．メスをほぼ寝かせて持ち，刃先で骨を後ろから前に向かって削り取る要領で除去していく．次第に，嗅神経の走行がはっきり見えてくる．1対の太い嗅神経が，前方に向かうに従って枝分かれを繰り返し，細い編目のように黒い嗅上皮の上に伸びているのがわかるはずである．これらをなるべく破損しないように骨を除去していく[注3]．

[注3] 時間がたつと組織が乾燥してくるので，時々水をかけながら行うとよい．

(3) 脳の背面からの観察

これ以後適宜解剖し観察した結果はスケッチで表し，これをレポートとする．必ず各部の名称も記入すること．全体図および全体図では表現できないものや見えていないものなどは拡大図として別の図で示すのが良いだろう．

①まず，全体を背面から観察してみると，大脳（終脳），視葉，延髄は容易に確認できるであろう（カラー口絵6を参照）．脳は全体に，黒い色素に富む脳硬膜に覆われているのが見られる．ただし，固定の状態によっては，部分的に骨とともにはがれている場合もある．

②延髄あるいは脊髄のあたりで脳硬膜を注意深くはがすと，その下に，脳に密着して血管分布の多い脳軟膜が存在するのがわかる．

③脳硬膜を丁寧に除去していく．まず視葉より前方について行う．脳硬膜の除去は少しずつ丁寧に行い，脳や神経を破損しないよう気をつけること．

④大脳：大脳を確認する．大脳は正中線を走る深い溝によって，左右の大脳半球（ほぼ卵型だが，固定の状態によってつぶれたような形をしていることもある）に分けられる．

⑤嗅球：大脳の前方のやや細くなった部分．正中の溝は浅くはなっているが，左右1対に分かれているのがわかる．大脳との境界部は，はっきりしない場合もある．

　嗅球は大脳や間脳とともに神経管の前脳胞から由来するが，その発生は，嗅上皮から伸びてくる嗅神経が前脳の原基とコンタクトすることに依存している．Kallmann 症候群と呼ばれる遺伝病（X 染色体などに欠失が見られる）は，嗅球が形成されない無嗅覚症である．Kallmann 症候群の胎児を調べてみると，嗅神経がまったく脳とコンタクトしておらず，途中の結合組織で止まってしまっているのが観察されている．

　⑥視葉：大脳の後方にある，1 対の球形の組織．

　⑦間脳：大脳と視葉の間に見られる部分．背側から見えているのは一部分であり，残りは視葉の腹側に隠れている．

　⑧副生体および松果体
　　副生体：大脳半球の間を正中方向に走る溝の後端（領域としては間脳の前端部分）に存在し，前方に向かって突出した形になっている．脳硬膜の除去とともに除かれてしまっている場合には，小さな丸い穴として認められる．
　　松果体：副生体の後方で，間脳の後端に位置しており，上方に隆起している．

　⑨第 4 脳室の脈絡組織：視葉の後方に向かってさらに脳硬膜をはがしていく．視葉の後方に，黒色の逆三角形の部分があり，これが第 4 脳室の脈絡組織である．この部分は，脳軟膜が肥厚してできたもので，非常に毛細血管に富み，ひだの多い脈絡叢を形成している．この部分を掘り出すように丁寧に取り出し，内側を観察してみること．

　⑩菱形窩：脈絡組織を除去した後のくぼみの部分．正中部に浅い溝が見られる．この菱形窩と脈絡組織によって 1 つの腔所ができることになり，これが第 4 脳室に相当する（後述）．

　⑪小脳：菱形窩の前方の壁面は，薄く背後方に突出している．この部分が小脳．

　⑫延髄：小脳の後方で，菱形窩の側壁および腹壁を形成する部分．

(4) 脳神経の背側からの観察

　脳神経の観察では，それぞれの神経が，どこから生じてどこに向かって伸びているかということと，その神経の機能を考慮にいれながら作業を進めること．

　まず，脳の前方，後方，両側部分を概観してみると，5 対の太い神経が見られるはずである．これらは前方から，嗅神経，視神経，三叉神経，内耳神経，舌咽・迷走神経である．

　①嗅神経（第 1 脳神経）：嗅球の前端から前方に向かう 1 対の大神経．前方に向かって枝分か

れを繰り返し，黒い嗅上皮の上では細い編目のようになっている.

②視神経（第2脳神経）：柄付き針で大脳の部分を左右のどちらかに軽くよせてみると，間脳の前端部から1対の視神経が斜め前方に向かって伸びている．視神経は，眼球に向けて頭骨を貫通している.

③動眼神経（第3脳神経）：視葉の腹側から出るが，背側からの観察では視葉の前方両側あたりに見られる（すなわち視神経のやや後方）．動眼神経は，斜め前方に進み，頭骨側部を貫いている.

④滑車神経（第4脳神経）：非常に細い神経で，脳膜などの除去の際に破損していることもある．滑車神経は，視葉と小脳の間の部分の背外側部から起こっている．斜め前方に進んで頭骨の側壁に達した後，前方に進み，動眼神経の頭骨通孔部および視神経の通孔部の背側を通り，眼球の前部に向かって頭骨を貫通している.

⑤三叉神経（第5脳神経）：延髄の前外側部から出て斜め前方に進み，やがて一大神経節を形成する．この神経節は三叉神経節である.

⑥外転神経（第6脳神経）：外転神経の発生箇所は延髄前端の腹側部であり，このことは後ほど腹側からの観察において確認する（後述）．外転神経は前外方に向かい，上記の三叉神経節に合流している.

⑦内耳神経（第8脳神経）：三叉神経の直後から起こる大神経．内耳神経は前外方に進み，耳骨の内壁を貫通する直前に二叉に分かれる.

⑧顔面神経（第7脳神経）：前記の内耳神経の走行をよく観察してみる．三叉神経を軽く前方に持ち上げてみるとよい．耳骨貫通直前に二叉するよりも前に，1本の神経が分岐し，やがて三叉神経と合一して三叉神経節に進む．これが顔面神経である．すなわち，顔面神経と内耳神経は相合して延髄から起こり，顔面神経がまず分離して三叉神経節へと進み，ついで内耳神経が2枝に分岐する.

⑨舌咽神経（第9脳神経）および迷走神経（第10脳神経）：延髄の中部外側部分（内耳神経の後方）から大神経が起こっている．この根本は4本に分岐しているのが見られるはずである．最前部の1枝が舌咽神経で，後方の3根が迷走神経である．両神経はすぐに合わさり，1条の大神経として頭骨を貫通する.

⑩副神経（第11脳神経）：菱形窩後端部，すなわち延髄後部の背側壁から起こり，後行する．副神経は，第1脊髄神経（後述）に合して，第1・第2椎骨の椎間孔を出る.

(5) 脊髄神経の観察

①第1脊髄神経：第1椎骨部分の脊髄腹側部から起こり，第1および第2椎骨の椎間孔を通過する．前記のように，副神経が合一し，背根のような形態的関係を示すことが観察できる．

参考2

爬虫類以上の脊椎動物で見られる舌下神経（第12脳神経）は，両生類では形態上独立には存在しない．一方，第1脊髄神経は椎間孔を出た後前方へ向かい，舌下神経に相当するはたらきをしている．したがって，機能的には第1脊髄神経を舌下神経と呼べる．

②第2脊髄神経：第1および第2椎骨の境の部分から出て，斜めに後走する最も巨大な神経．その発生箇所を調べると，脊髄の背側と腹側の2根からなるのがわかるはずである．背側の方を背根，腹側を腹根と呼ぶ．

③第3脊髄神経以後を確認していく．何対の脊髄神経が存在するか？

④第6脊髄神経以後の背根は，左右から脊髄本体を包むように後行する．この部分を馬尾と呼ぶ．

(6) 頭骨からの脳の摘出

①脳を取り出すため，まず脳神経および脊髄神経（第1および第2のみでよい）をメスあるいははさみで切断する．このとき，なるべく頭骨の近くで切断し，神経の発生箇所が残るようにしておく．

②脊髄を第2脊髄神経の発生箇所あたりで切断する．ピンセットで切断した脊髄の後端部をつかみ，脳を取り出す．

(7) 脳および脳神経の観察

①視交叉：左右からの視神経は，間脳の前端正中部において会合し，交叉している．視神経が交叉後，どのように走行しているかよく観察してみよう．

②漏斗：視交叉の後方（間脳の底部）は隆起し，この隆起は延髄前端部にまで至る．すなわち，隆起して腹後方に突出している（側面から見るとよくわかる）．この突出部を漏斗と呼ぶ．

③脳下垂体（前葉，後葉）：漏斗の後端部には，扁平な楕円形をした脳下垂体がついている．脳下垂体は，脳を取り出すときに頭骨側に付着していることもあるので，見つからない場合には頭骨の底部を捜してみること．脳下垂体は2つの部分に分けられ，腹側の扁平体の部分を前葉，背側の湾曲棒状の部分を後葉という．なお，後葉は，正確には中葉と神経葉からなる．

④視床下部：間脳の腹部側（漏斗の背側）は視床下部と呼ばれる部分である．視床下部は，自律神経系の中枢であるとともに，脳下垂体を介した内分泌系の中枢でもある．

参考3 視床下部‐脳下垂体系

　脳下垂体は，成長ホルモン（GH），甲状腺刺激ホルモン（TSH），生殖腺刺激ホルモン（GTH），神経葉ホルモンなどの多くのホルモンを分泌する内分泌腺で，成長，生殖，水・電解質代謝やほかの内分泌腺の調節など非常に重要な役割を果たしている．

　バソプレシンやオキシトシン（両生類ではバソトシンとメソトシン）に代表される脳下垂体神経葉ホルモンを産生している細胞は，視床下部に存在する神経分泌ニューロンで，脳下垂体神経葉まで軸索を伸ばし，その神経終末から血液中にホルモンを分泌する．一方，GHやTSH，GTHなどの脳下垂体前葉（あるいは腺性下垂体）ホルモンを産生している細胞は前葉内に存在しているが，その活動は視床下部による調節を受けている．視床下部には，前葉ホルモンの合成や分泌を促進あるいは抑制するホルモンを産生する神経分泌ニューロンが存在し，下垂体門脈血などを介して脳下垂体の活動を調節している．視床下部が自律神経系の中枢でもあることを考えると，視床下部は基本的生命現象を遂行するための最も重要な統御中枢であるといえる．

⑤外転神経（第6脳神経）：脳下垂体の後方，延髄の腹面（迷走神経群の発生箇所の腹側あたり）から1対の細い神経が前外方に向かって起こっている．この外転神経がやがて三叉神経節に合流することは前述した．

(8) 脳室の観察

①第3脳室：脳を背面を上にして置く．副生体と松果体を除去すると，ともに内部が空洞であることがわかる．これが第3脳室である．

②側脳室：左側の大脳半球の背壁を丁寧に除去する．ここに現れるのが第1脳室である．右側が第2脳室である．さらに側脳室が第3脳室に連続していることを確かめること．この通路を室間孔（あるいはモンロー孔）と呼ぶ．

③第4脳室：前述の通り，菱形窩と脈絡組織に囲まれた部分が第4脳室である．第4脳室も第3脳室とつながっている．第3脳室をピンセットなどで軽く左右に開いてみるとわかりやすい．この通路は中脳水道（あるいはシルビウス水道）と呼ばれる．

　ここで，脳および脊髄を正中線で二分してみる．第1から第4脳室のつながりを確認してみよう．

④視葉室：視葉にも内腔があり，この視葉室も第3脳室につながる．

⑤中心管：第4脳室は，細い管となり，脊髄内に伸びていく．これが中心管である．

脳の内側はすべて細胞などで埋まっているわけではなく，脳室と呼ばれる内腔が存在する．これは，脊椎動物の脳が，発生において神経管という管状の構造から発達したことによる．大脳半球の内腔を側脳室と呼び，左を第1脳室，右を第2脳室という．さらに間脳の内腔を第3脳室，視葉の内腔が視葉室，延髄の内腔（すなわち菱形窩）が第4脳室である．これは脊髄の中心管につづく．

脳室では，脳室壁の一部である脈絡叢から脳脊髄液が分泌される．脳脊髄液は脳の機械的保護に役立つのみでなく，中枢神経系の代謝産物の排出路であったり，ホルモンなどが分泌されるなど，末梢における血液のような役割も果たしている．

[後片づけ]

すべての作業が終わったら，実体顕微鏡，解剖器具を洗浄後もとに戻す．顕微鏡のステージなどについている水分および汚れはきれいに拭き取る．解剖器具は洗剤でよく洗った後キムワイプで拭き，各自の実験台で乾燥させる．解剖皿とコルク板も洗剤できれいに洗った後，実験台に戻し，乾燥させておく．

参考文献

木村雄吉『動物の解剖と観察』，成文堂（再改版 1984）

浦野明央・石原勝敏『ヒキガエルの生物学』，裳華房（1987）

広島大学生物学会編，池田嘉平・稲葉明彦監修『日本動物解剖図説』，森北出版（1971）

Marlene Schwanzel-Fukuda, M., Bick, D., Pfaff, W. D. *Molecular Brain Research*, 6 : 311-326（1989）

Harder, W. "Anatomy of Fishes", E. Schweizerbart'sche Verlagsbuchhandlung（1975）

実験
16

動物の諸器官の構造と機能（Ⅳ）

生体の運動

 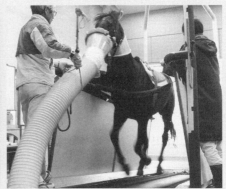

ヒト身体運動のバイオメカニクス計測（左図）と
サラブレッドの代謝機能測定（右図）

　　私たちの身体のダイナミックな運動は骨格筋の収縮によって起こる．骨格筋の収縮は，生体の示す運動（生体運動）の中で最も顕著で身近なため，古くから研究の対象となってきた．

　　筋収縮に限らず，「動く」ことは生物にとってきわめて本質的な活動といえる．生体運動は多様であり，筋収縮以外にもアメーバ運動，繊毛・鞭毛運動，細胞分裂，細胞内輸送などを含むが，これらはいずれも生命の維持や増殖のために欠くことのできない機能だからである．これらの生体運動の分子機構や制御機構には共通した部分が多く，生体運動を広く理解するためにも，これまで最もよく研究されている筋収縮について深く知っておくことが重要である．

　　ここでは，私たち自身の骨格筋を対象として，筋収縮の一般的特性を学ぶための実験を行う．細胞（筋線維）レベルや分子レベルでの収縮特性を調べるためには，ヒトの筋は必ずしも最適な材料とはいえない．しかし，肘の屈曲のような単純な運動を注意深く利用すると，筋の力学的性質について多くの情報を得ることができる上，私たち自身の運動を含む個体レベルでの運動の成り立ちについての示唆を得ることができる．また，私たちの骨格筋の収縮特性がカエルやウサギなどの筋の場合と同様であるかを考察することは，様々な生物材料を用いて実験を行っていく上でも重要な経験となろう．

骨格筋の力学的性質

1 目　的

　脊椎動物の運動では，まず，骨格筋の一次元的な収縮が関節のまわりの回転運動に変換され，さらにいくつかの関節を中心とした運動が協調的に複合されて1つの動作が成り立っている．しかも，生体内で起こる筋収縮は，中枢や周辺神経系のはたらきによる微妙な調節を受けているため，動物個体の運動の解析から筋の性質を知ることは容易ではない．しかし，単一の関節のまわりの運動（単関節運動）を適切な条件下で測定すると，筋自体の持つ特性について多くの情報を得ることができる．

　ここでは，私たち自身の肘屈曲運動に着目し，張力と速度を様々な条件下で測定することによって，肘屈筋群の長さ－張力関係，力－速度関係などのきわめて基本的な特性を調べる．さらに，得られたデータに基づき，筋収縮の熱力学的特徴や，アクチンとミオシンの間の滑り速度などについても考察する．

　本実験ではヒトの肘屈曲運動を対象とし，最大努力下での肘屈筋群の収縮（随意最大収縮）における張力と短縮速度を，腕エルゴメータを用いて測定する．等尺性収縮（isometric contraction）と等張性（等張力性）収縮（isotonic contraction）の二様の収縮について，以下の測定と計測を行う．

　主な目的は以下の5点である．

> ① 肘関節角度を50°から150°までの範囲で変え，それぞれの関節角度における等尺性収縮張力を測定する．
> ② 測定結果から，肘関節角度－張力関係および肘屈筋の長さ－張力関係（length-tension relations）を求める．
> ③ 等尺性最大張力（maximal isometric tension：P_0）以下の様々な大きさの負荷をかけて等張性収縮を行わせ，それぞれの負荷での肘関節屈曲角速度を測定する．

④ 測定結果から力ー速度関係（force-velocity relations）を求め，最小二乗法による非線形回帰のプログラムを用いて直角双曲線（Hill の式）に回帰するとともに，無負荷時の最大短縮速度（V_{max}）を推定する．

⑤ それぞれの結果を，これまで最もよく調べられているカエル骨格筋単一筋線維の場合と比較する．

2 解 説

(1) 骨格筋の構造と機能

骨格筋は運動のためにきわめて高度に特殊化した器官である．主に直径 40-100 μm，長さ数 cm の筋線維（muscle fiber）と呼ばれる多核体からできている．筋線維の内部には，太いフィラメント（thick filament）と細いフィラメント（thin filament）の 2 種のフィラメントが高密度に，規則正しく配列している（図 1A）．その結果，骨格筋を光学顕微鏡などで観察すると明暗の横紋が見られる．太いフィラメントは主にミオシン（myosin）と呼ばれるタンパク質が会合して束になったものであり，細いフィラメントは主にアクチン（actin）が重合してできた繊維状の構造である．細いフィラメントは Z 帯と呼ばれる構造の左右に伸び，太いフィラメントは 1 対の Z 帯ではさまれた部分の中央に位置する．この 1 対の Z 帯ではさまれた領域をサルコメア（sarcomere）と呼び，骨格筋の収縮の最小単位と考える．

ミオシン分子には洋梨型をした 2 つの頭部[注1]とひも状の尾部があり，頭部は太いフィラメントから細いフィラメントに向かって突出し，架橋（crossbridges）を形成する．架橋は ATP を加水分解しながら細いフィラメントと結合・解離を繰り返し，細いフィラメントを太いフィラメントの中央に引き込むような滑り力を発生する[注2]．このように，筋収縮が 2 種のフィ

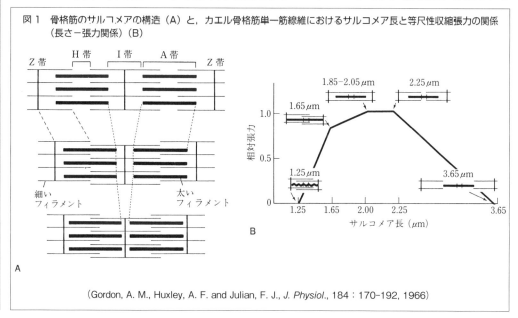

図 1　骨格筋のサルコメアの構造（A）と，カエル骨格筋単一筋線維におけるサルコメア長と等尺性収縮張力の関係（長さー張力関係）（B）

(Gordon, A. M., Huxley, A. F. and Julian, F. J., *J. Physiol.*, 184：170-192, 1966)

ラメントが滑り合うことによって起こるとする説を滑り説（sliding-filament theory）と呼ぶ.

[注1] 正確には，ミオシン分子は1個の頭部と尾部を持つ重鎖2本と4本の軽鎖からなる多量体である.

[注2] 滑り力発生の機構については長い間，細いフィラメントに結合したミオシン頭部が首を振るようなもの（首振り仮説）と考えられてきたが，疑問視する向きもある.

(2) 等尺性収縮と長さ－張力関係

滑り説を支持する最も有力な根拠は，収縮張力がサルコメア中の太いフィラメントと細いフィラメントの間のオーバーラップの量に比例するという実験事実である. A. F. Huxley らのグループ（1966）は，カエル骨格筋単一筋線維のサルコメア長を様々な長さに固定して等尺性収縮張力[注3]を測り，図1Bに示すような長さ－張力関係（length－tension relation）を得た.

図1Aから，筋にはサルコメア内の太いフィラメントと細いフィラメントのオーバーラップが最大になる長さがあることが示唆されるが（中段に示された状態），実際，長さ－張力関係では張力が最大になるサルコメア長があり，これを至適長（L_0）と呼ぶ. 筋線維を L_0 から伸張すると張力は直線的に低下するが，これはフィラメント間のオーバーラップの減少によるものと解釈される. 一方，L_0 より短い長さでも張力は低下するが，この原因は細いフィラメントどうしがオーバーラップしてミオシンとの間の架橋形成を阻害したり，太いフィラメントとZ帯との衝突によって反発力が生じたりするためと考えられている[注4]. 心筋や平滑筋（無脊椎動物のものを含む）も基本的に同様の長さ－張力関係を示す.

[注3] この場合には，サーボ系を用いて収縮中に常にサルコメア長が一定になるようにしたきわめて厳密な等尺性条件であるが，一般的には，筋の両端が固定された条件下での収縮を等尺性収縮と呼ぶ.

[注4] この点については，実験的に確かめられてはいない.

(3) 等張性収縮と力－速度関係

筋が一定の負荷のもとに定常状態で短縮している場合，張力は負荷とつり合って一定となるので，このような収縮を等張性収縮（isotonic contraction）と呼ぶ. 様々な負荷（力）のもとでの等張性収縮における短縮速度を測定することにより，筋収縮の力－速度関係（force－velocity relation）を求めることができる. 力－速度関係は，動力機械としての筋の性質を記載するばかりでなく，筋収縮の分子機構を考える上でもきわめて重要な関係である.

A. V. Hill（1938）は，カエル骨格筋の力－速度関係が図2のようになり，次の実験式（Hillの式）に従うことを示した.

$$(P + a)(V + b) = (P_0 + a)b \tag{1}$$

ここで，P, V はそれぞれ負荷（力）と短縮速度，P_0 は等尺性最大張力，a, b はともに定数（Hill定数）を表す.（1）式は $P = -a$, $V = -b$ をそれぞれ漸近線とする直角双曲線を示す. 力軸と速度軸との交点はそれぞれ P_0, 無負荷時の最大短縮速度（V_{max}）になる. また，この関係から筋が一定の荷重のもとに短縮しているときの仕事率（力学的パワーまたは運動エネルギー遊離速度）dW/dt は，

$$\frac{dW}{dt} = PV = \frac{Pb(P_0 - P)}{P + a} \tag{2}$$

で与えられ，多くの場合，力が約 $0.3\,P_0$ のときに極大値をとることが知られている．

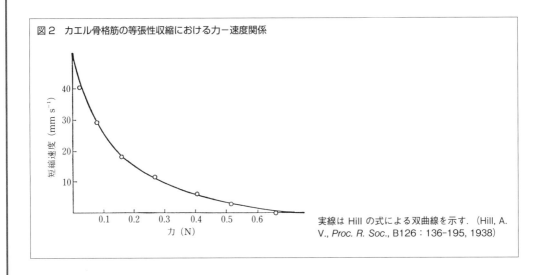

図2　カエル骨格筋の等張性収縮における力－速度関係

実線は Hill の式による双曲線を示す．(Hill, A. V., *Proc. R. Soc.*, B126：136-195, 1938)

予習課題

$$\frac{\mathrm{d}W}{\mathrm{d}t} = PV, \quad PV = \frac{Pb\,(P_0 - P)}{P + a}$$ をそれぞれ導け．

　単一筋線維などを用いた実験では，負荷のきわめて大きな領域で（1）式で示される双曲線からはずれてくるが，基本的に Hill の式は動物種，筋の種類を越えた普遍性を持ち，アクチンとミオシンの間の力と滑り速度を直接測定した場合にも成り立つことが示されている（図3）．

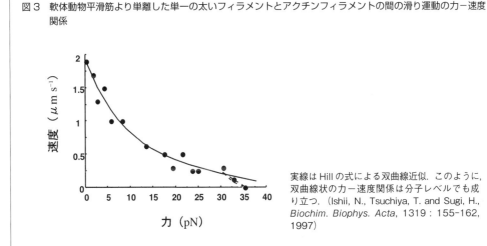

図3　軟体動物平滑筋より単離した単一の太いフィラメントとアクチンフィラメントの間の滑り運動の力－速度関係

実線は Hill の式による双曲線近似．このように，双曲線状の力－速度関係は分子レベルでも成り立つ．(Ishii, N., Tsuchiya, T. and Sugi, H., *Biochim. Biophys. Acta*, 1319：155-162, 1997)

（4）ヒトの肘屈曲運動のしくみ

　ヒト肘屈筋群は主に，上腕二頭筋（Musculus biceps brachii）と上腕筋（M. brachialis）からなる[注5]．上腕二頭筋は，肩甲骨烏口突起にはじまり，肩関節，肘関節を経て前腕骨（橈骨と尺骨）のうちの橈骨で終わっている．上腕筋は上腕骨にはじまり尺骨で終わる．肩関節が固定されていれば，これらの筋の収縮によって肘関節が屈曲する（図4）．肘屈曲に最も寄与の大きな上腕二頭筋の場合，前腕骨に沿って，肘関節回転中心から肘屈筋の付着部までと手関節までとの距離の比 $m / (m + n)$ は平均で約 1/5 であることが解剖学的観察からわかっている．したがって，肘屈筋の短縮は手関節の変位として約 5 倍に増幅されるかわり，その収縮張力は約 5 分の 1 に減衰する．

　[注5] 肘屈曲には，腕橈骨筋，長橈側手根伸筋などの前腕の諸筋群もある程度関与する．

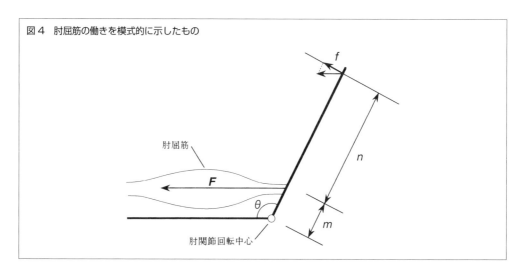

図4　肘屈筋の働きを模式的に示したもの

肘屈筋

F

θ

肘関節回転中心

f

n

m

　一方，肘屈筋の長軸方向の収縮によって生み出される肘関節回転トルク T は肘関節角度[注6] θ に依存し，

$$T = mF \sin\theta = (m + n) f \tag{3}$$

で与えられる．ただし，F は肘屈筋の長軸方向の力，f は手関節部で測定される回転の接線方向の力を表す（図4）．

　[注6] 解剖学上の肘関節角度は上腕の延長線と前腕のなす角度であり，肘伸展時で 0° であるが，長さ－張力関係を考察する場合には筋長が増加したときに角度が増加するようにした方が都合がよいので，ここでは上腕と前腕にはさまれる角度（肘伸展時で 180°）とする．

3　実験材料および器具

（1）腕エルゴメータ

　本実験に使用する腕エルゴメータの概要を図5，6に示す．この装置は基礎生命科学実験専用に設計されたもので，力学的状況が直視できるように配慮されている．肘屈曲運動における等尺

性張力と等張性短縮速度の両者を測定することができるが，それぞれの用途に応じて等尺性モード（図 5）と等張性モード（図 6）の二様の配置にする．

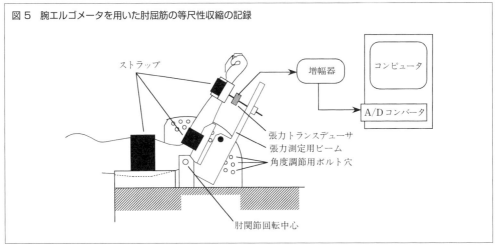

図 5　腕エルゴメータを用いた肘屈筋の等尺性収縮の記録

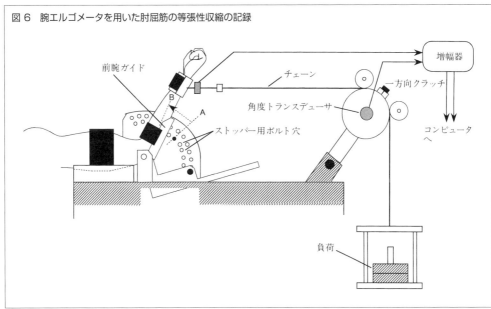

図 6　腕エルゴメータを用いた肘屈筋の等張性収縮の記録

　張力測定器（張力トランスデューサ）にはストレインゲージ（strain gauge）を用いている．ストレインゲージには，内部の半導体に加えられた微小なひずみに応じて電気抵抗を変える特性があり，この電気抵抗の変化をブリッジ回路と増幅器を用いて測定する．等尺性モードでは，図 5 に示すように肘関節回転中心から伸びている張力測定用ビームと手首を固定するカフを張力トランスデューサを介して結び，手関節の位置で前腕に直角方向にはたらく等尺性張力を測る．張力測定用ビームは，前腕と連動して動き，角度調節用ボルトによって肘関節角度を 50° から 150° までの範囲で 10° ごとに固定することができる．
　等張性モード（図 6）では，一定の負荷を持ち上げているときの張力と肘関節回転角速度を同

時に測定する．張力の測定は上記のストレインゲージを張力測定用ビームから負荷につなぎかえて行い，速度の測定は近似的に，負荷をつり下げるプーリーの回転軸に組み込んだ角度トランスデューサ（本装置ではポテンシオメータ）を用いて行う．ただしこの方法では 90° 前後の範囲での小さな肘関節角度の変化にしか対応できないので，前腕ガイドのストッパーを用いて肘関節の動く角度を 120° から 80° の範囲に制限する．

(2) コンピュータを用いたデータ処理

張力トランスデューサ，角度トランスデューサからの出力はそれぞれ直流増幅器で増幅された後，A/D コンバータでデジタル信号（12 ビット）に変換され，解析用コンピュータのメモリーに直接入力される．データの収集・保存，解析にはそれぞれ，本実験専用に作成されたソフトウエア "Muscle" と "Analysis" を用いる．これらのソフトウエアの使用法の概要を以下に述べる．まず以下を十分に理解した上で，解析用コンピュータに保存された電子版実験マニュアルを参照しながら実験を行うこと．

a）"Muscle" を用いたデータの収集・保存

コンピュータのスイッチを入れ，OS "Windows" にログインすると，画面上に，Muscle と Analysis それぞれのショートカットおよび実験マニュアルがアイコンで表示される．データの収集・保存をするために，マウスを用いてアイコンをダブルクリックして，Muscle を実行する．

ⅰ）等尺性収縮の測定
①測定の準備（測定の手順の詳細は本実験の 4 実験の手順を参照）ができたら，マニュアルに従い，マウスを用いて「実験 1（測定）」のタブを選択する．

②画面左下のグラフに，張力トランスデューサと角度トランスデューサの信号が，リアルタイムで表示されていることを確認する．

③画面左上にある，被検者名の入力ボックスに名前を入力し，最後にエンターキーを押す．

④データの取り込みは，画面左端の「測定開始」ボタンをクリックすると開始され，5 秒間で終了する．被検者は，ボタンがクリックされてから約 1 秒後に，最大努力で力を発揮（約 3 秒間）する．

⑤データの取り込みが終了すると，画面右側の上段のグラフに測定した 5 秒間の張力データが表示される（図 7）．5 秒間の張力の最大値が，グラフの上に表示される．この値が，突発的ノイズなどによるものでないことを確認し，「分析」ボタンをクリックする．最大値が下段の角度 – 張力のグラフ上にプロットされることを確認する．

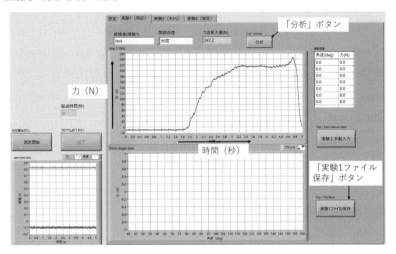

図7 等尺性筋力の測定（実際の画面）

「分析」ボタン

力（N）

時間（秒）

「実験1ファイル保存」ボタン

データ取り込み後，上段のグラフに張力が表示される．最大値がノイズなどでないことを確認し，「分析」ボタンを押すとその値がPCメモリー上に記録される．

⑥関節角度の設定を「90度」から「90度（2回目）」まで変更し，④と⑤の手順を繰り返す．最後に画面右下の「実験1ファイル保存」ボタンをクリックして，データをファイルに保存する．

⑦被検者が交代した場合には，③から⑥の手順を繰り返す．

ⅱ）等張性収縮の測定

①測定系を等張性収縮測定用の配置（図6）に変更し，測定の準備（4 実験の手順を参照）ができたら，「実験2（キャリ）」のタブを選択する．これは，被検者ごとに，角度トランスデューサの目盛りづくり（肘関節角度を直接測っているわけではないので，角度トランスデューサの目盛りは前腕の長さなどに応じ，個人ごとに変わってしまう）を行うものである．これは負荷をかけないで行う．

②被検者名の入力ボックスに名前を入力し，最後にエンターキーを押す．

③「測定開始」ボタンをクリックすると，5秒間データが取り込まれるので，被検者はこの間に，肘を関節角度120°から80°まで滑らかに屈曲させる（前腕ガイドのストッパーがこれらの角度に設定されているはずである）．データ取り込みが終了すると，右側のグラフに角度トランスデューサの電圧データが表示される．

④画面上で，測定開始から0.5秒以上のデータが肘関節角度120°に対応する値に，終了直前の0.5秒以上のデータが80°に対応する値になっている（それぞれほぼ一定になっている）こ

とを確認し，画面左下にある「キャリブレーション」ボタンをクリックすると，80°から120°までの線形な目盛りがコンピュータ内に作られる．

⑤続いて，「実験2（測定)」のタブを選択する．ここで，キャリブレーションのときに入力した被検者名が表示されていることを確認する．次に，等尺性最大筋力（肘関節角度110°）の値を入力する．この値に従って，目安となる負荷の値（荷台にのせる重りの質量）が自動的に右側の表に表示される．

⑥データ収集の方法については，等尺性収縮の場合と同様である（「測定開始」ボタンがクリックされてから約1秒後に最大努力で肘を屈曲する)．

⑦ある負荷で測定を行うと，図8に示すように，角度と力の時間変化を示すデータが画面上段のグラフに表示される．

⑧このグラフの左下の表示範囲を変更するボタン（図8参照）の中から「時間軸範囲選択」ボタンをオンにした状態で，グラフ上でマウスをドラッグすることにより，時間軸の表示範囲を変更できる．角速度と張力がともに一定となる範囲まで，グラフを拡大表示させる．この状態で「分析」ボタンをクリックすると，指定された範囲での平均の角速度と張力がPCメモリー上に記録され，同時に右側の表にもそれらの値が表示される．特に負荷が小さいときには，初期加速時に大きな力が発揮される上，収縮の後半では慣性の影響で張力が急激に減少するので注意が必要である．

図8　等張性収縮での速度と力の測定（実際の画面）

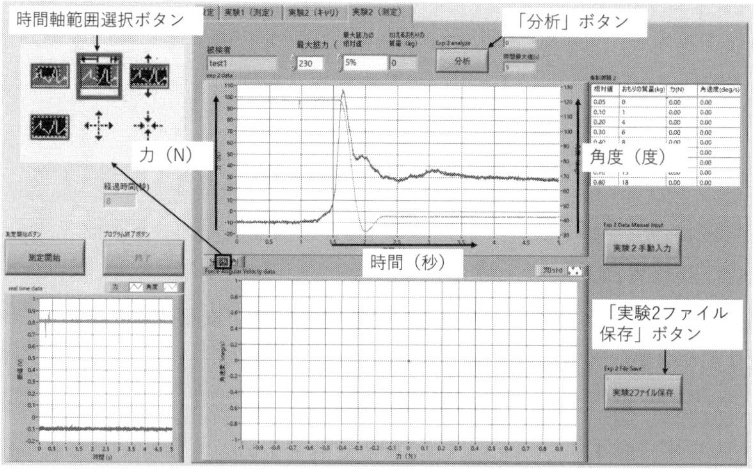

「時間軸範囲選択」ボタンをオンにした状態で，マウスをドラッグすることにより，肘関節角速度（グラフに示される赤色の曲線の傾き）と張力がともに一定となる部分を拡大表示する．「分析」ボタンをクリックすることで，この範囲での力と速度の値を記録する．

⑨最大筋力の相対値の設定を変えて測定を繰り返す．最後に画面右下の「実験2ファイル保存」ボタンをクリックして，データをファイルに保存する．

⑩被検者が交代した場合には，②から⑨の手順を繰り返す．

> **注意▶** 以上のように，測定データは基本的にコンピュータ上で処理されるが，すべてをコンピュータまかせにすると，測定機器の故障やその他の異常に気付かない場合があり，きわめて危険である．また，コンピュータのデータ保存システム自体がクラッシュする場合もある．したがって，測定値をデータ記録用紙に記入しながら実験を進めなければならない．また，実験終了後これを提示すること．

b）"Analysis"を用いたデータの解析

データ収集・保存が終了したら，Muscleを終了し，Analysisを実行して解析を行う．Analysisは，ハードディスク上に保存された数値データをもとに，数値変換，グラフ表示，回帰を行うものである．長さ−張力関係の結果を表示するには「実験1」のタブを，力−速度関係の結果を表示するには「実験2」のタブをクリックして作業を選択する．実験マニュアルを参照しながら，画面上に現れるボタンを順次クリックしていけば，次項の「4 実験の手順」中の課題のすべてを行うことができる．

4 実験の手順

(1) 長さ−張力関係

図5に示すように腕をエルゴメータにのせ，上腕を架台に，前腕を前腕ガイドにストラップでしっかりと固定する．このとき，肩関節と肘関節を結ぶ線が架台と平行でなければならない（そのような姿勢がとりにくい場合には椅子の高さを調節する）．張力トランスデューサのついたカフをボルトで張力測定用ビームにとりつけ，カフを手首の位置に固定する．張力トランスデューサの中心軸が前腕と直角に，張力測定用ビームが前腕と平行になるように，ボルトの締め具合を調節する．張力測定用ビームは，向かって左側の角度調節用ボードにボルトで固定することができる．ボルト穴は肘関節角度を10°ごとに変えられるように開けられている（角度はボード上に表示されている）．

> **注意▶** 筋力を発揮するときには，反対側の腕を膝の上にのせ，測定する腕の肘の位置を動かさないようにして，肘の屈曲のみを行うように心がける（等張性収縮の実験の場合にも同様である）．

a）肘関節角度−張力（肘関節回転力）関係の作成

1班の中の3名を対象に測定を行う．肘関節角度を90°，110°，130°，150°，70°，50°の順に変え，前腕に直角方向にはたらく等尺性随意最大張力をそれぞれ測定して，図9に示すようなグラフを作成する．疲労の影響を考慮し，測定の間には2分以上の間隔をおくこと（この間にデータ処理を行う）．最初の関節角度90°での測定では，筋力発揮が安定するまで（直前の試行との

差が 10%以内）何度か試行を繰り返す（ウォームアップ）．ほかの角度での測定が終了したら最後に必ずもう一度 90° で測定して，著しい張力の低下が起こっていないかを調べる（図9中で肘関節角度 90° のところに2点のプロットがあるのはこのためである）[注7]．データ解析では Analysis を用いて個人ごとに図9のようなグラフを作成し，張力が最大になる肘関節角度（至適角度）がどのくらいかを調べる．次に，それぞれの角度での張力を最大張力（P_0）に対する割合（P/P_0）に変換する（データの規格化）．横軸に肘関節角度，縦軸に相対張力（P/P_0）をとり，3名全員の規格化されたデータをまとめて1つのグラフで表す．

[注7] このように，最後に初期の条件で再び測定を行い，同様の結果が得られることを「リカバリー」という．この実験では，適切なリカバリーが得られなかった場合，関節角度の変化に依存して張力が変化したのか，単に疲労の蓄積によって徐々に張力が低下したのかを区別できないことになる．

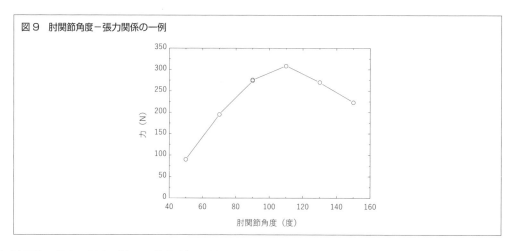

図9　肘関節角度－張力関係の一例

b）肘屈筋の長さ－張力（筋の長軸方向）関係の予測

　（3）式から，前腕に対して直角方向の力に $(\sin\theta)^{-1}$ を掛ければ肘屈筋の収縮張力の5分の1になることがわかる．Analysis を用い，規格化された全員の相対張力に $(\sin\theta)^{-1}$ を乗じてそれぞれの角度での肘屈筋の相対張力を算出する．さらに，肘屈筋の相対長さにつき，$\theta = 90°$ のときを1，肘関節から肘屈筋の付着部までの距離（図4中の m）を 0.5 とし，それぞれの関節角度から式（$1 - 0.5\cos\theta$）を用いて換算する．これらから，肘屈筋の生体内での長さ－張力関係（いずれも相対値）を推測するグラフを描く．

課　題　1

　実験より得られた肘関節角度－張力（肘関節回転力）関係は，私たちの身体運動（スポーツ動作やトレーニング）や日常の動作にどのような影響をおよぼすと考えられるか．具体的な例を1つあげて考察せよ．

課　題　2

　肘関節角度－張力関係の形には，どの程度の個人差が見られたか．考慮すべき個人差が見られた場合，そのような個人差を生じる原因としてどのようなことが考えられるか．

課　題　3

　肘関節角度−張力関係と，それより推測される肘屈筋の長さ−張力関係を比較し，生体内の筋運動では筋自体の長さ−張力関係のどのような領域を用いているか，それは生体運動においてどのような意味を持つかを考察せよ．この際，肘屈筋の長さ−張力関係を広い長さ範囲で調べると，図1Bのようになるものと仮定してよい．

---

(2)　力−速度関係

　1班の中の3名を対象に測定を行う（班の人数が多い場合にはできるだけ長さ−張力関係の被検者と重複しないようにする）．長さ−張力関係の測定を行っていない被検者の場合には，肘関節角度が110°のときの等尺性張力をまず等尺性モードで測定した後，腕エルゴメータの配置を等張性モード（図6）にする．等尺性張力測定用ビームは測定のじゃまにならぬよう，架台上に収納する．肘を90°に曲げたときに，負荷と張力トランスデューサを結ぶチェーンが架台面と平行になるように，プーリーの高さを調節する（プーリーの支柱の根元にこのためのボルトがある）．前腕ガイドのストッパーボルトをボード上の120°と80°の位置（2列ある穴のうち，内側の列の穴を用いる）で締め込み，肘屈曲運動の範囲（図6中のAからB）を120°から80°に制限する．さらに，肘関節を120°で保持しているときに負荷がかからないように，プーリーのストッパー位置を調節する（プーリーに直接ボルトを締め込むようになっている）．肘関節角度−張力関係から，この角度の範囲内では等尺性張力は大きく変化しないはずなので，この範囲内で測定を行う[注8]．

> [注8] 負荷がきわめて小さい場合には，収縮時間が短すぎてこの範囲内で定常状態に達しないことがある．安全のために，プーリーのストッパー位置の調整をおこたらないこと．

a）力−速度関係

　肘関節角度が110°のときの等尺性張力を P_0 とし，負荷の大きさがそれぞれ約 0.05，0.1，0.2，0.3，0.4，0.5，0.6，0.7，0.8 P_0 のときの最大努力下での等張性肘屈曲角速度を「3 実験材料および器具（2）a）ⅱ）」に述べた方法で測定する．負荷として用いる重りには，1，2，5，10 kg のものがあるので，これらを適宜組み合わせて用いる．ただし，重りをのせる台自体に 1 kg の重量があるのでこれを含めて計算する（ソフトウエア中にはこの 1 kg の値はすでに組み込まれているので，数値として入力するのは重りの重さのみでよい）．実際のデータ処理に際しては，負荷の大きさと力は必ずしも一致しないので，張力トランスデューサで測定した実測値を用いる．

　負荷が大きい場合には，脱力後に負荷が急速に下降し，プーリーがストッパーに激突して破損することがあるので，軸受け部の一方向クラッチ（短縮方向にはフリーだが，伸張方向には抵抗を生じるもの：図6参照）を適当に締め，負荷がゆっくりと落ちるように調節すること．

　測定は小さな負荷から大きな負荷に向かう順に行う．疲労の影響を考慮し，測定と測定の間には 2 分以上のインターバルをとり，その間にデータ処理を行う．

　得られたデータを Analysis を用いてプロットし，さらに最小二乗法による非線形回帰のサブルーチンを用いて Hill の式（1）で示される回帰曲線を求め，図10のようなグラフを作成する．

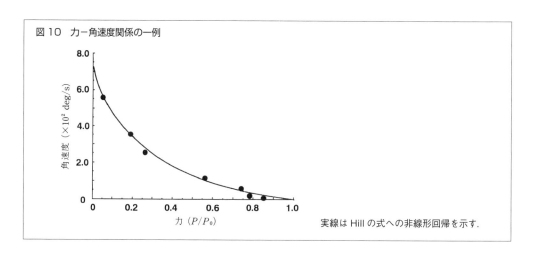

図10 力－角速度関係の一例

実線は Hill の式への非線形回帰を示す.

速度として角速度を用いれば，その値は骨や筋の長さに依存せず規格化されていることになるので（ただし，体の大きさが異なっても筋，骨格系のプロポーションが同じであることが前提となる），そのままの形で3名全員のデータを同時に処理することが可能である．Analysis を用いて3名全員のデータを1つのグラフ上にプロットし，これら全体のデータから求めた回帰曲線とともに示すこと．また，回帰曲線から，Hill 定数 a/P_0, b, 最大角速度 V_{max}（負荷がゼロのときの角速度）の値を求める．ただし，規格化された Hill の式は（1）から，

$$\left(\frac{P}{P_0} + \frac{a}{P_0} \right)(V + b) = \left(1 + \frac{a}{P_0} \right) b \tag{4}$$

また，V_{max} の値は

$$V_{max} = \frac{bP_0}{a}$$

となる．

b）力－仕事率（パワー）関係

3名全員のデータから，Analysis を用いておのおのの測定点につき仕事率（$V P/P_0$）を求め，力（P/P_0）に対しプロットする．合わせて，（2）式と上で求めた a/P_0, b の値を用い，Hill の式から導かれる力－仕事率関係の理論曲線を同じグラフ上に描く（計算式はすでにソフトウエア内に入力されている）．理論曲線から，最大の仕事率は，負荷が等尺性最大筋力の約何％のところで発揮されるかを調べる．

課 題 4

　筋が収縮すると熱を発生する．熱発生の主なものは，負荷の大きさに依存せず常に一定の速度で発生する維持熱（H_m）と，短縮に伴い余剰に発生する短縮熱とに分けられる [注9]．短縮熱（H_s）は短縮量（x）に比例し，その比例定数は Hill 定数 a に等しいことがわかっている [注10]．すなわち，

$$H_s = ax$$

となる．したがって，短縮に伴う余剰熱発生率は，

$$\frac{dH_s}{dt} = a\frac{dx}{dt} = aV$$

と書ける．また，収縮時の全エネルギー発生率は，

$$\frac{dE}{dt} = \frac{dW}{dt} + \frac{dH_s}{dt} + \frac{dH_m}{dt} = PV + aV + \text{const.} \tag{5}$$

となる．（2）式と（5）式から，力と全エネルギー発生率との関係 [注11] を導き，Hill 定数 b がこの関係においてどのような意味を持つかを考察せよ．

[注9] さらに，収縮開始時にのみ小さな熱発生があり，これを活性化熱（activation heat）と呼ぶ．

[注10] 厳密に測定すると a は負荷 P/P_0 の低下に従い減少し，その効果は 0.3 P_0 以下の負荷領域で著しく現れる．

[注11] 軽い負荷での筋運動ほどエネルギー消費率が高いことが示唆されるはずである．

課 題 5

　実験より得られた力-速度関係，および力-パワー関係は，私たち自身の動力源（エンジン）の動的特性を示すものといえる．これらの関係は，実際の身体運動，トレーニング，日常の動作などにどのような影響をおよぼすと考えられるか．具体例を 1 つ挙げて考察せよ．

課 題 6

　肘屈筋の至適長（L_0）を 100 mm，肘屈筋の付着部から肘関節回転中心までの距離（図 4 中の m）を 50 mm と仮定し，無負荷時の最大短縮速度（V_max）を肘屈筋の L_0 に対する割合（$L_0\text{s}^{-1}$）で示せ（概算でよい）．

　図 1 をよく見て，この値からサルコメア内での太いフィラメントと細いフィラメントの最大滑り速度（$\mu\text{m s}^{-1}$）を推定せよ．ただし，サルコメアの L_0 を 2 μm とする．

実験17　骨格筋の力学的性質

参考文献

Gordon, A. M., Huxley, A. F. & Julian, F. J. The variation in isometric tension with sarcomere length in vertebrate muscle fibres. *J. Physiol.*, 184, 170-192（1966）

Hill, A. V. The heat of shortening and the dynamic constants of muscle. *Proc. Roy. Soc. Lond.*, B126, 136-195（1938）

Ishii, N., Tsuchiya, T. & Sugi, H. An in vitro motility assay system retaining the steady-state force-velocity characteristics of muscle fibers under positive and negative loads. *Biochim. Biophys. Acta*, 1319, 155-162（1997）

［付録1］
生命科学実験の基礎技術

A　マイクロピペットの操作法

マイクロピペットは極微量の液体を操作するのに開発された器具である．ピペットとは異なり，口による操作，あるいは安全ピペッターによる操作が不要であり，片手で操作できるのが大きな特色となっている．また，液体に触れる部分はチップと呼ばれる使い捨ての部分のみであり，病原微生物や危険な化学薬品，あるいは放射性物質などを扱うときには大変重宝する．

ここで説明するマイクロピペットは，Thermo Fisher Scientific 社のフィンピペットという製品だが（図1），他社製品でもほぼ同じ操作法で使用する．

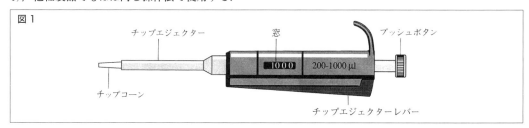

図1

ピペット操作の基本
①扱いたい容量をプッシュボタンを回転させてセットする（図2）．
②マイクロピペットの種類によって扱える容量の上限と下限が決まっている．マイクロピペットの表示を確認すること．上限以上，下限以下にセットしようとするとプッシュボタンをねじ切ることになったり，ネジをはずしてしまうことになるので，注意する．
③扱いたい容量が窓に表示されていることを確認する（図3）．
④チップを装着する．しっかりと装着することは大事だが，かといって力任せにチップをチップコーンにいれると，後で外れなくなり軸を曲げてしまう恐れがある．軽くトンと押すだけで十分である．
⑤プッシュボタンを1段目のストップ（図4B：第1ストップ）まで押し下げる（図4の1）．
⑥ピペットを垂直に保ったまま，チップの先を液体の水面下数mm‐約1cmまで浸け，ゆっくりとプッシュボタンを戻す（図4の2）．
⑦液の排出は，ゆっくりとプッシュボタンを第1ストップ（B）まで押し，さらに2段目のストップ（C）まで押す（図4の3；第2ストップ）．これでチップの中の液体がすべて排出される．
⑧プッシュボタンをゆっくりと元の位置（A）に戻す（図4の4）．
⑨チップエジェクターレバーを押してチップを外す．以上の操作で，チップに手を触れずにすべての操作を終えることができる．

> 注意▶プッシュボタンを操作するとき，急にプッシュボタンをはなしたり，強く押したりしてはいけない．特に大きな容量（100-1000 μL）を扱うときにはプッシュボタンの上げ下げは少なくとも1秒はかけるようにすること．そうしないと液体をマイクロピペットの中にまで吸い込んでしまい，ピペットを汚染してしまう．

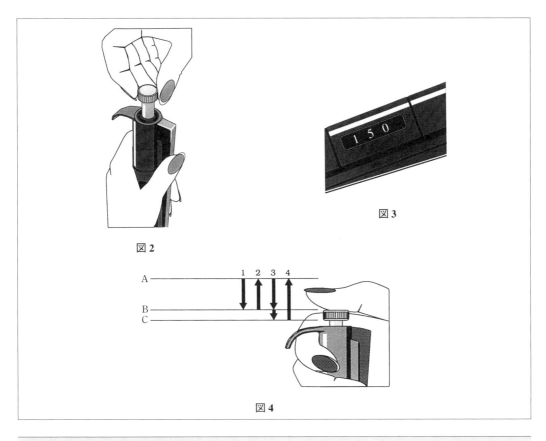

図2

図3

図4

B　プレパラートの作り方

　試料を封入した永久プレパラートや対物ミクロメーターはそのままステージにのせて観察すればよい．ここでは，最も多く観察する生試料のプレパラートの作り方について述べる．

①まず，試料を1滴の水とともにスライドガラスにのせる［注1,2］．

> ［注1］観察する試料がウニ受精卵やゾウリムシなど水中に浮遊している場合，ピペットで浮遊液を1滴（これで十分！）取り，スライドガラス上にのせる．このとき，吸い取る試料の位置に注意し，もし下に沈んでいれば，深くピペットを差し込んで吸い取ること（ただし，この際にチップ以外の部分が液などに触れないように注意すること）．また，ピペットで試料を激しく出し入れしないこと．出し入れによって生じる水流は，われわれの想像以上に，微小な生物に物理的な影響を与えやすく，死に至らしめることもある．
>
> ［注2］試料が植物などの切片の場合，切り出した切片はすぐに，スライドガラス上に垂らした1滴の水に浸す．生きた試料切片は空気にさらしていると乾燥して死んでしまいやすく，また，ピンセットでつまむといくらソフトにつまんだつもりでも，その部分がつぶれてしまっていることが多い．そこで，切片を切り出した後ピンセットでつままず，カミソリの刃の上からピペットで水を流してスライドガラス上にのせるなどの工夫をするとよい．

②カバーガラスをかける．このとき，カバーガラスの一方をピンセットでつかみ，対面側をスライドガラスにつけ，ピンセットでつまんだ側をゆっくり降ろしていくと気泡が入らない（図5）．
③カバーガラスからはみ出た余分な水をキムワイプで吸い取る（図6）．

　余分な水を吸い取ると，最初は水の表面張力で浮いた状態から，カバーガラスは次第にスライドガラスとの距離を縮めていく（図7上）．この状態ではまだカバーガラスと試料（とスライドガラス）との間

に距離があり，顕微鏡で試料を観察時に焦点を合わせにくい．特に高倍観察では，対物レンズの作動距離を保つことができない．しかし柔らかく厚みのある試料を観察する場合，たとえばウニの幼生やゾウリムシの運動を観察する場合は，この状態でないとつぶれてしまうため，むしろ適している．この状態を長く維持するために，スライドガラス上にビニールテープやリング状のシールを貼りつけ，その上にカバーガラスをのせることがある．

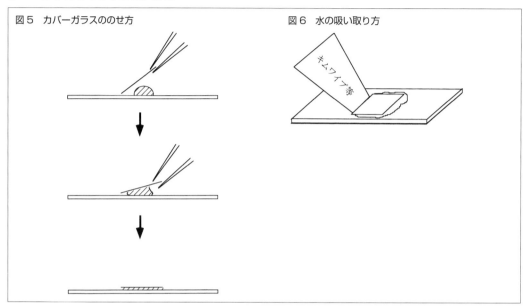

図5　カバーガラスののせ方

図6　水の吸い取り方

キムワイプ等

　さらに水を吸い取ると，カバーガラスとスライドガラスの距離が縮まっていき，薄いプレパラートとなる（図7中央）．このとき厚さをうまく調節すると，泳いでいるウニの幼生などをカバーガラスとスライドガラスの間ではさむことができ，その内部構造を観察することができる．ゾウリムシの観察では，数本の綿の繊維をはさんでこの状態を保持する方法をとる．

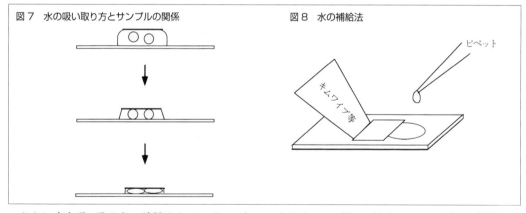

図7　水の吸い取り方とサンプルの関係

図8　水の補給法

ピペット

キムワイプ等

　さらに水を吸い取ると，試料はカバーガラスとスライドガラスの間で圧されて，やや扁平な状態になる（図7下）．一般的には，なるべく水を吸い取って薄いプレパラートを作る方が，高倍率にした際に焦点を合わせやすく，細胞内の構造を観察するのに適している．しかし水を吸いすぎると，今度は空気が入ってしまい，観察しづらくなる．

　また，1つのプレパラートを長時間観察していると，水が蒸発してカバーガラスとスライドガラスの間に空気が入ってしまうことがあるが，この状態では観察しづらい上に試料が乾燥してしまう．このと

きは直ちに水を補給する（図8）．まず顕微鏡ステージからプレパラートをはずし，カバーガラスの横からピペットで水を補給する．余分な水を吸い取った後，再びステージに戻す．顕微鏡にプレパラートをのせたまま水を補給すると，顕微鏡のステージ上に水をこぼすことがあるため，してはならない．

C　解剖器具の使い方

ここでは解剖器具の使用について説明する．実験14，実験15，実験16では3種類のはさみ，2種類のピンセット，メスなどを用いる．使用にあたって特に気をつけてほしいのは以下の3点である．

①それぞれの器具は用途が異なる．特にはさみは，使い分けを間違えると刃が傷んで切れなくなるので注意すること．
②解剖は神経を集中して行うことは当然だが，はさみやメスなど刃物を扱っていることも意識しながら行ってほしい．たとえば，カエルの解剖の1回目では，生きたウシガエルを実験材料として用いる．麻酔は深くかけてあるが，個体によっては時間の経過とともに麻酔が浅くなり，多少動く場合もある．このとき，驚き（恐怖？）のあまり，叫び声をあげるだけでなく，持っている解剖器具を振り上げる人がいる．周囲の人に怪我をさせないためにも，自分が刃物を扱っているのだということを常に意識しながら解剖を行ってほしい．
③上手に解剖を行うためには，よい状態の解剖器具を使用することが大切である．特にはさみやメスは何年にもわたって使い続けていくものである．使用後は後片づけをきちんとして，汚れを残したり錆びつかせたりしないようにすること．使用した解剖器具は，スポンジを用いてよく水洗いをし（場合によっては洗剤を使用する），70％エタノールを含ませたキムワイプなどで拭いた後乾燥させる．

（1）解剖器具

次に，それぞれの器具についての説明をする．各自で自分の器具が使用できる状態にあるかどうかを確認すること．

はさみ
（a）解剖ばさみ（直剪刃）（図9A）

本実験で使用する3種類のはさみの中で，最も大きく丈夫なはさみである．このはさみは，筋肉，皮膚，骨など硬い組織を切るのに用いる．

解剖ばさみは分解することができ，2本の刃にはそれぞれ同じ刻印が押されている（この刻印が合っていることを確認すること）．片側が先の尖った刃で，もう片側は丸い玉がついているか，あるいは丸みを帯びた刃になっていることを確認する．開腹の際に皮膚や筋肉を切る場合などには，丸い方の刃が体内に入るようにして，内臓を傷つけないようにしながら使用する．

（b）眼科ばさみ（眼科剪刃）（図9B）

眼科ばさみは，柔らかい臓器や，腸間膜など薄い膜を切るのに用いる．このはさみは基本的には刃の先端部を使用する．ピンセットで切断したい部分の脇をつかみ，刃の先端部分で少しずつ切っていくようにする．このはさみではけっして硬いものを切ってはいけない．もし硬いものを無理して切った場合，刃が開いて左右の刃のかみ合わせが悪くなり，使いものにならなくなってしまうので注意する．

（c）小解剖ばさみ（小直剪刃）（図9C）

骨のように硬い組織の場合で，特に細かい作業が必要なとき（たとえばカエルの頭骨をはがすときなど）はこのはさみを用いる．このはさみも細かい作業に使用するので，刃の先端部分で切るようにする．

図9 解剖に使う道具

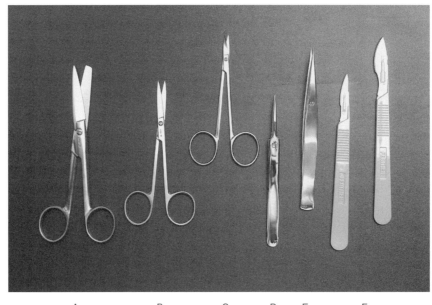

A   B   C   D   E   F

左から解剖ばさみ，眼科ばさみ，小解剖ばさみ，ピンセット，メス．

ピンセット（図9D，E）

ピンセットは2本用意する．1本は先端の方まで柄の部分が比較的太いもので，腰が強く，ある程度強い力でものをつかみたいときに使用する（E）．もう1本は，柄の特に先半分が細めのもので，細かい作業のときに用いる（D）．

メス（図9F）

メスは先の尖ったものを用意する．替え刃式のものもあるが，使い捨てのメスで十分である．刃を錆びさせなければ数回は十分使用できる．刃の部分にはカバーがついている．このカバーをはずすときに指を切る人がいるので気をつけること．"SNAP"と書いてある部分を親指と人差指でつかみ，裏側に向けてひねる（押す）．このメスは，尖った部分を使い，押して切るのでなく引いて切る要領で使用する．

(2) 操作

解剖器具を用いる操作は，基本的には両手を用いて行う．利き手が右手の場合を例に説明する．左手が利き手の場合（すなわちはさみを左手で使う人）は，左右を逆にして読んでほしい．

①切る場合（はさみあるいはメスを使用するとき）

通常，右手にはさみあるいはメスを持ち，左手でピンセット（柄が太く腰が強い方）を持つ．何かを切る場合，必ず切る場所の脇をピンセットでつかんでつまみ上げ，つまみ上げた部分を切るようにする．つまみ上げずに切ったり，押し付けるように切ったりすることは，本来切ってはいけない部分までも切断してしまう原因になる．つまみ上げる力加減は場所によって異なる．開腹の際の皮膚や筋肉については，かなり力を入れてもかまわないが（力を入れた方がよい），内臓諸器官の場合は，力を入れすぎるとちぎれてしまうので注意が必要である．

②目的とする組織を探すために臓器あるいはほかの組織を移動させるとき

　ピンセットを2本使用する．左手に柄の太いピンセットを持ち，右手で先の細いピンセットを持つ．両手を上手に使いながら解剖を進める．

　膀胱や腸間膜などは，非常に薄い膜でできており，特に膀胱はほぼ透明なので初めての場合識別しにくい．これらをピンセットで探そうとすると，膜を破ってしまい，たまっていた尿を漏出させてしまうようなことも多い．このような場合には，指が非常に優れた解剖道具となる．素手でさわるのが嫌な人は，手袋を用意するとよいであろう．

(3) 後片づけ

　前に述べたように，使用後の器具はよく洗って汚れを落としておく．汚れは，後の錆の原因ともなる．スポンジを使って水洗いし，汚れを落とす．必要ならば洗剤を使う．はさみについては，左右の刃が交差するところに汚れが残りやすいのでよく洗う．70％エタノールをしみこませたキムワイプで器具を拭き，乾燥させる．解剖ばさみは左右の刃を分解しそれぞれよく洗う．開いた状態で乾燥させる．

［付録2］
測定と誤差

　生体試料を扱う実験ではいろいろな定量化の手段がある．個体や細胞のサイズや重さ，酵素化学反応で生成した物質の濃度，DNAやペプチドの電気泳動による移動度やその量などは測定機器を使って定量化する．個体数，密度や行動パターンのように観察者が1つ1つカウントすることによって数値化するものもある．実験の種目ごとに定量化の手法は異なっているが，その後のデータ処理では，統計学的には同じ手法を用いることができる．ここでは，数値データの取り扱いについて一般的なルールを解説する．

A　平均値と標準偏差

　右図は，生体試料のある数値化可能なパラメータの分布（元の分布，[●印]）と，それを測定した結果の例（測定値A[×印]，B［○印]）を示してある．上側の図は測定値の分布（確率分布）を示す．下側の図は，繰り返して測定したときに見られるデータの変動（測定の時間経過）を示してある．私たちの身長が1人1人違うように，生体試料を用いて測定される値は決して均一なものばかりではない．観察条件や個体差などによって計測するもの (x) は必ずある広がりを持った分布（灰色で示された確率分布）となる．この分布は多くの場合，ガウス分布（正規分布），

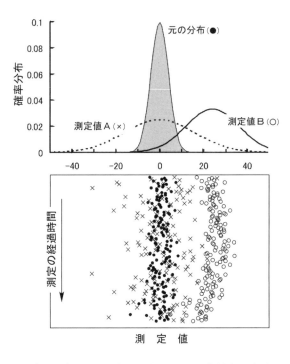

$$f(x) = \frac{1}{\sigma\sqrt{2\pi}} \cdot \exp\left[-\frac{(x-\mu)^2}{2\sigma^2}\right] \quad (1)$$

の形で表記することができる．μ は平均値[注1]（mean value，上の例では $\mu = 0$），σ はもともとの分布の広がりを示すパラメータで標準偏差[注1]（S. D., standard deviation，上の例では $\sigma = 5$）と呼ばれる．もし，私たちの測定精度が高く，いつも正確な値を得られると仮定するならば，繰り返し測定すると図中の●印のデータのように，結果は元の分布に近いものになると期待できる．測定回数を多くすると，ますます，正しい正規分布の様子が見えてくるであろう．一般に，

$$<\mu> = \frac{1}{n}\sum_i x_i, \qquad <\sigma^2> = \frac{\sum_i (x_i - \mu)^2}{n-1} \quad (2)$$

の式を使って，μ と σ の値をそれぞれ推定する．x_i は，1つ1つの測定値，n は測定回数を示す．これら

は元の確率分布（式（1））の μ や σ と厳密には同一ではない．その予測値に過ぎない．＜＞は期待値であることを示し，統計的な処理によって推定された値であることを示す．

B　測定誤差

測定には何らかの誤差が必ず含まれる．たとえば，図の測定値A（×印，破線の確率分布）は，平均値が元の分布とほぼ同じであっても，何らかの測定方法が原因で，データのランダムな読み取り間違いが生じ，広がった分布となってしまう例である．このような測定を精度（precision）の低い測定という．しかし，この例では平均値はもとの μ をほぼ正しく反映している．この点では正確さ（accuracy）の高い測定であるといえる．

$$s^2 = \frac{\sigma^2}{n} = \frac{\sum_i (x_i - \mu)^2}{n\,(n-1)} \tag{3}$$

上記の式（3）で計算される s は，標準誤差（S. E., standard error）と呼ばれるパラメータで，もとの平均値 μ を推定するときの精度を示すものである．複数回の測定によって，どの程度の精度で平均値推定ができているかを示す．測定の回数 n を多くする（測定を繰り返す）ことで，より高い精度となることがわかる．この s は，式（2）で計算される σ とはまったく意味の異なるパラメータである点に注意しなければならない．一般に，測定された結果を

$$3.4 \pm 0.2 \ (n = 14),$$
$$\mu \pm s, \ \text{または} \ \pm \sigma \ (n = \text{測定数})$$

のように，平均値と標準偏差，あるいは，平均値と標準誤差の形で並記する．また，式（2）による標準偏差 σ，あるいは，式（3）による標準誤差 s のどちらが適切な表記方法か判断し，それを明記しなければならない．たとえば，多数のタマネギ根端細胞について，そのサイズを顕微鏡観察で測定して表記する場合にはどちらの表記方法がふさわしいか，また，ある色素溶液の光吸収量を複数回測定して表記する場合どちらを選択すべきか，それぞれ，上の議論から判断できるであろう．また，このときに表記する桁数は，桁数が多く細かければよいものではない．以下に述べる精度や誤差を考慮しての記述としなければならない．

C　系統誤差

上図の測定値B（○印，実線の確率分布）は，別の種類の誤差を示す．この例のように，ランダムではなく，もとの平均値から一様に片方向へずれるような誤差を系統誤差という．この測定例Bでは測定精度は高いが，分布の右側に決まって値を読み間違う傾向がある．その結果，平均値を推定する場合に正確さを欠くことになる．

このような誤差が発生する要因は2つあり，1つは測定装置の不正確さの問題，もう1つは，生体試料に独特の経時変化である．前者は，装置の正確さを向上させる工夫を行うことで解決しなければならない．測定方法の校正（calibration）の作業は一般に絶対値が正確にわかっているもの（基準となるものさし，標準の分銅や重り，基準濃度溶液など）を使って行う．校正によって，元の値と測定値の間の補

正曲線をあらかじめ作成した後，実験に臨むことになる．測定装置が不安定なために経時的な測定値の変動をどうしても抑えることができない場合もある．吸光光度計などの機器では，スイッチを入れて10-15分ほど待ってから測定を開始する．これは装置を安定化させ，測定値の経時変化の影響をできるだけ小さくするためである．

　系統誤差のもう1つの要因は，生体試料そのものに由来することが多い．生きた生体試料を観察する場合，観察している間に時々刻々と生き物の状態が変わる可能性を考慮しなければならない．試料の移動・変形・疲労・老化・分解・変性・失活など活性状態の変化，熱発生・乾燥・吸水など観察条件に起因する人為的な変化などがある．ホルマリン固定などの薬剤処理や凍結・乾燥などの操作によって，そのような経時変化はある程度抑えられるが，その処理そのものの影響が無視できないことも多い．生体試料を使った実験ではこのことに常に注意を払う必要がある．正確で再現性のよいデータをとるためにはどのような点に留意しなければならないかは，実験項目ごとに書かれている注意事項を参照する．

D　有効数字

　どのような実験でも，上に述べたような試料そのもののばらつき（標準偏差）に，さらに測定誤差が上乗せされる点に注意を払わなければならない．

　ある測定値を表記するときに，誤差の影響を受けない数字を有効数字と呼ぶ．たとえば，測定値平均長 250.616 μm と求められたある1つの細胞の長さ測定における標準誤差が 2.562 μm と式（3）で求まった場合，平均値 ± 標準誤差は，250.616±2.562 μm となるかもしれない．しかし，標準誤差を考えると1桁目以下の数字は測定を繰り返すたびに変化すると予想され，意味のない無効な数字となる．この場合，251±3 μm と表記するのが正しい．このときの有効数字は3桁となる．もちろん，ここでは生体試料の標準偏差についての議論が抜け落ちている．多数の細胞を観察し，その平均が 250.616，標準偏差が 12.516 であったとき，ここで測定の誤差の大小を議論することはあまり重要でない．生体試料としてのガウス分布を正確に表記すること，どのような大きさの分布がもともとあったのかを記述することの意義が大きい．測定の誤差を考慮して，251±13 μm（標準偏差）と表記することが生物学的には正しい表記方法となる．

［付録3］
実験材料の入手
および調製

本付録では，実験種目の実施に必要な手続きと準備方法をまとめた．それぞれの種目ごとに，① 実験の手続き，②生物材料の入手と維持，③培養（または飼育），④廃棄・処理，⑤実験試薬と器具の準備，の5項目を記してある．生物実習教育に携わる大学や高校などの教員，ティーチング・アシスタント（TA）の方々には，参考資料として活用していただきたい．また，必要な変更や改善は適宜加えていただきたい．

【準備編・実験1　DNAと形質発現】

①実験の手続き

遺伝子組換え実験の申請：遺伝子組換え実験は，各事業所ごと（大学，研究所など）に実験計画書を作成し，主務大臣の承認を受ける必要がある．本実験の生物拡散防止措置の区分はP1レベルであり，その基準を満たす実験室，設備で実験を行うことが条件である．

②生物材料の入手と維持

分子生物学実験用の大腸菌標準株（K-12株由来 JA221，JM109 など）は種々の取扱業者から入手する．本実験ではいずれかの大腸菌株にプラスミドDNAを導入した大腸菌形質転換体を実習に用いる．プラスミドは，pBR322 と pBR322 上の tet 遺伝子の一部を欠失したプラスミド（pBR322 Δ tet；変異は制限酵素処理により作製する）の2種を用いる．これらのプラスミドをそれぞれ大腸菌に導入し，tet 遺伝子以外の遺伝子型が完全に一致した2種の菌株を作製する．菌体は15％グリセロール溶液に懸濁し，−80℃で凍結保存することができる．

なお，大腸菌形質転換を含めて，微生物の取扱いと分子生物学実験の基本的操作は Joseph Sambrook, David W. Russell "Molecular Cloning: A Laboratory Manual" 3rd edition, Cold Spring Harbor Laboratory Press（2001）に準ずる．

③培養

これらのプラスミドはいずれもアンピシリン耐性遺伝子を含むため，上記2種の菌株を，それぞれ 50 μg/mL アンピシリン入り LB 寒天培地に植菌し，37℃恒温槽で一晩培養する．成長の早い単一のコロニーを選択し，LB液体培地（100 μg/mL アンピシリン入り）に植菌する．37℃で6時間から一晩振とう培養したものを実習に用いる．

＜培地と抗生物質ストックの作製＞

LB 培地

1.0％トリプトン，0.5％酵母エキス，1.0％塩化ナトリウムを含む溶液を調製し，121℃2気圧20分間の条件でオートクレーブ滅菌する．寒天培地を作製する際は，培地溶液に終濃度1.5％になるように寒天粉末を加えてから滅菌する．アンピシリンなどの抗生物質を添加する場合，培地を冷ましてから（固体培地の場合，寒天が固まる前に）添加し，十分に撹拌する．

抗生物質保存ストック

100 mg/mL アンピシリン水溶液（培地に1000倍希釈して使用する）

0.5 mg/mL テトラサイクリン（50％エタノールに溶解）

それぞれ−20℃で保存する．

④廃棄・処理

遺伝子組換え生物の拡散防止措置として，大腸菌培養液や大腸菌が付着したマイクロチューブ，チップ，シャーレなどは実験終了後にオートクレーブ処理（121℃，20分）または次亜塩素酸ナトリウム処理（0.05％）して廃棄する．またマイクロピペットなどに大腸菌が付着したときは，速やかに洗浄を行う．

⑤実験試薬と器具の準備

＜ PCR 反応＞

耐熱性 DNA 合成酵素は，本実験では Taq ポリ

メラーゼ（*Ex Taq*）を用いる．ここでは，4人1組で実験を行い，各チューブ1本を1組に与えるものとして説明する．

2× 反応液

Ex Taq 添付の 10× 緩衝液を 20%，dNTP（dATP, dCTP, dGTP, dTTP）溶液を 16%（dNTP 終濃度 0.4 mmol/L），2種プライマーをそれぞれ 0.8 μmol/L 含む溶液を調製する．マイクロチューブに 50 μL ずつ分注し，-20℃で凍結保存する．実験直前に溶解して用いる．

酵素液

Ex Taq 添付の 10× 緩衝液を滅菌純水で 10 倍希釈し，マイクロチューブに分注した後，-20℃で凍結保存する．実験直前に溶解し，これに DNA ポリメラーゼ液を 0.05 unit/μL になるよう加えて混合する．これをマイクロチューブに 40 μL ずつ分注して実験に用いる．

プライマー

本実験（*tet* と Δ*tet* の検出）では，pBR322 の DNA 塩基配列に基づいてデザインされた約 30 塩基長のオリゴヌクレオチド（オリゴヌクレオチドの合成は専門業者に外注する）をプライマーとして用いている．

＜アガロースゲル電気泳動＞

TAE 緩衝液を三角フラスコなどにとり，アガロース粉末（終濃度 1.5%）を加え，粉末が完全に溶解するまで電子レンジなどで加熱する．手に持つことができる程度までフラスコが冷えた後，液をゲル作製用トレイに流し込む（図1）．1.5% アガロース入り TAE 緩衝液は室温でゲル化する．

固まったゲルはトレイごと，TAE 緩衝液を入れた電気泳動装置にセットする．また未使用ゲルは乾燥しないようラップやタッパーで密閉して4℃で保存する．

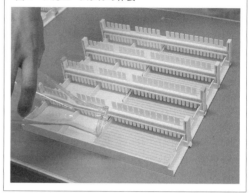

図1　アガロースゲルの作製

50×TAE 緩衝液ストック

Tris base	242　g
酢酸	57.1 mL
0.5 mol/L EDTA（pH 8.0）	100 mL

以上を混合し，純水を加えて 1 L にする．
これを純水で 50 倍希釈したものを TAE 緩衝液として用いる．

＜リアルタイム PCR ＞

リアルタイム PCR 反応液は，TB Green Premix *Ex Taq*（タカラバイオ）を使用している．0.5 μL のプラスミド DNA 溶液（精製した pBR322 溶液を滅菌水で 0.3 ng/mL に調整した溶液を基本とし，これを 2，4，8，16 倍に希釈した溶液を作製するとよい）と 9.5 μL の TB Green Premix *Ex Taq*（2×）を混ぜる．これに 2種類のプライマー（1 μmol/L）を 5 μL ずつ添加した後，専用のプレートに分注し，解析を行う．

【準備編・実験2　電気泳動による光合成関連タンパク質の分離】

①実験の手続き
特になし．

②生物材料の維持
Synechocystis sp. PCC 6803 の野生株と *cpcA* 遺

伝子欠失変異株は5％ジメチルスルフォキシド（DMSO）を添加した BG-11 培地（組成は後述）に細胞を懸濁し，-80℃で半永久的に保存することができる．

③培養

BG-11 培地（後述）中で 30℃，白色蛍光灯などの光源で 20-50 $\mu mol/m^2/s$（約 2000-3500 ルクス相当）の光照射条件で培養する．25℃-34℃の範囲内であれば室温でも培養可能だが，恒温器を用いる方が望ましい．

液体培養の場合は，光を透過するガラス，もしくは透明なプラスチック容器内に BG-11 培地を 7 分目程度まで入れ，魚飼育用エアポンプなどで通気しながら培養する．5-7 日に一度植え継ぎを行う．エアポンプから送りこむ空気は滅菌用フィルター（ガス用，孔径 0.2 μm）か，滅菌した青梅綿を約 5 cm 程度固く詰めた綿濾管（図 2）を通し無菌状態で培養する．炭酸ガス（1-3%）を通気すると増殖は速くなる．滅菌したフラスコ中で振とう培養することも可能だが増殖は遅くなる．

固体培養では，数日で増殖し濃い青緑色になる．寒天培地上での増殖には数日以上要するので培地が乾燥しないように，パラフィルムもしくは医療用のサージカルテープなどでシールするとよい．数週間ごとに植え継ぎを行う．植え継ぎは，大腸菌と同様に，白金耳を用いてストリーキングにより行う（詳細は，中山広樹・西方敬人著『バイオ実験イラストレイテッド第一巻　分子生物学実験の基礎』秀潤社などを参照）．シアノバクテリア

図2　シアノバクテリアの培養容器の例

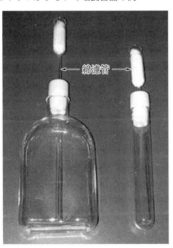

左のガラス容器では 500 mL，右の長試験管では 50 mL の培養が可能である．綿濾管の上部には，空気を除菌するために青梅綿を詰めてある．

の扱いは雑菌の混入を避けるためにクリーンベンチ内で行うことが望ましい．

＜実習直前の準備＞

シアノバクテリア細胞懸濁液を BG-11 培地もしくは水で 5 倍希釈し，730 nm の吸収を測定する．細胞の濃度は O. D. 2.0 前後が望ましい．4 人 1 組の実験につき野生株と $cpcA$ 欠失変異株をそれぞれ 10 mL 用意する．

＜培地の作製＞

BG-11 培地作製のためのストック液は以下の通りである．

ストック液

・Ⅰ液

Ferric ammonium citrate	0.3 g
Citric acid	0.3 g
Na₂EDTA	0.05 g

以上を混合し，純水を加えて 100 mL にする．

・Ⅱ液

NaNO₃	30 g
K₂HPO₄	0.78 g
MgSO₄ 無水	0.73 g

以上を混合し，純水を加えて 1 L にする．

・Ⅲ液

CaCl₂ 無水　1.43 g/100 mL

・Ⅳ液

Na₂CO₃　2 g/100 mL

・A6 液（微量元素液）

H₃BO₄	2.86 g
MnCl₂・4H₂O	1.81 g
ZnSO₄・7H₂O	0.22 g
CuSO₄・5H₂O	0.08 g
Na₂MoO₄・2H₂O	0.021 g
濃硫酸	1 滴
Co(NO₃)₂・6H₂O	0.0494 g

以上を混合し，純水を加えて 1 L にする．

・1 mol/L TES-KOH（pH 7.8）緩衝液

TES　22.93 g

80 mL 程度の純水で溶かしたのち，10 mol/L

KOH で pH 7.8 に合わせ，純水を加えて 100 mL にする．

BG-11 培地

・寒天培地の場合

Ⅰ液	2 mL
Ⅱ液	50 mL
Ⅲ液	2 mL
Ⅳ液	1 mL
A6 液	1 mL
1 mol/L TES	5 mL
チオ硫酸ナトリウム	3 g
バクトアガー（Difco 社）	15 g（1.5 %）

以上を混合し，純水を加えて 1 L にする．

オートクレーブ滅菌後，60℃ 程度に冷ましてから，クリーンベンチ内で滅菌済みプレートに分注する．

・液体培地の場合

Ⅰ液	2 mL
Ⅱ液	50 mL
Ⅲ液	2 mL
Ⅳ液	1 mL
A6 液	1 mL
1 mol/L TES	20 mL

上記を混合し，純水を加えて 1 L にする．

試験管など培養容器に分注したのちオートクレーブ滅菌したものを培養に用いる．もしくは，オートクレーブ滅菌後，予め乾熱滅菌などで滅菌済みの培養容器に分注する．

④廃棄・処理

特になし．

⑤実験試薬と器具の準備

＜電気泳動＞

機器類

ビーズ式細胞破砕装置…トミー精工 MS-100 などを使用．少数の試料であればボルテックス，ミキサーによる破砕も可能．

振とう機…水平振とうできるもの．

電気泳動装置…泳動時間短縮のため，AE-7300

（アトー）を 4 人で 1 台使用．

器具類

2 mL ネジふた付きチューブ…平底のもの（細胞破砕用．1 人 1 本使用）

0.1 mm ガラスビーズ．

SDS-PAGE ゲル…プレキャストゲル 15 %（アトー）を用いる．あるいは，専用の作製器を用いてゲルを作製する．

細胞破砕緩衝液

HEPES…23.8 g を約 80 mL の純水に溶解後，10 mol/L NaOH で pH 7.5 に合わせてから 100 mL にメスアップする（終濃度 1 mol/L）．冷蔵保存．このストック液を純水で 50 倍希釈したものを細胞破砕緩衝液として用いる．15 mL チューブなどに分注し，4 人で 1 本使用する．

2× サンプルバッファー

0.25 mol/L Tris-HCl (pH 6.8)	25 mL	(0.125 mol/L)
DTT	0.4 g	（0.8 %）
SDS	2 g	（4 %）
ショ糖	5 g	（10 %）
Bromophenol blue	4 mg	(0.008 %)

純水を加えて 50 mL にする．冷蔵保存．15 mL チューブなどに分注し，4 人で 1 本使用する．

10× 泳動用緩衝液ストック

Tris base	30.3 g
グリシン	144 g
SDS	10 g

純水を加えて 1 L にする．室温保存．これを純水で 10 倍希釈したものを泳動用緩衝液として用いる．実験で用いる泳動槽では 1 回あたり約 100 mL を使用する．

CBB 染色液

染色，脱色が短時間で完了する EzStain AQua（アトー）を用いる（ゲル 1 枚あたり約 30 mL 程度の染色液が必要）．

<細胞の吸収スペクトルの測定>

可視光のスペクトル測定ができる分光光度計を使用. 小型のプリンターが接続できるものが望ましい.

<酸素発生の測定>

Hansatech 社 Oxygraph を使用. 飽和光光源にはスライドプロジェクターを使用する. 光強度を下げるときには, ND (neutral density) フィルターを用いる. 溶存酸素量の校正は機器マニュアルを参照.

【準備編・実験3　顕微鏡の操作と細胞の観察】

①実験の手続き

特になし.

②生物材料の入手と維持
③培養

オオカナダモ

観賞魚店より入手する. 大量に扱う場合は生物実験材料を扱う業者より入手した方が安価である. 古くなった部分を取り除き, 大きめのコンテナもしくは水槽に入れて, 光のあたる場所で保管する.

④廃棄・処理

特になし.

⑤実験試薬と器具の準備

光学顕微鏡

低倍観察で 60 倍, 高倍観察で 600 倍程度の拡大率があることが望ましい. さらに双眼鏡筒およびメカニカルステージ付きのものが適している. 繊毛および鞭毛の観察には位相差観察および暗視野観察に対応したものを用いた方がよい. 実習に先立ち, 以下の項目について顕微鏡の動作確認を行う.

1. 光源が点灯し, スムーズに明るさが調整できる.
2. 接眼レンズの片方にミクロメーターが入っている.
3. 光軸が合っている.
4. 既製のプレパラートもしくは対物ミクロメーターを各倍率で観察し, 試料が明瞭に見える. 視野内に大きなゴミや大量のホコリ, 指紋などの汚れがない. レンズ面に付着した汚れは, レンズ洗浄液 [注1] を少量しみ込ませたレンズペーパーでそっと拭き取る.

| [注1] 無水エタノール等.

5. 左右の視野が一致する.
6. フォーカス調整ノブやメカニカルステージなどの可動部分に不具合がなく, 動かした際に適度な抵抗がある. 粗動ハンドルの重さは粗動ハンドルの付け根にある調節リングを回転させて調節する.

スライド・カバーガラス収納ケース

スライドガラスとカバーガラスの乾燥と保管のため, 理化学機器販売業者より購入したパーツを用いて図3のような収納容器をつくるとよい. 1 箱で約 4 人分が収納できる.

実長測定用紙

顕微鏡の台数分用意する. 図4に用紙の一例を示す.

図3　スライド・カバーガラス収納ケース

プラスチック製の箱
（ふたと身を逆にすると取り出しに便利）
プラスチック製のスプリング
（カバーガラスを挟む）
スライドガラス立て
ステンレス製のしきり板
スライドガラス
カバーガラス

図4　実長測定用紙

部屋番号　[　　　号室]
顕微鏡番号 [　　　番]
マイクロメーターの入っている接眼レンズの倍率 [X　　　]

曜日	測定日付	測定者氏名	対物レンズの倍率			
			X 4	X 10	X 40	X 60
月						
火						
水						
木						
金						
平均						

【準備編・実験4　体細胞分裂と減数分裂の観察】

①実験の手続き

特になし.

②生物材料の入手と維持

③培養

青果店より入手したタマネギを土（あるいはバーミキュライト）上または水上で発根させる. 水上で発根させる際には毎日水を換える. タマネギの種を種苗店より入手し使用することも可能である. 発根したら根を先端から 2-3 cm のあたりで切断し, カルノア液に入れ 4℃で一晩保存する.

④廃棄・処理

特になし.

⑤実験試薬と器具の準備

カルノア液

エタノールと酢酸の 3 : 1 の混合液. 混合後, 4℃で 2 時間以上保存してから用いる.

恒温槽

60℃で保温できるもの.

酢酸オルセイン溶液

オルセイン 0.5 g を 100 mL の 45 %酢酸溶液に溶解する. 室温で保存する.

3%塩酸溶液

試験管

10 mL 程度の容量のプラスチック製のもの.

ビーカー

50-100 mL の容量のもの. ガラス製もしくは透

明度の高いプラスチック製のものがよい.

- **スライドガラス**
- **カバーガラス**
- **ピンセット**
- **スポイト**
- **永久プレパラート**

ソラマメの根端分裂組織およびテッポウユリの花粉母細胞の永久プレパラートを標本販売業者から入手する. 以下の業者より入手可能である.

島津理化

https://www.shimadzu-rika.co.jp/index.html

上野科学社

〒 113-0021　東京都文京区本駒込 6-13-17

TEL：03-3946-5531　FAX：03-3946-5768

info@uenokagaku.com

【準備編・実験5】単細胞生物の構造と細胞小器官の機能──ゾウリムシの観察】
【準備編・実験6】繊毛運動と生体エネルギー──ゾウリムシの細胞モデル】

①実験の手続き
特になし.

②生物材料の入手と維持
ゾウリムシはため池などから容易に採集できる. 細胞モデルの実験には，ワラ培地による継代培養を繰り返した，なるべく均質で細胞数の多いものを用いた方がよい結果が得られる. 東京大学をはじめゾウリムシを実験材料とする研究室は国内に複数あり，そこでは遺伝的に均質な株を使用していることが多い. そのような研究室に譲渡を依頼してもよい. 参考として，山口大学のナショナルバイオリソースプロジェクト（NBRP）ゾウリムシ（http://nbrpcms.nig.ac.jp/paramecium/）を挙げる.

③培養
培地として，ワラ煮だし汁，乾燥酵母，2 mmol/L リン酸緩衝液を混合したものを用いる.

50×リン酸緩衝液ストック

Na_2HPO_4（$12H_2O$）	25 g
KH_2PO_4	2 g
純水	1 L

これを純水で 50 倍希釈したものをリン酸緩衝液として用いる.

干しワラ
なるべく無農薬のもの. 茎の部分のみ使用する. 水洗後，5 センチ程度に切り，乾燥させる.

培地の作製例（図5）

図5　ゾウリムシの培地

1. 300 mL 三角フラスコに干しワラを入れる（底面が半分隠れる程度）.
2. リン酸緩衝液を 200 mL の目盛りまで入れる.
3. 乾燥酵母（エビオス錠，アサヒフードアンドヘルスケアなど）を 1/4 錠程度加える.
4. アルミ箔（2-3 枚重ねる）で覆い，オートクレーブ滅菌（121℃，20 分）する.

継代
なるべくクリーンベンチ内で行う. 2 週間に一度，培養液約 50 mL を新しい培地に移す. 25℃（または室温）で培養. 保存には 15℃で培養し，1 カ月に 1 度継代する.

④廃棄・処理
特になし.

⑤実験試薬と器具の準備
細胞の濃縮
細胞モデルの実験には，大量培養したゾウリム

シを濃縮するとよい.

ゾウリムシ培養液を予め3枚重ねのキムタオルで濾し,ワラくずなどのゴミを除く.この上澄み液をナイロンメッシュ（メッシュサイズ 10-20 μm）を用いて 3000-5000 cells/mL 程度に濃縮する（図6）.

2%メチルセルロース水溶液

メチルセルロース 4000（シグマ M-0512）2 g を,100 mL の純水（約70℃に熱しておく）に入れ,低温で一昼夜攪拌して溶かす.

ATP 溶液

0.4 mol/L ATP ストック溶液（終濃度 20 mmol/L の HEPES 緩衝液で pH 7.0 に調整）

ATP	5 g
HEPES	0.1 g
KOH 水溶液	適宜（2 粒/mL 程度の液を,予め作っておく.）

図6　ゾウリムシの濃縮

<作り方>

HEPES 0.1 g を 10 mL の純水に溶かす.pH を7前後に保ちながら,ATP と KOH 水溶液を徐々に加えていく.最終的に ATP の全量を加え,pH を 7.0 に調整,純水を加えて全量を 22.7 mL にする.マイクロチューブに小分けして -80℃ で保存する.市販の 100 mmol/L の ATP 溶液を利用してもよい.

【準備編・実験7 植物の多様性と生殖（I）──クラミドモナスの接合】

①実験の手続き
特になし.

②生物材料の入手と維持

クラミドモナスは国内の水田などでも採集できるが,米国のクラミドモナスセンター（ウェブサイト https://www.chlamycollection.org/ を参照）から分譲を受けることもできる.また,国内外でクラミドモナスを使用している研究室に譲渡を依頼してもよい.

③培養
<培地の作製>

TAP（Tris-Acetic acid-Phosphate）培地
通常クラミドモナスの培養にはこの培地を用いる.酢酸（炭素源）が入っており,クラミドモナスの栄養増殖に適した培地である.

約 900 mL の純水に A 液と B 液を各 10 mL,C

[TAP 培地用ストック溶液]

A 液	2 mol/L トリス液	Tris base	121.00 g /500 mL
B 液	NMC 液	NH_4Cl	20.00 g
		$MgSO_4 \cdot 7H_2O$	5.00 g
		$CaCl_2 \cdot 2H_2O$	2.50 g /500 mL
C 液	リン酸バッファー	K_2HPO_4	27.00 g
		KH_2PO_4	14.00 g /500 mL
D 液	Trace Metals（調製法は本文参照）	H_3BO_3	11.40 g
		$ZnSO_4 \cdot 7H_2O$	22.00 g
		$MnCl_2 \cdot 4H_2O$	5.06 g
		$FeSO_4 \cdot 7H_2O$	4.99 g
		$CoCl_2 \cdot 6H_2O$	1.61 g
		$(NH_4)_6 \cdot Mo_7O_{24} \cdot 4H_2O$	1.10 g
		$CuSO_4 \cdot 5H_2O$	1.57 g
		Na_2EDTA	50.00 g /1000 mL
E 液	酢酸		

液を 2 mL,D 液と E 液を各 1 mL 加え,全量を 1 L にする（pH はほぼ中性になる）.このときリン酸カルシウムの沈殿が生じるのを避けるため,B

液とC液は先に混ぜない.

D液の調製

EDTA以外の塩類を550 mLの純水に溶かし（液はレンガ色になる）, 100℃に加熱する. 3-4% KOHにEDTAを溶解したものをこれに加える（液は青色になる）. この混合液を80℃に保温しながら20% KOHを追加し, pH 6.5-6.8に調整する（液は緑色）. 冷却後, 純水を加えて全量1 Lにし, 室温で約2週間熟成させる. 沈殿が生じていれば濾紙で濾す. 最終的にワインレッド色の透明な液ができる.

接合用培地

約800 mLの純水に, F液を50 mL, G液を2 mL, H液を1 mL, I液を20 mL加える. 1 mol/L NaOHでpH 7.0に調整し, 全量を1 Lにする（10倍濃縮液）. これを純水で10倍希釈したものを接合用培地として用いる.

[接合用培地用ストック溶液]

F液	MCN液	MgSO₄·7H₂O	15.00 g
		CaCl₂·2H₂O	1.00 g
		Na₃·citrate·2H₂O	6.00 g /500 mL
G液	リン酸バッファー	K₂HPO₄	10.00 g
		KH₂PO₄	10.00 g /100 mL
H液	Trace Metals	Na₂EDTA	25.00 g
	（調製法は本文参照）	ZnSO₄·7H₂O	11.00 g
		MnSO₄·5H₂O	2.90 g
		FeSO₄（NH₄)₂SO₄·6H₂O	2.85 g
		Na₂MoO₄·2H₂O	0.75 g
		CuSO₄·5H₂O	0.80 g
		CoSO₄·7H₂O	0.95 g
		H₃BO₃	5.70 g /500 mL
I液		Na·HEPES	30.00 g /200 mL

H液の調製

表の塩類を上から順に溶かす. 混合液は白色沈殿を生じるが, 10% KOHを沈殿がなくなるまで添加し, 最終的にpH 3.5程度に調整する（液は黄緑色になる）. これを低温で約2週間熟成させると, ワインレッド色の透明な液体となる.

接合子成熟用培地（SG培地）

細胞の長期保存や接合子の成熟用培地として用いる. TAP培地を用いた場合と比べて, クラミドモナスの増殖速度は劣る.

約800 mLの純水に, J液とG液を各10 mL, K液とL液を各1 mL, M液を5 mL加える. 1 mol/L NaOHでpH 7.2に調整した後, 全量を1 Lにする.

[接合子成熟用ストック溶液]

J液	NMCN液	NH₄NO₃	15.0 g
		MgSO₄·7H₂O	15.0 g
		CaCl₂·2H₂O	2.0 g
		Na₃·citrate·2H₂O	25.0 g /500 mL
G液	リン酸バッファー	（前出の接合用培地と兼用）	
K液	Trace Metals	ZnSO₄·7H₂O	500 mg
		MnSO₄·5H₂O	500 mg
		CoCl₂·6H₂O	200 mg
		Na₂MoO₄·2H₂O	100 mg
		CuSO₄·5H₂O	20 mg /500 mL
L液		FeCl₃·6H₂O	1.0 g /100 mL
		難溶, 濃硫酸1滴を加える	
M液		Na·acetate·3H₂O	40 g /100 mL

寒天培地の作製

耐熱ガラス容器にTAP培地（またはSG培地）と1.5%寒天を入れ, オートクレーブ滅菌（121℃, 15分）する. 60℃程度に冷ましてから, 厚さ7 mm程度になるように滅菌済みプレートに分注する.

＜クラミドモナスの培養＞

細胞の培養・維持は, すべてクリーンベンチなどで無菌的に行う.

白金耳またはディスポーザブルループ（10 μL）を用いて少量のクラミドモナスを寒天培地に塗布する. 植物用培養装置があれば, 25℃, 明12時間/暗12時間の周期（一般的な蛍光灯の光量で十分）で培養する. 極端な高低温にさらさないかぎり, 専用装置が無くても培養は可能である. シャーレでの培養では, ほとんどの株で半月から1カ月に1度新しい培地に植え継げば十分だが, 乾燥には気をつける. より長期の培養にはスラント（好気性微生物の純粋培養, 保存に適する）を用いる.

スラント

15 mL 程度のネジぶた付き試験管を用意する（耐熱ガラス製またはプラスチック製滅菌済みのもの．前者の場合，予め乾熱滅菌またはオートクレーブ滅菌しておく）．オートクレーブ滅菌したSG 寒天培地を滅菌済みピペットなどで 6 mL ずつ分注し，試験管を横に倒して寒天を固まらせる（図7）．クラミドモナス株を寒天斜面に塗布し，15℃前後，明12時間/暗12時間の周期で培養する．通常の培養よりも弱光にしておけば，半年程度保存することができる．

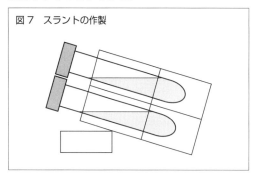

図7　スラントの作製

配偶子の誘導

栄養細胞から配偶子へと誘導するには，交配型＋または－の細胞を接合用培地に移し，4時間から半日培養する．接合用培地は窒素源を含まないため，細胞は飢餓状態になり配偶子へと分化する．接合実験を小スケールで行う場合は小試験管に 1 mL 程度の接合用培地を入れ，スパテル（金属製の薬さじ）1杯分の細胞を懸濁する．大スケールで行う場合は三角フラスコに半量分程度の接合用培地を入れ，相当量の細胞を懸濁する．いずれの場合も，振とうまたは攪拌により細胞が沈殿しないよう培養する．株によっては，光照射も配偶子誘導に必要である．

接合子の成熟

交配型＋と－の配偶子の培養液を混合して接合させた後，懸濁液（4本の鞭毛を持つ若い接合子が多く含まれていることを顕微鏡で確認）をピペットまたは白金耳で成熟用プレート（SG 培地，4％寒天）に塗布する．24時間の連続照明を与え，その後暗所にて1週間程度放置する．成熟した接合子は配偶子よりも大きな球形で寒天に固く接着している．プレート上には接合しなかった配偶子も混在するが，カミソリの刃などでプレート表面を撫でるように動かしてやると，おおかたの配偶子を取り除くことができる．プレート上に残った接合子をスライドガラスにとり，観察する．（成熟した接合子はその後 TAP 培地プレートに移し，20時間程度の連続照明をあてると発芽する．）

詳しくは，参考文献（遺伝学実験法講座3，石川辰夫編『微生物遺伝学実験法』共立出版（1980））を参照のこと．

④廃棄・処理

特になし．

⑤実験試薬と器具の準備

本編参照のこと．

【準備編・実験8　植物の多様性と生殖（II）──シダ植物の世代交代】

①実験の手続き

特になし．

②生物材料の入手と維持

シダ胞子の採集

胞子嚢のはじける頃の小葉を採取してパラフィン紙の袋に入れて放置し，乾燥させると胞子が放出される．胞子嚢がすでに開いている場合には，生育している小葉を袋で包み揺らすだけでも実験に十分な量が採集できる．採取した胞子は乾燥させた状態で冷暗所に保存すれば数年間は発芽率が落ちず保存できる（ゼンマイなど一部の胞子は急速に発芽率が落ちる場合もあるので注意すること）．

③培養

培地の準備

ハイポネクス（ハイポネクスジャパン 10-3-3 観葉植物用）2500 倍希釈液に植物培養用寒天（1

%）を加えオートクレーブ滅菌（121℃，10分）し，6 cm プラスチックシャーレ（滅菌済み）に10 mL ずつ分注する．カニクサにおける造精器誘導には 0.1 mol/L ジベレリンストック溶液（DMSO溶液，冷凍保存）を 1000 倍希釈になるように加えた培地を用意する．

④廃棄・処理

特になし．

⑤実験試薬と器具の準備

胞子播きと前葉体の培養

胞子を次亜塩素酸ナトリウム溶液で滅菌し滅菌水で洗浄した後，胞子密度を下表のように調整しつつ無菌的にシャーレに播く．

材料	ジベレリン	胞子密度	培養期間
カニクサ，若い前葉体観察用	なし	0.5 mg/dish	2 週間程度
カニクサ，造精器観察用	あり	0.5 mg/dish	2-3 週間程度
カニクサ，造卵器観察用	なし	0.1 mg/dish	3-4 週間程度
リチャードミズワラビ	なし	0.25 mg/dish	3-4 週間程度

胞子植え込み後，インキュベーター内で蛍光灯下 25℃ で培養する．シャーレは重ね置きの状態で培養が可能である．乾燥を防ぐため，透明なプラスチックケースなどに入れて培養する（パラフィルムなどでシャーレのふた周りを完全に密閉すると，通気性が悪くなりかえって生長が悪くなるようなので注意すること）．

はじめにアルミホイルを被せて光が直射しない薄暗い環境にして，蛍光灯下で約 1 週間培養し胞子の発芽を待ち，発芽後は覆いを外し培養を続ける．低温にすると生長が遅くなるように制御できるが，精子の放出が見られないなどの影響があるので注意が必要である．

カニクサ造卵器の誘導には覆いを外した後 2-3 週間かかるが，造卵器のみが見られる期間は短く 2-3 日後には造精器も形成される．造卵器のみがある時期を維持したい場合は，照明無しで 22℃ で保存すれば 1 週間程度なら保存できる場合もある．

胞子の播き方の例

ここでは 16 枚のシャーレで培養する場合を考える．

1. 滅菌純水 8 mL を 15 mL チューブに入れる（チューブは使いまわし可能）．
2. 次亜塩素酸ナトリウム（5%）を 1 mL（終濃度 0.5%）加える．
3. 1 % Triton X-100 溶液を 1 mL 入れる．
4. （薬包紙などで）胞子を測りとってチューブに加える．
  - ・カニクサ
    造卵器観察用（胞子密度 0.1 mg/dish）0.1 mg/dish × 16 dish ＝ 1.6 mg
    造精器観察用（GA3 入り，胞子密度 0.5 mg/dish）0.5 mg/dish × 16 dish ＝ 8 mg
    若い前葉体用（胞子密度 0.5 mg/dish）0.5 mg/dish × 16 dish ＝ 8 mg
  - ・リチャードミズワラビ
    リチャードミズワラビ観察用（胞子密度 0.25 mg/dish）0.25 mg/dish × 16 dish ＝ 4 mg
5. 1 分間撹拌する（チューブを手で転倒混合する作業を繰り返す．振ると空気の泡が入ってよくない）．
6. 5 分間静置
7. 手回し遠心器で勢いよくチューブを回して胞子を沈める．
8. できるだけ胞子を捨てないようにしながら上澄みを捨てる．
9. 以下の洗浄操作を 3 回繰り返す．
   (1) 滅菌純水を 10 mL 入れる．
   (2) 1 分間位撹拌する．
   (3) 手回し遠心器を回して胞子を沈める．
   (4) 胞子を捨てないようにしながら上澄みを捨てる．
10. 滅菌純水を加えて 3.2 mL 強になるようにする．
11. シャーレを並べる（クリーンベンチ内がよいが，清潔でほこりの少ない室内であれば可）．
12. 0.2 mL ずつ播く（先穴の大きなブルーチップがよい．胞子は沈み易いので各シャーレで均一になるように注意が必要）．
13. ふたをした後，シャーレ全体を振り動かしたりたたいたりして，胞子をシャーレ全体に広げる．

【準備編・実験9　植物の多様性と生殖（Ⅲ）──テッポウユリの花粉管伸長】

①実験の手続き
特になし.

②生物材料の入手と維持
③培養
テッポウユリは切り花を園芸店にて入手する. 花が咲く前の蕾の状態のものは葯が開いていない. 水に差して数日置けば開花とともに花粉が観察できるであろう. すでに開花したユリを購入する場合, 多くの園芸店で葯の除去を行っていることがあるので注意する.

④廃棄・処理
特になし.

⑤実験試薬と器具の準備
<寒天培地による花粉管の伸長>
花粉管の発芽の開始と伸長速度は気温により大きく左右されるようである. 気温が25℃以下の場合, 恒温器を用意することをお勧めする（30℃程度で効率よく発芽と伸長が観察された）. また, 柱頭切片や 1 mmol/L D(+)-glucono-1,5-lactone の影響は, 実習中の数時間だけでは十分にその効果が観察できない場合が多い. 前夜, あるいは数時間前にプレパラートを作製し, 時間の経過した花粉管として観察に用いると実習効果の上昇が期待できるであろう.

寒天培地
花粉管伸長用の寒天培地を以下のように 5 種類用意する. はじめに寒天のみを純水に加え, 電子レンジなどによる加熱で溶かす. その後ほかの試薬を加え, 撹拌する. 実習前は下からヒートブロックなどで熱を加え, 寒天が固まらないようにする.

- ・1％寒天培地
- ・7％ショ糖, 1％寒天培地
- ・300 mg/L 硝酸カルシウム, 100 mg/L のホウ酸, 7％ショ糖, 1％寒天培地
- ・0.5 mmol/L D(+)-glucono-1,5-lactone, 7％ショ糖, 1％寒天培地
- ・1.0 mmol/L D(+)-glucono-1,5-lactone, 7％ショ糖, 1％寒天培地
- ・1.5 mmol/L D(+)-glucono-1,5-lactone, 7％ショ糖, 1％寒天培地

<液体培地による花粉管の伸長>
まずテッポウユリの葯を 1 つ取り出し, マイクロチューブなどに入れて Dickinson 液体培地を加え, 激しく撹拌して花粉を懸濁する. 50 mL 三角フラスコに Dickinson 液体培地を 3 mL 入れ, この花粉入り培地を 1 mL 加え全量を 4 mL にしてゆっくりと振とう培養する. 核の染色には 12-24 時間培養した花粉を用い, 十分に花粉管が伸長しているものを使用するとよい.

10×Dickinson 液体培地ストック

Sucrose	0.1 g	(0.29 mmol/L)
Ca(NO₃)₂	0.3 g	(1.29 mmol/L)
H₃BO₃	0.1 g	(0.16 mmol/L)
KNO₃	0.1 g	(0.99 mmol/L)

以上を混合し, 純水を加えて 100 mL にする. 冷蔵保存. これを純水で 10 倍希釈し pH 5.2 に調整したものを Dickinson 培地として用いる.

【準備編・実験10　被子植物の維管束構造】

①実験の手続き
特になし.

②生物材料の入手と維持
③培養

ハルジオンとヒメジョオン
ハルジオンとヒメジョオン両植物ともに北米原産で今は日本のいたるところで見られる帰化植物であり, 野外で簡単に採集することができる. 前者は 4-5 月, 後者はそれより約 1 カ月遅れて 5-9

月くらいまで花を咲かせる．両者は非常によく似ているが，ハルジオンは茎の内部が中空で，葉のつけ根が茎を抱くようにつき，つぼみは下向きにうなだれている．ヒメジョオンは茎の内部が詰まっており，葉が茎を抱いておらず，つぼみは上を向いているなどの点が異なり，区別できる．

オリヅルラン

オリヅルランは細長い緑葉を持つ観葉植物であり，白い縦縞の斑が入ったものがよく知られる．耐寒性，乾燥耐性を持ち，栽培が容易である．植物体を観葉植物店で購入することができる．

リョクトウ，トウモロコシ

リョクトウ，トウモロコシいずれも作物用として栽培されており，種子を種苗店から容易に購入することができる．水で湿らせたバーミキュライト上に播種し，蛍光灯の光の下，25℃程度の温度条件下で生育させる．自然光下，屋外で生育させることも可能だが，実習の日時にあわせて植物を準備するためには，蛍光灯を取り付けた恒温器を用いることが望ましい．

④廃棄・処理

特になし．

⑤実験試薬と器具の準備

両刃の安全カミソリ

薄い切片を作ったり，細い切れ込みを入れたりするために，工作用に売られているもの．現在のところ東京大学では，スチール製の刃（フェザー剃刀 S 両刃（刃厚 0.1 mm））を用いており，何回か切片を作製し，切れ味が落ちたら，新しい刃に換えるようにしている．

サフラニン溶液

粉末のサフラニンを純水で 1％（w/v）になるように溶かし，室温保存する．植物組織の染色の具合を確かめながら，保存液を適宜希釈して用いる．

ファストグリーン溶液

粉末のファストグリーンを 95％エタノールで 1％（w/v）になるよう溶かす．

【準備編・実験11　動物の受精と初期発生（I）──ウニ】

①実験の手続き

特になし．

②生物材料の入手と維持

ウニの採集については，大学の臨海実験所などに相談するとよい．

③飼育

採集地の海水または人工海水（表 1）で飼育する．ただし，沿岸の海水よりも数十 m－数百 m 沖合の海水の方が，発生が正常に進む率が高い．

④廃棄・処理

実験動物専門の処理業者に依頼する．

⑤実験試薬と器具の準備

フラットシャーレ

表1　［Mazia 人工海水］

	(g/L)	終濃度 (mmol/L)
NaCl	28.30	484.00
KCl	0.77	1.00
$MgCl_2 \cdot 6H_2O$	5.41	2.70
$MgSO_4 \cdot 7H_2O$	7.13	2.90
$CaCl_2$	1.18	1.06
$NaHCO_3$	0.20	0.24

1 mol/L Na_2CO_3 を加えて pH 8.0-8.2 に調整する．

底面に凹凸のないもの．ディスポーザブルのプラスチック製シャーレでも可．

卵と精子に使用する器具類について

ピペットと試験管など，未受精卵と精子に使用する器具類は，卵用と精子用の区別を徹底する．ごくわずかでも卵用の容器に精子液が混入してしまえば受精が起こってしまい，発生を同調させる

ことができない．精子を取り扱った器具類は水道水に短い時間さらすのみで，受精能を持つ精子を簡単に死滅させることができる．

顕微鏡の取り扱い
海水の塩分が顕微鏡のレンズ腐食の原因となるため，顕微鏡の取り扱いには十分に注意する．実習終了後は必ず清掃を行う．あらかじめ対物レンズをラップで覆い，シリコンリング（レンズ径よりやや小さめのシリコンチューブを幅 2 mm 程度に切ったもの）で固定してもよい．

---

①実験の手続き
特になし．

②生物材料の入手と維持
ツメガエルの成体は実験動物取扱業者より購入する．

③飼育
ツメガエルの飼育
成体（体長 10 cm 程度）10-20 匹程度の飼育の場合，観賞魚用の水槽（30-40 L 程度の容量）を準備し，ここに半分ほど汲み置き水を入れる．ぎりぎりまで水を入れると，脱走のおそれがある．至適温度は 20℃ だが，15-25℃ の水温なら飼育が可能である．週に 1-2 度ほど水を交換する方がよい．もし，長期的に飼育する場合は餌を与える必要がある．餌は，5 mm 角程度に刻んだ牛レバー片を 1 回に 10 g/ 匹程度，1 週間に 1-2 回程度与える．

汲み置き水
市販のカルキ抜きを用いてもよいが，カエル成体の飼育や人工授精には，水道水を汲み溜めて数日放置したもので十分である．

④廃棄・処理
精巣摘出後のオス，飼育途中で死亡した個体など，死体はビニール袋に入れて −20℃ の冷凍庫で保管する．実験動物専門の処理業者に連絡すれば，死体を引き取って焼却処分してくれる．

⑤実験試薬と器具の準備
排卵誘導用ホルモン
ヒト胎盤由来ゴナドトロピンを用いる．本文記載通り，3000-5000 ユニットを 1 mL の生理食塩水に溶解し，26 ゲージ，1/2 インチの注射針のついた 1 mL ディスポーザブルシリンジを用いて注射する．

1×スタインバーグ氏液
NaCl	3.4	g
KCl	0.05	g
Ca$(NO_3)_2$・$4H_2O$	0.08	g
$MgSO_4$・$7H_2O$	0.205	g
Tris（2-amino-2-hydroxymethyl-1,3-propanediol）	0.56	g
カナマイシン	0.05	g

以上の試薬を純水に溶解し，濃塩酸を用いて pH を 7.4 に合わせた後 1 L に容量を合わせる．その後オートクレーブ滅菌をする．

4.6％システイン酸溶液
4.6 g の L−システイン塩酸塩一水和物を 1×スタインバーグ氏液に溶かして 100 mL とし，10 mol/L 水酸化ナトリウム溶液を用いて pH を 7.8 に合わせる．オートクレーブ滅菌は不要．

実体顕微鏡

フラットシャーレ
プラスチックシャーレ，あるいはガラスシャーレ．直径 60 mm のものが使いやすい．

スポイト
ディスポーザブルのスポイトを用いる．先端の

直径を 2 mm 程度に切って使う.

ピンセット・メス

10×MEM

MOPS	209.5 g
EGTA	7.6 g
MgSO₄/7H₂O	2.5 g

$MgSO_4/7H_2O$　2.5 g

以上の試薬を純水に溶解し，10 mol/L 水酸化ナトリウム溶液を用いて pH を 7.4 に合わせた後 1 L に容量を合わせる.　その後オートクレーブ滅菌をする.　これを 10 倍濃縮ストックとして保存する.　使用時には，これを純水で 10 倍希釈し，オ

ートクレーブ滅菌する.

デボア液

NaCl	6.4 g
KCl	0.098 g
CaCl2	0.05 g
HEPES	0.715 g
カナマイシン	0.1 g

以上の試薬を純水に溶解し，10 mol/L 水酸化ナトリウム溶液を用いて pH を 7.2 に合わせた後 1 L に容量を合わせる.　その後オートクレーブ滅菌する.

【準備編・実験13　動物の諸器官の構造と機能（Ⅰ）——フサカ幼虫の観察】

①実験の手続き

特になし.

②生物材料の入手と維持

フサカは関東近辺では春から夏にかけて公園の池や大きな水たまりの中を探せば容易に見つかる.　採集には，ロープ付きのかご，バケツ，バット，採集用の網（目の細かいもの）などを用いる.　通常，5 月末には終齢幼虫が採集できる.

③飼育

　フサカの飼育・維持

採集したフサカは大きめのコンテナもしくは水槽に入れ，魚飼育用エアポンプなどで通気しながら低温条件下（10℃）で飼育する.　実習には終齢幼虫を用いる.　長期間飼育していると死体などから水カビが生えるので，死体は適宜取り除く.　水替えは毎日行い，その際に容器内の水を半分ほど取り替える.

　汲み置き水

市販のカルキ抜きを用いてもよいが，水道水を汲み溜めて数日間放置したもので十分である.

④廃棄・処理

特になし.

⑤実験試薬と器具の準備

　スポイト

ディスポーザブルのスポイトを用いる.　先端の直径を 5 mm 程度に切って使う.

　スライドガラス
　カバーガラス
　ガラスコップ

【準備編・実験14　動物の諸器官の構造と機能（Ⅱ）——ザリガニの解剖】

①実験の手続き

ウチダザリガニは 2020 年 8 月現在，特定外来生物に指定されている.　そのため，ウチダザリガニを使用する場合には，外来生物法に伴う飼養等許可申請をする必要がある.

環境省の以下のサイトを参照のこと.

外来生物法について

http://www.env.go.jp/nature/intro/1law/index.html

問い合わせは，各地方環境事務所等へ

ウチダザリガニについては，2020 年現在，飼養などの許可の有効期間は 3 年間で，増減があった日から 30 日以内に台帳管理方式による一括の個体数報告書類の環境大臣への提出が条件となる.

②生物材料の入手と維持

アメリカザリガニ

2023 年 6 月より「条件付特定外来生物」に指定されたことから，許可を得た者の間（例えば卸売業者−学校）であれば購入できる.

ウチダザリガニ

阿寒湖漁業協同組合より購入が可能である.

http://www.akan-gyokyo.com/fish/index.html

事前に特定外来生物の飼養等の許可を受け，許可番号を漁協に伝えた上で注文すること.

③飼育

アメリカザリガニの飼育・維持

大きめのコンテナもしくは水槽に入れて低温条件下（5-10℃）で維持する. 水の深さはザリガニがつかる程度でよい. 死体は腐りやすく，水質の悪化をもたらすので，死体は適宜取り除くこと. 水替えは毎日行うことが望ましい.

ウチダザリガニの飼育・維持

・移動用施設・飼養等施設

環境省の定めた施設基準を満たす必要がある.

・移動用施設による運搬例

保冷剤を入れた発泡スチロール箱に湿らせたかんなくずを満たし，その中にウチダザリガニを入れて，ふた部分はガムテープ等で完全に密閉する. 長時間移送の場合，クール便の利用等，温度が高くならないよう注意する.

・飼養等施設における飼養例

上述の発泡スチロール箱に入れたまま，箱ごとロック機能のある大型の恒温器に収容し，低温条件下（5℃）で維持する. 乾燥を防ぐために，適宜かんなくずに水分を補給する.

④廃棄・処理

アメリカザリガニおよびウチダザリガニの死体は，バケツの上にザルを乗せて回収すると水が切れるので都合がよい. 死体はビニール袋に入れて−20℃の冷凍庫で保管. ビニール袋から死体の液がこぼれないように，水をよく切ってビニールは 2 重にする. 実験動物専門の処理業者に連絡すれば，死体を引き取って焼却処分してくれる.

⑤実験試薬と器具の準備

ピンセット

小解剖ばさみ

解剖皿（小）

氷または炭酸水

99％エタノール

【準備編・実験15　**動物の諸器官の構造と機能（Ⅲ）**──ウチガエルの解剖（内臓）】
【準備編・実験16　**動物の諸器官の構造と機能（Ⅳ）**──ウチガエルの解剖（脳・神経）】

①実験の手続き

外来生物法に伴うウシガエルの飼養等許可申請について

ウシガエルは 2006 年 2 月 1 日に特定外来生物に指定されている. 特定外来生物として指定された外来生物を飼養などする場合は，環境省への許可申請の手続きが義務づけられている.

環境省の以下のサイトを参照のこと.

外来生物法について

http://www.env.go.jp/nature/intro/1law/index.html

問い合わせは，各地方環境事務所等へ

なお，ウシガエルについては，飼養などの許可の有効期間は 3 年間で，教育目的の場合，許可を受けた日から 1 年ごとに，台帳管理方式による一括の個体数報告書類を環境大臣に提出することが条件となっている.

②生物材料の入手と維持
　ウシガエルの入手
　下記のウシガエル捕獲業者より購入が可能である.

大内一夫生物教材（大内商店）
〒341-0037　埼玉県三郷市高州 1-216-4
TEL & FAX：048-955-8237（電話は 9 時〜 14 時）

③飼育
　移動用施設・飼養等施設
　環境省の定めた施設基準を満たしている必要がある.

　移動用施設による運搬例
　厚手の段ボール箱の底に新聞紙などを敷き，その中にカエルを詰めて，ふた部分は完全に密閉する．段ボールの側面には，空気・水分補給用の小孔（ウシガエルが脱出できない程度の穴）を数カ所開けておく．長時間の移送の場合，温度が高くならないように注意する．ポータブル冷蔵庫などを利用すると便利であろう.

　飼養等施設における飼養例
　カエルは上述の段ボール箱に入れたまま，箱ごと大型の恒温器に収容し，低温条件下（5℃）で維持する．乾燥を防ぐために，適宜，段ボール側面の小孔から水分を補給する.

④廃棄・処理
　ウシガエル死体の処分

　実習中に出たカエルの死体は，バケツの上にザルを乗せて回収すると水が切れるので都合がよい．死体はビニール袋に入れて −20℃ の冷凍庫で保管する．ビニール袋から死体の液がこぼれないように，水をよく切ってビニールは 2 重にする．実験動物専門の処理業者に連絡すれば，死体を引き取って焼却処分してくれる.

⑤実験試薬と器具の準備
　解剖器具
　解剖ばさみ，眼科ばさみ，小解剖ばさみ，ピンセット，メス（付録 1　生命科学実験の基礎技術を参照）．解剖皿（大と小）.

　ウシガエル頭部・脊髄部分の固定処理
　市販のホルムアルデヒド（37%）を水で 10 倍希釈して 3.7% ホルムアルデヒド溶液（ホルマリン溶液）を作製（5 L）する．解剖し終えたカエル（頭部・脊髄部分）をホルマリンタンクに入れて 2 日以上ホルマリン固定する.

　ウシガエル固定標本の脱灰処理
　脱灰液は 10% EDTA-2Na（pH 7-7.5）を使用している．500 g EDTA-2Na を 5 L 容器に入れ 8 分目程純水を入れる．NaOH で pH を調整し，完全に溶解したら 5 L に容量を合わせる．ホルマリン固定されたカエル標本を軽く水洗後，40 個程度を 5 L の EDTA 溶液タンクに入れて 7 日前後脱灰を行う．脱灰処理を長時間行うと骨は柔らかくなるが，その分，組織はもろくなるため，処理時間に注意すること.

【準備編・実験17　骨格筋の力学的性質】

①実験の手続き
　特になし.

②生物材料の入手と維持
　ほかの種目とは異なり，本実験では自分自身が実験対象となる．日頃から自身の健康管理には注意し，万全の体調にしておくこと.

③飼育
　特になし.

④廃棄・処理
　特になし.

⑤実験試薬と器具の準備
　特になし.

索　引

編者・執筆者・協力者 一覧 （五十音順）

編者　東京大学教養学部基礎生命科学実験編集委員会

阿部光知	飯野要一	宇野好宣	大杉美穂
太田邦史	小田有沙	加納純子	栗原志夫
近藤　興	佐藤　健	清水隆之	神保晴彦
末次憲之	瀬尾秀宗	坪井貴司	土畑重人
永田賢司	原田一貴	晝間　敬	増田　建
道上達男	山元孝佳	依光朋宏	渡邊雄一郎
和田　元			

執筆者・DVD 制作担当

第3版担当者

阿部光知	飯野要一	小田有沙	木下まどか
久保啓太郎	久保田渉誠	近藤　興	佐々木一茂
清水隆之	神保晴彦	原田一貴	道上達男
山元孝佳			

第1・2版担当者

青木誠志郎	浅島　誠	池内昌彦	石井直方
大隅良典	奥野　誠	小関良宏	片山光徳
上村慎治	坂山英俊	柴尾晴信	関本弘之
堂前雅史	長田洋輔	成川　礼	箸本春樹
兵藤　晋	福井彰雅	藤原　誠	松田良一
馬渕一誠	水澤直樹	道上達男	箕浦高子
向井千夏	村田　隆	矢原徹一	山田貴富
和田　洋			

協力・資料提供 （敬称略）

池谷　透（東京大学）	岩本（木原）昌子（長浜バイオ大学）
植松圭吾（総合研究大学院大学／東京大学）	
小倉明彦（大阪大学）	加藤美恵子（東洋大学）
神谷　律（東京大学）	小竹敬久（埼玉大学）
笹川　昇（東京大学）	清水健太郎（チューリッヒ大学）
高橋三保子（筑波大学）	田中一朗（横浜市立大学）
東山哲也（名古屋大学／東京大学）	福田裕子（東京大学）
三浦　徹（東京大学）	宮村新一（筑波大学）
東京大学教養学部化学部会	東京大学教養学部物理部会
東京大学教養学部附属教養教育開発機構	

基礎生命科学実験　第3版

2007 年 1 月 22 日	初　版
2009 年 2 月 20 日	第 2 版
2021 年 2 月 15 日	第 3 版第 1 刷
2023 年 7 月 10 日	第 3 版第 2 刷

［検印廃止］

編　者　東京大学教養学部基礎生命科学実験編集委員会
発行所　一般財団法人　東京大学出版会
　　　代表者　吉見俊哉
　　　　　153-0041　東京都目黒区駒場 4-5-29
　　　　　電話 03-6407-1069　FAX 03-6407-1991
　　　　　振替 00160-6-59964
印刷所　株式会社平文社
製本所　誠製本株式会社